□ 全国高等学校“十二五”农林规划教材

动物生理学实验指导

DONGWU SHENGLIXUE SHIYAN ZHIDAO

主　编　栾新红

副主编　李士泽　张富梅　王　玮

编　者（按校名拼音顺序排列）

大庆师范学院	李铭
东北农业大学	李术
河北北方学院	张富梅　尹秀玲　张海旺
河北工程大学	刘　娜　范春艳
河北科技师范学院	李佩国　张香斋
河北农业大学	张庆茹
黑龙江八一农垦大学	李士泽　计　红
吉林大学	王　玮　陈　巍　郭　斌
吉林农业大学	龚　倩
辽阳石油化纤公司高级中学	杨俊宇
内蒙古农业大学	王纯洁　徐斯·日古楞
山西农业大学	王文魁
沈阳农业大学	栾新红　杨建成　林树梅　刘　梅　关　萍　冯　颖　曹中赞　吕秋凤
四川农业大学	康　波
扬州大学	邢　华
云南农业大学	程美玲
中国农业大学	孙长勉

审　稿（按姓氏拼音顺序排列）

沈阳农业大学	胡建民　教授
吉林大学	柳巨雄　教授
黑龙江八一农垦大学	杨焕民　教授

高等教育出版社·北京

内容简介

根据我国大多数高等院校动物（家畜）生理学的教学现状及其实验课的开课需求，本教材从动物生理学实验的基本操作技术、基本实验方法及实验内容、设计性实验和生理学实验新技术等方面做了较为详尽的阐述。还阐述了设计性实验及生理学实验新技术的实验范例，以充分锻炼学生的创新思维和发现、分析、解决问题的能力。针对各院校使用不同生物信号采集处理系统进行教学，本教材除在附录中列出了该类系统操作参数设置外，还综合简化了各实验中所涉及的各项内容，使其具有较强的可操作性、应用性、前瞻性和创新性等特点，适用于各类院校教师从事动物（家畜）生理学实验教学，指导学生使其独立完成实验项目，提高其综合能力。

本书共选编69个实验，可供农业院校、师范院校以及综合性大学的动物科学、动物医学和生物科学等相关专业的生理学实验课选用，也可供相关专业硕士研究生及生理、药理学工作者参考。

图书在版编目(CIP)数据

动物生理学实验指导/栾新红主编. —北京：高等教育出版社，2012.4(2023.5重印)

ISBN 978-7-04-034569-8

Ⅰ.①动… Ⅱ.①栾… Ⅲ.①动物学：生理学-实验-高等学校-教材 Ⅳ.①Q4-33

中国版本图书馆CIP数据核字(2012)第058560号

策划编辑 潘 超　　责任编辑 潘 超　　封面设计 张 楠　　责任印制 耿 轩

出版发行	高等教育出版社	咨询电话	400-810-0598
社　　址	北京市西城区德外大街4号	网　　址	http://www.hep.edu.cn
邮政编码	100120		http://www.hep.com.cn
印　　刷	固安县铭成印刷有限公司	网上订购	http://www.landraco.com
开　　本	850mm×1168mm 1/16		http://www.landraco.com.cn
印　　张	14.5	版　　次	2012年4月第1版
字　　数	350千字	印　　次	2023年5月第6次印刷
购书热线	010-58581118	定　　价	25.00元

本书如有缺页、倒页、脱页等质量问题，请到所购图书销售部门联系调换

物 料 号　34569-00

数字课程（基础版）

动物生理学实验指导

主编　栾新红

登录方法：

1. 访问 http://abook.hep.com.cn/34569，进行注册。已注册的用户输入用户名和密码登录，进入“我的课程”。
2. 点击页面右上方“绑定课程”，正确输入教材封底数字课程账号（20 位密码，刮开涂层可见），进行课程绑定。
3. 在“我的课程”中选择本课程并点击“进入课程”即可进行学习。课程在首次使用时，会出现在“申请学习”列表中。

课程绑定后一年为数字课程使用有效期。如有使用问题，请点击页面右下角的“自动答疑”按钮。

Abook

动物生理学实验指导

这是一个开放式的网络教学平台，与《动物生理学实验指导》教材配套使用。该网站资源是教材内容的扩展和补充，包括各章图片，并不断补充更新多种教学资源。

用户名：　密码：　验证码：　5360　忘记密码？　登录

http://abook.hep.com.cn/34569

扫描二维码，下载Abook应用

前　言

近年来，随着计算机等技术在动物生理学实验教学中的不断应用，以及先进实验方法的出现，动物（家畜）生理学实验课教学内容有了很大变化，原有教材已无法满足实验教学需要，因此更新教材成为任课教师的当务之急。但是由于各高校引进仪器、技术，尤其是生物信号采集处理系统的不同，使得编写一本适用性较为广泛的教材的难度增大。在这种背景下，由沈阳农业大学、吉林大学、黑龙江八一农垦大学、吉林农业大学、内蒙古农业大学、东北农业大学、山西农业大学、河北农业大学、云南农业大学、四川农业大学、扬州大学、河北科技师范学院、河北工程大学、河北北方学院、大庆师范学院等16所院校从事一线教学的教师组成的编写小组，综合国内目前各类实验教材的内容，结合自身院校所使用的仪器特点，编写了本书。

本书以提高学生动手能力，发现、分析和解决问题能力，以及创新能力为核心，以培养高素质综合人才为目的编写的。根据我国大多数高等院校动物（家畜）生理学的教学现状及其实验课的开课需求，还阐述了设计性实验及生理学实验新技术的实验范例，以充分锻炼学生的创新思维和发现、分析、解决问题的能力。针对各院校使用不同生物信号采集处理系统进行教学，本教材除在附录中列出该类系统操作参数设置外，还综合简化了各实验中所涉及的各项内容，使其具有较强的可操作性和应用性，以及前瞻性和创新性等特点，适用于各类院校教师从事动物（家畜）生理学实验教学，指导学生使其独立完成实验项目，提高其综合能力。

本书共选编69个实验，可供农业院校、师范院校以及综合性大学的动物科学、动物医学和生物科学等相关专业实验课选用，也可供相关专业硕士研究生及生理学、药理学工作者参考。

本书还配有数字课程，包括知识点的扩展和补充、各章图片等，并将陆续补充更新关于动物生理学实验的教学资源。

全书由胡建民教授、柳巨雄教授和杨焕民教授审校。此外，诸多同仁在编书过程中给予了支持和鼓励，在此表示诚挚谢意。

由于书中内容所涉甚广，难免发生错误、遗漏，若读者发现有不当之处，敬请批评指正。

编者

2012年1月

目　录

绪　论

一、实验课的目的和要求

动物生理学实验课的目的在于，通过实验使学生初步掌握动物生理学实验的基本操作技术，了解获得动物生理学知识的科学方法，验证和巩固生理学的基本理论，从而培养学生严谨的科学态度、严密的工作方法和实事求是的工作作风。通过实验逐步培养学生对事物进行客观地观察、比较、分析和综合的能力，以及独立思考的能力。

为了实现实验课的目的，要求如下：

1. 实验前

(1) 仔细阅读实验指导，了解实验目的、实验要求、实验步骤和操作程序。

(2) 结合实验内容，复习有关理论，做到充分理解。

(3) 预测实验各个步骤应该得到的结果。

(4) 注意和估计实验中可能发生的误差。

2. 实验中

(1) 实验器材的安放力求整齐、清洁。

(2) 按照实验步骤，以严肃认真的态度循序操作，不得进行与实验无关的活动，要注意保护实验动物和标本，节省实验器材和避免实验药品的消耗。

(3) 仔细、耐心地观察实验过程中出现的现象，要随时记录实验现象，并联系讲授内容进行思考。如：①发生了什么现象？②为什么出现这种现象？③这一现象有什么生理意义等。

3. 实验后

(1) 将实验用具整理就绪，所用器械擦洗干净。如有损坏短少者，应立即报告任课教师。临时借用的器械或物品，实验完毕后，交给任课教师。

(2) 整理实验记录，得出实验结论。

(3) 清晰填写实验报告，按时交给任课教师评阅。

二、实验结果的处理

实验过程中所得到的结果需要进行分析和整理。凡属于测量性质的结果，例如，高低、长短、快慢、轻重、多少等，均应以正确的单位和数值定量。一般凡是有曲线记录的实验，尽量用曲线记录实验结果。在曲线上应标注说明，要有刺激记号、时间记号等。有些实验测量出的结果为了便于比较、分析，可用表格或绘图表示。做表格时，应事先详细考虑，制出比较完善的表格。一般将观察的项目(例如，刺激的各种条件)列在表内左侧，由上向下逐项填入。表的右侧可按时间或数量变化的顺序由左至右逐格写入。绘图时，一般应注意下列各点：①在图的旁边列出数值表格；②横轴表示各种刺激条件，纵轴表示所发生的各种反应；③坐标轴应适当注解，包括剂量单位；

④选择大小适宜的标度以便作图，根据图的大小确定坐标轴的长短；⑤绘制经过各点的曲线或折线要光滑，如果不是连续性的变化，也可用柱形图表示；⑥在图的下方注明实验条件。

三、实验报告写作要求

1. 示教实验或自己做的实验，均要求每人写出报告。必须用统一规定的实验报告册（实验报告的一般格式）。

2. 实验报告必须按时完成，由课代表收齐交任课教师评阅。

3. 按照每一实验的具体要求，认真写出实验报告。写报告应注意文字简练、通顺，书写清楚、整洁，正确使用标点符号。每次写实验报告的要求如下：

(1) 注明姓名、班次、组别、日期、室温、气压。

(2) 实验序号和题目。

(3) 实验目的及原理。

(4) 实验方法　一般不必描述。如果实验仪器或方法临时有所变更，或因操作技术影响观察的可靠性时，可作简短的说明。

(5) 实验结果与分析　实验结果是实验中最重要的部分，应客观、正确地记述实验过程所观察到的现象，否则容易发生错误和遗漏。实验结果的处理见前项要求，同时，运用所学理论对结果进行解释和分析。

(6) 讨论和结论　实验结果的讨论是根据已知的理论判断实验结果是否为预期的，如果出现非预期的结果，应该考虑和分析其可能的原因，还要指出实验结果的生理意义。实验结论是从实验结果中归纳出的一般性、概括性的判断，也就是这一实验所能验证的概念、原则或理论的简明总结。结论中一般不要罗列具体的结果。在实验结果中未能得到充分证据的理论分析不应写入结论。实验讨论和结论的书写是富有创造性的工作，应该严肃认真，不应盲目抄袭书本。参考课外读物应注明出处。

四、实验室守则

1. 遵守学习纪律，准时到达实验室。实验时因故外出或早退应向教师请假。

2. 必须严肃认真地进行实验，实验期间不得进行任何与实验无关的活动。

3. 保持实验室安静。讲话要低声，以免影响别人实验。

4. 实验室内各组仪器和器材仅限本组人员使用，不得与其他组调换，以免混乱。如遇仪器损坏或机件不灵，应报告负责老师或实验准备人员，以便修理或更换，不要自行修理。实验用的动物按组发给，如需补充使用，需经教师同意才能补领。

5. 爱惜公共财物，注意节约各种实验器材和实验用品。

6. 保持实验室清洁整齐，不必要的物品不要带进实验室。实验完毕后，应将实验器材、用品和实验桌收拾干净，清点清楚，放回原处。动物尸体、纸片及废品应放到指定地点，不要随地乱扔。

第一章

基础知识和基本实验技能

第一节　动物生理学实验的基本常识

动物生理学是一门理论性很强的基础性学科，也是一门实用性很强的学科，它的所有理论知识都来源于对生命现象的客观观察和实验。其实验课的目的是通过实验使学生逐步掌握基本操作技术，了解获得动物生理学知识的实验方法，以及验证某些生理学基本理论，有助于理解并巩固和掌握部分理论内容。为了达到实验目的，必须掌握一些基本常识。

一、动物生理学实验动物

（一）实验动物及其特点

1. 实验动物

实验动物是一个专门术语，是指根据动物实验需要，有目的、有计划地进行标准化人工饲养而成的动物。这种动物具有清晰的遗传背景、明确的生物学指标、严格的健康要求。用实验动物所得到的实验结果具有标准化的效果。培育实验动物与一般的饲养动物完全不同。目前，实验动物的培育已发展成专门的实验动物学科。

实验动物按遗传学分类有：①近交系实验动物，即纯系动物；②封闭群动物；③杂交一代动物（F1 代）。按微生物控制程度分级有：①一级，普通动物；②二级，清洁级动物；③三级，无特定病原体动物，即 SPF 动物（specefic pathogen free animal）；④四级，无菌动物，即 GF 动物（germ free animal）。

有时实验中也选用一些野生动物、家畜、家禽和鱼类进行实验。但由于它们或因遗传背景不清楚，或因其健康状况有差异，对刺激的敏感性不同、机体反应也不一致，造成实验结果重复性较差，实验结果可靠性也相对较差，因此不能被国际会议认可，它们只能被称为实验用动物。实验用动物不能与实验动物等同，实验动物可包括在实验用动物中，但在不十分严格的情况下，有时二者互相通用。

实验时，应根据实验要求，结合动物解剖生理特性挑选。此外，在饲养动物时还应对实验动物的饲料加以控制，包括营养素要求和搭配、合理加工、质量保证等。饲养的环境也要标准化，如温度、湿度、光照、空气清洁度、噪声控制等。

2. 实验动物的特点

根据不同的实验目的，选择使用适宜的种属、品系的实验动物，是实验研究成败的关键之一。

（1）实验动物的种类　不同种类动物的生理特征相似，对同一因素的反应有共同的一面，但有的也会出现特殊反应。如何充分利用这些特殊反应，选用对实验因素最敏感的动物，对实验研究也十分重要。

（2）实验动物的个体

① 年龄与体重　年龄是一个重要的生物参数，动物的解剖生理特征和对实验的反应性随年龄的不同有明显变化。一般而言，幼龄动物较成年动物敏感；老龄动物的代谢、各系统功能较为低下，反应不灵敏。因此，一般动物实验应选用成年动物。但不同实验对年龄要求不尽相同，需根据课题的内容而定。一些慢性实验因周期较长，可选择幼龄动物。有些特殊实验，则考虑用老龄动物。值得注意的是，在发育上，有的以日、月计龄，有的以年计龄。大体上动物年龄可以根据体重大小来估计，成年的小白鼠为 20～30 g，大白鼠为 180～250 g，豚鼠为 450～700 g，家兔、猫为 1.5～2.5 kg，狗为 9～15 kg，同一批实验所用动物的年龄应基本一致。

② 性别　实验证明，不同性别对不同因素的反应不同，即使对性别无特殊要求的实验，选择动物时也应该雌雄各半。

③ 生理状态　处于怀孕、哺乳等生理状态时，动物对外界刺激的反应会有所改变，如无特殊目的，一般应从实验组中剔除，以减少因个体差异带来的实验误差。

④ 健康状况　实验证明，健康动物对各种刺激的耐受性比有病的动物要大，而且实验结果更稳定，所以实验时应剔除瘦弱、营养不良的动物。

（二）实验动物健康状态的判断标准

（1）一般情况是，发育良好，眼睛有神，反应灵活，运动自如，食欲良好。

（2）看头部：眼球结膜无充血，瞳孔等圆、清晰；鼻黏膜处无分泌物，无鼻翼扇动，无打喷嚏；无骚动不安等现象。

（3）皮毛清洁、柔软有光泽、无脱毛、无蓬乱和真菌感染。

（4）腹部呼吸均匀，无膨大隆起。

（5）外生殖器无损伤、无浓痂、无异味黏性分泌物。

（6）动物爪趾无咬伤、无溃疡、无结痂等。

（三）常用的实验动物及其特点

（1）青蛙和蟾蜍　青蛙和蟾蜍是动物生理学实验中常用的小型动物，属两栖类变温动物，心脏有 2 个心房和 1 个心室，心房和心室区分不明显，动、静脉血液混合，红细胞为有核细胞，并且个体较大。青蛙和蟾蜍饲养容易，短期可饲养于潮湿地方，可以几天不食，也可喂食青草和昆虫。青蛙和蟾蜍具有价格低廉、离体器官存活时间相对较长等优点。常用其坐骨神经-腓肠肌标本来观察各种刺激或药物对周围神经、肌肉、神经肌肉接头的作用。它们的离体心脏在适宜的环境中能持久地、有节律地跳动，常用于研究各种离子对心脏的作用；也常用青蛙或蟾蜍进行离体小肠的吸收、脊髓反射的基本特征和反射弧分析、肌梭传入冲动的观察、破坏动物一侧迷路的效应等实验。

（2）家兔　家兔属于哺乳纲啮齿目兔科，是动物生理实验中最常用的动物，品种很多，常用的有：青紫蓝兔，体质强壮，适应性强，易于饲养，生长快；中国本地兔（白家兔），抵抗力不如青紫蓝兔强；新西兰白兔，近年引进的大型优良品种，成熟体重可达 4.0～4.5 kg；大耳白兔，耳朵长而大，血管清晰，皮肤白色，但抵抗力较差。

家兔性情温顺，灌肠、取血方便；由于兔耳缘静脉浅表，易暴露，是静脉给药的最佳部位。兔的减压神经在颈部与迷走神经、交感神经分开，单独成为1束，常用于心血管反射活动的调节、呼吸运动的调节、尿液的生成与泌尿机制调节的研究。兔的消化管运动活跃，可用于消化管运动及平滑肌的研究，如：在体小肠肌电活动及收缩运动的同时记录，小肠吸收与渗透压的关系。兔的大脑皮质运动区机能定位已具有一定的雏形，因此，兔也常用于大脑皮质运动机能定位和去大脑僵直、毁损下丘脑对家兔体温的影响、神经放电活动等实验。

(3) 小白鼠　小白鼠属于脊椎动物门哺乳纲啮齿目鼠科，是动物生理学实验中最常用且用途最广泛的动物，体型较小，易于饲养管理，具有成熟早、繁殖周期短、繁殖量大、生长快、性情温顺易捉、操作方便等特点，是短时间内可大量提供的实验动物。小白鼠饲料消耗量少，1只成年小鼠的食料量为4～8 g/d，饮水量4～7 mL/d，排粪量1.4～2.8 g/d，排尿量1～3 mL/d，需要的饲养条件也较简单，因个体小，也可节省饲养场地。需要大量动物的实验，可根据实验要求选择不同品系或同胎小鼠做实验，也可选择同一品种(或品系)、同年龄、同体重、同性别的小鼠做实验，这是由于动物遗传均一，个体差异小，实验结果更精确可靠。小白鼠经常用于胃肠运动的观察和离体小肠平滑肌的生理特性、去小脑动物的观察、胰岛素和肾上腺素对血糖的影响、肾上腺摘除动物的观察、性激素生理机能的观察等实验。

(4) 大白鼠　大白鼠属于脊椎动物门哺乳纲啮齿目鼠科，大白鼠性情温顺，易于捉取，一般不会主动咬人，但当粗暴操作或营养缺乏时可攻击人或互相撕咬，哺乳母鼠更易产生攻击人的倾向，实验者应该特别注意实验过程中的自我保护。大白鼠具有成熟快、繁殖力强、易于饲养管理等优点。寿命因品系不同而异，平均为2.5～3年，40～50 d性成熟。大白鼠经常用于离体肺静态顺应性的测定、大白鼠(无创)血压、心电、呼吸和膈肌电活动的同步记录、胃肠运动的观察和离体小肠平滑肌的生理特性、大白鼠胃液分泌的调节、离体小肠的吸收、肾上腺摘除动物的观察等实验。

(5) 豚鼠　豚鼠属于哺乳纲啮齿目豚鼠科，又称荷兰猪、天竺鼠、土拨鼠等。豚鼠耳蜗管发达，听觉灵敏，在生理学上，用于耳蜗微音器电位的实验，也用于临床听力的实验研究。除此之外，豚鼠属于草食性动物，习性温驯，喜群居，饲养容易。经常用于离体心脏及肠、子宫平滑肌实验，其乳头肌和心房肌常用于心肌细胞电生理特性及动作电位的实验，也用于传染病、变态反应等实验研究。

(6) 猫　猫属于哺乳纲啮齿目猫科，大脑和小脑较发达，其头盖骨和脑具有一定的形态特征，适用于神经生理学的研究。利用三维定位仪对猫的脑部定位已经基本标准化；猫的循环系统发达，血压稳定，血管壁较坚韧，所以是观察呼吸系统和心血管反射调节等实验的极好材料。猫的眼睛能按光线强弱变化而灵敏地调节瞳孔大小，所以适用于视觉生理学研究。

(7) 狗　狗属于哺乳纲食肉目犬科。作为高等脊椎动物，狗听觉、嗅觉灵敏，反应敏捷，各种生理活动都具有哺乳动物所共有的基本特征，对外界环境适应能力强，易饲养，可调教，能很好地配合实验研究的需要。狗具有发达的血液循环系统，大脑皮层很发达，消化道具有肉食动物的特征，如消化道比较短而简单、蠕动较快、腺体发达等，是理想的实验动物。在动物生理学实验中常用于心血管系统、唾液、胰液和胆汁的分泌、能量代谢与体温调节生理等实验。

(8) 羊　羊属于哺乳纲偶蹄目牛科羊亚科，喜粗食，性格温顺，具有复胃，颈静脉表浅。常用于采血，动物的心电图描记，瘤胃内容物在显微镜下的观察，反刍机制，外源性缩胆囊素对动物摄食行为的调控等实验。

(9) 猪　猪属于哺乳纲偶蹄目猪科，数量多，性情温顺，易饲养，嗅觉灵敏，对外界环境适应能力强，常用于巴氏小胃、血液循环系统及病理、药理实验。猪在解剖学、生理学、疾病发生机制等方面与人极为相似，因此在生理科学领域中的应用率越来越高。小型猪、微型猪是实验用猪发展的方向，我国已培养出若干种小型和微型猪品系。由于长期小群体内部近亲繁育，因此基因纯合度相对较高，遗传稳定性高，实验重复性好。

(10) 鸡 鸡属于鸟纲鸟形目雉科，品种多，虽飞翔力已退化，但习惯于四处觅食，食性广。鸡听觉敏锐，白天视力敏锐，易受惊扰。鸡食道中部有扩张而成的嗉囊，肺为海绵状紧贴于肋骨上，肺上有 9 个气囊，无肺胸膜及横膈膜；鸡无膀胱，尿少，由泄殖腔随粪便排出，呈白色，为尿酸或尿酸盐，呈磷屑稀粥样附在粪的表面；鸡的凝血机制好，红细胞与其他哺乳动物不同，具有细胞核。

(11) 鸽 鸽属于鸟纲鸽形目鸠鸽科，在形态解剖上与鸡大致相同。鸽的听觉和视觉特别发达，姿势平衡，反应灵敏，生理学上常用来观察迷路与姿势的关系；鸽具有良好的记忆、敏锐的视觉和稳定的行为，是行为学研究的常用模型；鸽大脑皮层不发达，纹状体是中枢神经系统的高级部位，因此单切大脑皮层影响不大，但切除其大脑半球则不能正常生活。

二、动物生理学实验常规用具

(一) 动物固定器具

动物固定器具包括动物固定头夹及解剖台。在动物急性实验或手术过程中，动物麻醉后需要固定，以保证操作过程中动物不挣扎。常用实验动物有特定的固定头夹和专门的手术台。用头夹把动物的头固定在手术台前端的直杆上，再用绳子把动物的四肢固定在手术台两侧的固定钩上。其中猫和狗的头夹上有 1 个横放的金属轴；兔头夹的叉形部夹在兔的颈背部。蛙的固定较简单，可以用大头针把四肢钉在蛙板上即可。

(二) 常用手术器械

1. 哺乳类动物手术器械

(1) 手术刀 主要用于切开皮肤和脏器，由刀柄和刀片组成。刀片有圆刃、尖刃和弯刃 3 种(图 1-1A)。刀柄也有多种，最常用的是 4 号刀柄和 7 号刀柄(图 1-1B)。

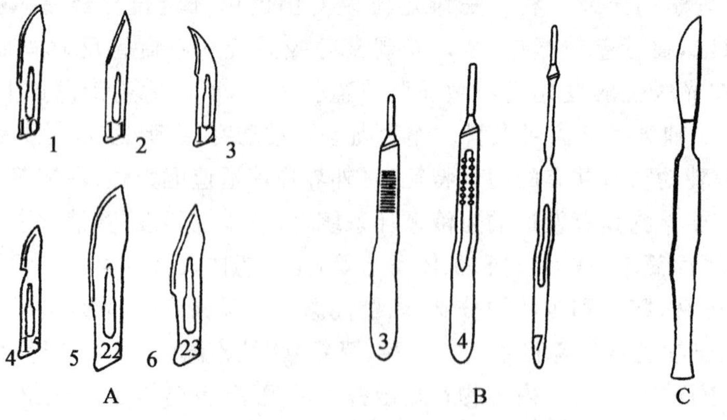

图 1-1 不同类型的手术刀片及刀柄(林德贵，2004)

A. 刀片 B. 刀柄 C. 固定刀柄圆刃

1.10 号小圆刀 2.11 号角形尖刀 3.12 号弯形尖刀

4.15 号小圆刀 5.22 号大圆刀 6.23 号圆形大尖刀

(2) 手术剪刀 主要用于剪皮肤或肌肉等软组织；也可用来分离组织，即利用剪刀的尖端插入组织间隙，分离无大血管的结缔组织等。手术剪刀分为钝头剪和尖头剪。其尖端有直、弯之分。还有一种小型的眼科剪，主要用于剪血管和神经等软组织。一般来说，深部操作宜用弯剪，不致误伤。剪线时大多用钝头直剪，剪毛用钝头、尖端上翘的剪刀。

(3) 手术镊 种类很多，名称也不同，常用的有无齿镊和有齿镊 2 种，用于夹住或提起组织，便于剥离、剪断或缝合。有齿镊用于提起皮肤、皮下组织、筋膜、肌腱等较坚韧的组织，使其不易滑脱，但有齿镊不能用于夹持重要器官，以免造成损伤。无齿镊用于夹持神经、血管、肠壁或其他脏器等较脆弱组织，而不会使其受损伤。

(4) 止血钳 止血钳分为直、弯、全齿和平齿等不同类型，用于止血、分离和牵拉组织。除用于夹持血管和出血点起止血作用外，有齿的用于提起皮肤，无齿的分离皮下组织。蚊式止血钳较小，适合用于分离小血管和神经周围的结缔组织，也可用于分离组织，牵引缝线，协助拔针等。

(5) 骨钳 分为剪刀式或小蝶式 2 种，剪刀式适用于咬断骨质，小蝶式适用于咬切骨片，主要用于咬切骨组织，如打开颅腔或骨髓腔等。

(6) 颅骨钻 主要用于开颅时钻孔。

(7) 缝合针 主要用于缝合各种组织，有圆针和三棱针 2 种，又有直形和弯形，而且大小不同。圆针用于缝合软组织，三棱针用于皮肤缝合，弯形针用于深部组织缝合(图 1－2)。

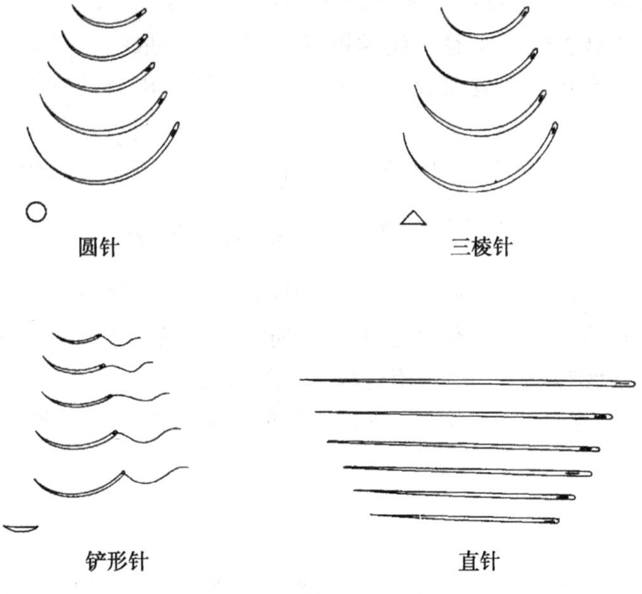

图 1－2 缝针

(8) 持针钳 主要用于把持缝针，缝合各种组织。

2. 两栖类动物手术器械

(1) 手术刀 同哺乳动物。

(2) 手术剪刀 同哺乳动物。

(3) 粗剪刀 粗剪刀是普通的剪刀。在蛙类实验中，常用来剪蛙的脊柱、骨和皮肤等粗硬组织。

(4) 止血钳 同哺乳动物。

(5) 手术镊 同哺乳动物。

(6) 毁髓针 也叫蛙针或金属探针，专门用于毁坏蛙类脑髓和脊髓的器械，分为针柄和针部。

(7) 玻璃解剖针 也叫玻璃分针，有直头与弯头之分，专门用于分离神经与血管。

(8) 蛙板 一块 20 cm×15 cm 的木板，用于固定蛙类。

3. 其他用具

(1) 动脉夹 主要用于短期阻断动脉血流，如在插动脉套管时使用。

(2) 蛙心夹 使用时将蛙心夹的前端在蛙心室舒张时夹住蛙心尖部，另一端借住丝线连接在张力换能器上进行心脏活动的记录。

(3) 气管插管 急性动物实验时，插入气管，以保证呼吸道通畅，或做人工呼吸。将一端接气鼓或换能器，可记录呼吸运动。

(4) 血管插管 有动脉插管和静脉插管。在急性实验时插入动脉，另一端接压力换能器或水银检压计(图 1-3)，以记录血压。静脉插管插入静脉后固定，以便在实验过程中随时用注射器向静脉血管注入药物和溶液。

(5) 检压计 是固定在木板上的 U 形玻璃管，板上有刻度。玻璃管内装有水银或有颜色的水，分别叫水银检压计和水检压计。当压力发生变化时，液面上下移动。水银检压计常用于高压系统实验(如检测动脉血压)，水检压计常用于低压系统实验(如检测静脉血压或胸膜腔内压)(图 1-3)。

(6) 实验支架 动物生理学实验中经常用各种支架。一般都在铁架台的基础上增加一个实验专用的装置而成，如，专用夹持血压换能器的支架和万能支架。

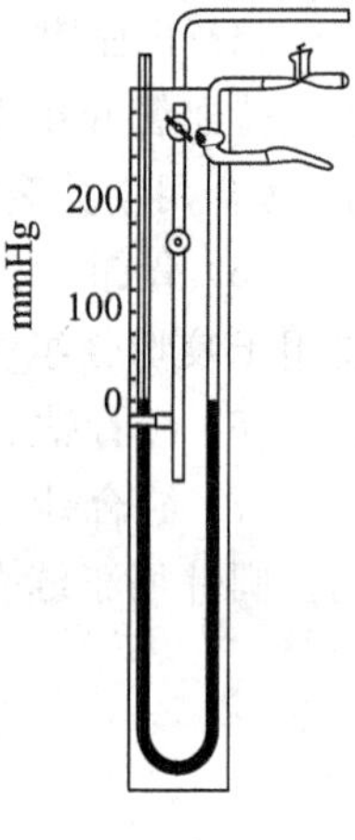

图 1-3 检压计

(7) 万能滑轮 动物生理学实验中经常用万能滑轮，主要用于改变力的传导方向。

三、动物生理学实验手术器械的常规灭菌、消毒方法

手术器械和物品的灭菌和消毒是无菌术最重要的环节。凡用物理方法及化学灭菌剂彻底消灭与伤口或手术区接触的物品上所附着的细菌，以防止手术感染的方法，称灭菌法。灭菌法能杀灭一切活的微生物(包括细菌芽孢等)。用化学消毒剂消灭微生物的方法，包括器械消毒、手术室消毒、手术人员的手臂消毒，称为消毒法。消毒法只能杀灭病原菌与其他有害微生物，但不能杀死细菌芽孢。

(一) 灭菌法

灭菌法分为物理方法和化学灭菌剂法，以物理方法为主。常用的物理灭菌法有高温、紫外线、电离辐射等，其中以高温灭菌法最为普遍，主要用于杀灭手术器械、布单、敷料和容器等物品上所附着的细菌。高温灭菌法包括高压蒸气灭菌法、煮沸灭菌法以及火烧灭菌法，火烧灭菌法容易使器械损坏，且效果不太可靠，除紧急情况外，不宜采用。紫外线灭菌法主要用于手术室、换药室内的空气灭菌，但紫外线对眼睛和皮肤有一定的刺激，应注意防护，以免引起结膜炎和皮炎。电离辐射主要用于药物、塑料注射器和缝线等的灭菌，但对纺织物品无效。

1. 高压蒸汽灭菌法

高压蒸汽灭菌法需要特制的灭菌器。通常用蒸汽压 15～20 lb/in^2，温度 121.6～126.6℃，维持 30 min 左右，能杀灭所有的细菌，包括具有顽强抵抗力的细菌芽孢，因此是比较可靠的灭菌

方法(表 1－1)。更高的压力或更长的时间并无必要,相反有可能损坏物品的质量,尤其不宜于橡胶制品和锐利器械的灭菌。

表 1－1　高压灭菌器内蒸汽压与温度的比例

蒸汽压(lb/in^2 *)	温度/℃
0	100.0
15	121.6
20	126.6
30	134.4

注:* 1 lb=0.453592 kg　1 in=25.4 mm

2. 化学药品消毒法

作为灭菌的手段,化学药品消毒法并不理想,其消毒的能力受药物的浓度、温度、作用时间等因素的影响。但化学药品消毒法不需特殊设备,使用方便,尤其对于某些不宜用热力灭菌的用品的消毒,仍不失为一个有用的补充手段。

器械在浸泡入化学消毒剂之前,应该将沾染污物洗净,尤其是油脂覆盖的器械,妨碍化学药品对器械的消毒作用,所以应该事先仔细将油脂擦净。

为了避免化学消毒剂对组织的有害作用,消毒后的器械在使用前应该用开水冲洗干净。

常用的化学消毒剂有:①LJ -强化戊二醛(加入亚硝酸钠可防锈),②70%酒精(不适宜金属器械的消毒),③0.1%新洁尔灭(加入亚硝酸钠可防锈),④酶皂溶液,⑤甲醛溶液等。浸泡金属器械的时间不应小于 30 min,除酒精、新洁尔灭外,其他消毒剂消毒的器械在使用前应注意用无菌盐水冲洗干净。

(二) 消毒法

消毒法一般包括清洗和消毒两方面。清洗是用肥皂水或化学溶液,洗掉物品上的污垢和附着的细菌,有利于消毒剂和细菌的接触,能提高杀菌效果。消毒是用化学消毒剂浸泡或涂擦来杀死细菌,常用的化学消毒剂有碘酊、酒精、戊二醛等,此外,甲醛熏蒸法可消毒缝线等。现主要介绍煮沸消毒法。

煮沸消毒法是一种比较简单方便的消毒方法,除要求速干的物品外,可广泛地应用于多种物品的消毒。一般用蒸馏水加热,水沸 3～5 min 后将器械放到消毒锅内,等到第二次水沸时计算时间,15 min 可以将一般的细菌杀灭,但不能杀灭具有顽强抵抗力的细菌芽孢。对怀疑有芽孢污染的器械,必须煮沸 60 min 以上。有时为了提高消毒效果,可在水中加入 2%碳酸氢钠,可以提高水的沸点至 102～105℃。这样,既可以加强灭菌能力,并能防止金属器械生锈(但对橡胶制品有害)。煮沸灭菌时,器械或物品应放在水面以下,煮沸器的盖子应关闭严密,以保持沸水的温度。

四、实验动物的麻醉药种类及选择

在急、慢性动物实验中,手术前均应将动物麻醉,以减轻或消除动物的痛苦,保持安静状态,从而保证实验顺利进行。由于麻醉药品的作用特点不同,动物的药物耐受性有种属或个体间差异及实验内容和要求不同,因此正确选择麻醉药品的种类、用药剂量及给药途径十分重要。理想的麻醉药品应当是对动物麻醉完善,其毒性和对生理功能干扰最小,使用方便。

（一）常用的麻醉药

1. 全身麻醉剂

（1）乙醚(ether) 乙醚吸入法是最常用的麻醉方法，各种动物都可应用。其麻醉量和致死量相差大，所以其安全度大。但由于乙醚局部刺激作用大，可刺激上呼吸道黏液分泌增加；通过神经反射还可扰乱呼吸、血压和心脏的活动，并且容易引起窒息，在麻醉过程中要注意。但总的来说乙醚麻醉的优点多，如麻醉深度易于掌握，比较安全，而且麻醉后恢复比较快。其缺点是需要专人负责管理麻醉。麻醉初期出现强烈的兴奋现象对呼吸道有较强的刺激作用，因此，需在麻醉前给予一定量的吗啡和阿托品(基础麻醉)，通常在麻醉前 20～30 min，皮下注射盐酸吗啡或硫酸吗啡(5～10 mg/kg 体重)及阿托品(0.1 mg/kg 体重)。

盐酸吗啡可降低中枢神经系统兴奋性，提高痛阈，还可节省乙醚用量及避免乙醚麻醉过程中的兴奋期。阿托品可对抗乙醚刺激呼吸道分泌黏液的作用，可避免麻醉过程中发生呼吸道堵塞，或手术后发生吸入性肺炎。

进行手术或使用过程中，需要继续给予吸入乙醚，以维持麻醉状态。慢性实验预备手术的过程中，仍用麻醉口罩给药，而在一般急性使用，麻醉后可以先进行气管切开术，通过气管套管连接麻醉瓶继续给药。在继续给药过程中，要时常检查角膜反射和观察瞳孔大小，如发现角膜反射消失，瞳孔突然放大，应立即停止麻醉。万一呼吸停止，必须立即施行人工呼吸，待恢复自动呼吸后再进行操作。

（2）苯巴比妥钠(sodium phenobarbital) 此药作用持久，应用方便，在普通麻醉用量情况下对于动物呼吸、血压和其他功能影响较小。通常在实验前 0.5～1 h 用药。使用剂量及方法为：狗腹腔注射 80～100 mg/kg 体重，静脉注射 70～120 mg/kg 体重(一般 70～80 mg/kg 体重即可麻醉，但有的动物要 100～120 mg/kg 体重才能麻醉，具体用量可根据动物的敏感性而定)；兔腹腔注射 150～200 mg/kg 体重。

（3）戊巴比妥钠(pentobarbital sodium) 此药有效麻醉时间 3～5 h，所以十分适合一般使用要求。给药后对动物循环和呼吸系统无显著抑制作用，药品价格也很便宜。用时配成 1%～3% 生理盐水溶液，必要时可加温溶解，配好的药液在常温下放置 1～2 个月不失药效。静脉或腹腔注射后很快就进入麻醉期。使用剂量及方法为：狗、猫、兔静脉注射 30～35 mg/kg 体重，腹腔注射 40～45 mg/kg 体重。

（4）硫喷妥钠(sodium pentothal) 为黄色粉末，有硫臭，易吸水。其水溶液不稳定，故必须现用现配，常用浓度为 1%～5%。此药作静脉注射时，由于药液迅速进入脑组织，故诱导快，动物很快被麻醉。但苏醒也很快，1 次给药的麻醉时效仅维持 0.5～2 h。在时间较长的实验过程中，可重复注射，以维持一定的麻醉深度。此药对胃肠道无副作用，但对呼吸有一定抑制作用，由于其抑制交感神经较副交感神经为强，常有喉头痉挛，因此注射时速度必须缓慢。实验剂量和方法：狗静脉注射20～25 mg/kg 体重；兔静脉注射 7～10 mg/kg 体重。静脉注射速度以 15 s 注射 2 mL 左右进行。小鼠 1%溶液腹腔注射 0.1～0.3 mL/只；大鼠 0.6～0.8 mL/只。

（5）巴比妥钠(barbital sodium) 使用剂量及方法：狗静脉注射 225 mg/kg 体重；兔腹腔注射 200 mg/kg 体重；鼠皮下注射 200 mg/kg 体重。

（6）氨基甲酸乙酯(乌拉坦，urethane) 此药是比较温和的麻醉药，安全度大。多数实验动物都可使用，更适合于小动物。一般用做基础麻醉，如实验全部过程都用此麻醉时，动物保温尤为重要。使用时常配成 20%～25%水溶液，狗、兔静脉、腹腔注射 0.75～1 g/kg 体重。但在作静脉注射时必须溶在生理盐水中，配成5%或10%溶液，每 kg 体重注射 10～20 mL。鼠1.5～2 g/kg 体重，由腹腔注射。

(7) 氯醛糖(chioralose) 本药溶解度较小，常配成1%水溶液。使用前需要先在水浴锅中加热，使其溶解，但加热温度不宜过高，以免降低药效。用量为 80～100 mg/kg 体重，静脉或腹腔注射。本药对呼吸与循环系统不产生抑制影响，动物可维持良好机体状态，麻醉作用持续 3～4 h。缺点为动物易受激惹引起抽搐反应。

2. 局部麻醉剂

(1) 普鲁卡因 此药毒性小，见效快，常用于局部浸润麻醉，用时配成 0.5%～1%溶液。

(2) 利多卡因 此药见效快，组织穿透性好，常用 1%～2%溶液作为大动物神经干阻滞麻醉，也可用 0.25%～0.5%溶液作局部浸润麻醉。

以上麻醉药种类虽较多，但各种动物使用的种类多有所侧重：做慢性实验的动物常用乙醚吸入麻醉(用吗啡和阿托品作基础麻醉)；急性动物实验对狗、猫和大鼠常用戊巴比妥钠麻醉；对家兔和青蛙、蟾蜍常用氨基甲酸乙酯麻醉；对大鼠和小鼠常用硫喷妥钠或氨基甲酸乙酯麻醉。

(二) 麻醉药的选择

(1) 从物理性质上可分为 挥发性麻醉剂，如乙醚、氟烷、甲氧氟烷等；非挥发性麻醉剂，如巴比妥类、氯胺酮、水合氯醛、安定，以及新型的复合麻醉剂(如速眠新)等。

(2) 从麻醉途径上可分为 吸入性麻醉剂，主要为醚类或烷类麻醉剂；静脉注射麻醉剂，如戊巴比妥钠、氯胺酮等；肌肉注射麻醉剂，如速眠新、安定等。

(3) 从作用机制上可分为 中枢抑制性麻醉剂，如乙醚；镇静催眠药，如巴比妥类麻醉剂；镇痛麻醉剂，如氯胺酮；复方制动剂，如速眠新等。

五、实验动物的术后护理

动物生理学慢性实验的术后护理非常关键。

1. 苏醒

手术后苏醒越快，对于动物的生命威胁就越低。但是使用不同的麻醉药物，动物的苏醒过程是不同的。吸入麻醉比其他的麻醉方式安全的主要原因就是吸入麻醉苏醒快。若是使用的注射型的麻醉，麻醉时间和强度很难精确地控制，因此一般根据手术的长短需要追加麻醉剂量。很多情况下手术已经结束，动物还没有苏醒。让动物长时间处于麻醉状态是很危险的，如低血压、低体温、意识暂时性丧失，若是身体状态不好的动物，药物麻醉后代谢缓慢，苏醒时间会延迟，很可能出现严重的后果。因此手术结束后，若麻醉比较深，应该立即让它苏醒过来。

2. 体位的摆放

为让动物在术后迅速苏醒，体位的摆放也是关键。

(1) 让动物侧躺，颈部保持伸直，这样呼吸道就能很好地畅通。

(2) 使用吸入麻醉时一般都会使用气管插管。气管插管的使用可以完全避免术后苏醒期间窒息的危险，对于体位的要求没有那么高。

3. 术后排尿

术后排尿说明肾功能正常，因此术后观察是否有尿排出是很重要的。一般来说术后 12 h 内一定要排尿，若尿量不足，则说明问题很严重。同时，排尿容易将伤口浸湿，必须仔细处理。

4. 呼吸频率及心肺功能的观察

有些狗在麻醉后会出现肺水肿，其症状就是呼吸频率加快、呼吸困难、口色发紫，严重时还会从鼻腔流出血性的液体。遇到这种情况应立即进行抢救。

5. 体温

麻醉后动物的体温都会不同程度的下降，特别在冬天需要注意保温，尽量让动物的体温维持在 38℃左右。

6. 其他

有些狗术后 3 d 不吃不喝，都属于正常现象。但是超过 3 d 仍然不吃不喝，建议与医院联系。

六、实验动物处死及尸体处理

动物生理学急性实验结束后，除了有些实验根据需要取出有关脏器做组织学分析或解剖观察外，一般将动物及时处死并将尸体无害化处理。

1. 较大动物的处死方法

以下几种方法适用于豚鼠、猫、兔、狗等较大或更大一点的动物。

(1) 空气栓塞法　将空气注入动物静脉，使之很快栓塞而死。当空气注入静脉后，可在右心随着心脏的跳动使空气与血液相混使血液成泡沫状，随血液循环到全身。如进入肺动脉，可阻塞其分支，进入心脏冠状动脉，造成冠状动脉阻塞，发生严重的血液循环障碍，动物很快致死。一般兔、猫等需注入 20～40 mL，狗需注入 80～150 mL。这是最常用的一种方法。

(2) 急性失血法　一次性抽取大量心脏血液，可使动物很快致死。狗可采用股动、静脉放血法。

(3) 破坏延脑法　如果急性实验后，脑已暴露，可用器具将延髓破坏，导致动物死亡。对家兔可用木槌或手击其后脑部，损坏延脑，造成死亡。

(4) 开放性气胸法　将动物开胸，造成开放性气胸。这时胸膜腔的压力与大气压力相等，肺因受大气压的影响发生肺萎陷，纵隔摆动，动物窒息而死。

(5) 化学药物致死法　给动物的静脉内注入福尔马林溶液，使血液内蛋白凝固，导致全身血液循环严重障碍和缺氧而死。成年狗静脉内需注入 10%福尔马林溶液 20 mL。

2. 小动物的处死方法

以下几种方法适用于大鼠、小鼠等小动物。

(1) 颈椎、脊椎脱臼法　是将动物的颈椎脱臼，断开脊髓使动物致死。左手拇指与食指用力向下按住鼠头，右手抓住鼠尾用力向后拉，大、小鼠便立即死亡。这是最常用的一种方法。

(2) 急性大失血法　可将眼球摘除导致大量失血致死。

(3) 击打法　右手抓住鼠尾提起，用力撞击其头部，鼠痉挛后立即死亡。用小木槌击打鼠头部也可致死。

(4) 断头法　给小鼠断头时，可用左手拇指和食指夹住小鼠的肩胛部固定，右手拿剪刀迅速将头剪断。给大鼠断头时，实验者应戴上棉纱手套，用右手握住大鼠头部，左手握住背部，露出颈部，助手用剪刀在鼠颈部将鼠头剪掉。

(5) 可将浸有乙醚或氯仿的棉球连同小动物一起密封于玻璃容器内麻醉。

3. 蛙类的处死方法

常用金属探针插入枕骨大孔，破坏脑脊髓。左手用湿布将蛙包住，露出头部，并且用食指按压其头部前端，拇指按压背部，使头前俯；右手持探针由头前端沿中线向尾方刺入，触及凹陷处即枕骨大孔所在。进入枕骨大孔后将探针尖端转向头方，向前探入颅腔，然后向各方搅动，以捣毁脑组织。脑组织捣毁后，将探针退出，再由枕骨大孔刺入，转向尾方，与脊柱平行刺入椎管，以破坏脊髓。待蛙的四肢肌肉完全松弛后拔出探针，用干棉球将针孔堵住，以防止其出血。

如处死的是蟾蜍，在操作时要防止毒腺分泌物射入眼内。如被射入，立即用大量生理盐水冲洗眼睛。

4. 实验动物尸体的无害化处理

(1) 实验中正常死亡的动物　死于失血过多、创伤等，以及实验后处死的动物应装入垃圾袋内并交学校动物中心处理。注意实验动物禁止食用。

(2) 因传染病死亡的动物　应将尸体焚烧或掩埋(1 m 以下)，或固定后投入粪池，腐烂发酵后作肥料。

第二节　动物生理学实验的基本操作技术

一、实验动物及实验用动物的选择

生理学实验中做好动物的选择和准备关系到实验的成败。除了按照不同实验的特殊要求选择相应的种属、品种、品系外，对个体的选择，首先要挑选健康的动物；其次，应根据实验内容和要求，结合动物解剖生理特点挑选(见前述)。有时为充分利用动物，节省时间和经费，在不影响实验结果的情况下，可利用同一动物完成不同的实验内容。此外，在动物饲养时还应对饲料加以控制，包括营养素要求及搭配、合理加工、无发霉变质等；设备标准化，如饲养环境的温度、湿度、光照、空气清洁度、噪声控制等也应做进一步的了解和管理。

在进行慢性动物实验时，常选择年轻健康的动物。在手术前数周内训练动物，使其熟悉实验环境。实验前 12 h 停止喂食，但需喂水。实验时应实行无菌操作，实验后需精心护理和喂养。

二、实验动物的捉拿及固定方法

在进行实验时，为了不损伤动物的健康，不影响观察指标，并防止被动物咬伤，首先要限制动物的活动。使动物处于安静状态，工作人员必须掌握合理的抓取固定方法。抓取动物前，必须对各种动物的一般习性有所了解。操作时要小心仔细、大胆敏捷、熟练准确，不能粗暴，不能恐吓动物，同时，要爱惜动物，使动物少受痛苦。固定动物一般应用特定的固定器械将动物固定在特制的实验台上(图 1－4)。固定动物的方法一般多采用仰卧位，适于作颈、胸、腹、股等部位的实验；俯卧位适用于作脑和脊髓部位的实验。

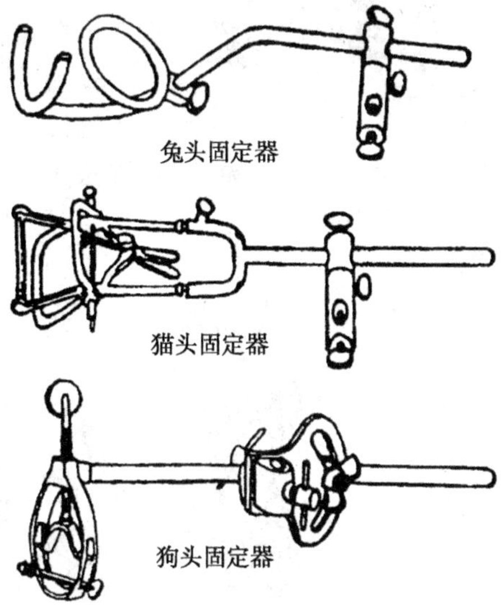

图 1－4　动物头部固定器
(陈克敏，2001)

1. 狗

至少由2～3人进行。捆绑前实验者应先对其轻柔抚摸，避免使其惊恐或激怒。用一条粗棉绳兜住上、下颌，在上颌处打一结（勿太紧），再绕回下颌打第二个结，然后将绳引向头后部，在颈项上打第三个结且在其上打一活结（图1－5）。切记兜绳时，要注意观察狗的动向，以防被其咬伤。如狗不能合作，须用长柄狗头钳夹持其颈部，并按倒在地，以限制其头部活动，再按上述方法捆绑其嘴。捆嘴后使其侧卧，一人固定其肢体，另一人注射麻醉药。此时，应注意狗可能出现挣扎，甚至大小便俱下，以及由于这种捆绑动作往往致使狗呼吸急促，甚至屏气等问题。待动物进入到麻醉状态后，立即松捆，以防窒息。

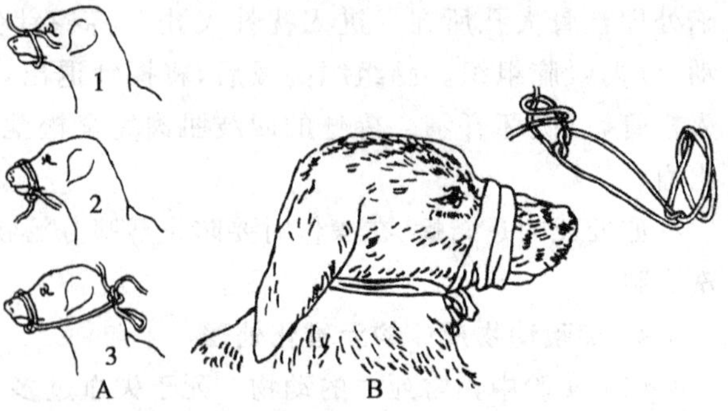

图1－5 狗的固定（姚运纬，1998）

A. 捆绑狗嘴的步骤 B. 捆绑狗嘴的方法

1. 第1结 2. 第2结 3. 引向脑后打第3结

将麻醉好的狗仰卧置于实验台上，用特制的狗头夹固定狗的头部（图1－5）。固定前将狗舌拽出口外，避免堵塞气道。将狗嘴伸入铁圈，再将直铁杆插入上、下颌之间，再下旋铁杆，使弯形铁条紧压犬的下颌（仰卧固定）或压在鼻梁上（俯卧固定）。再将头部夹固定在手术台上。

固定好头部后，取绳索用其一端分别绑在前肢的腕关节上部和后肢的踝关节上部，绳索的另一端分别固定在实验台同侧的固定钩上。固定两前肢时，亦可将两根绳索交叉从狗的背后穿过并将对侧前肢压在绳索下，分别绑在实验台两侧的固定钩上。若采取俯卧位固定时，绑前肢的绳索可不交叉，直接绑在同侧的固定钩上。

图1－6 猫的捉拿与固定（王月影，2010）

2. 猫

捉持猫时应戴手套，防止被其抓伤（图1－6）。先将猫关入特制的玻璃容器中，投入乙醚棉团对其进行快速麻醉，然后乘其未醒立即固定在猫袋或实验台上。

3. 兔

捉持家兔时只需实验者和助手将其抓牢或按住即可。正确捉持方法为：一手抓住家兔颈背部皮肤，轻轻提起，另一手托住其臀部，使其呈坐位姿势（图1－7）。

图1－7 家兔的抓取方法（沈岳良，2002）

A、B、C. 错误的操作 D. 正确操作

兔可固定在兔盒或小动物手术台上(图 1-8)。在手术台上用兔头夹固定头部,把嘴套入铁圈内,调整铁圈至最适位置然后将兔头夹的铁柄固定在手术台上;或用一根较粗棉线绳一端打个活结套住兔的两只上门齿,另一端拴在实验台前端的铁柱上。做颈部手术时,可将一个粗注射器筒垫于动物的颈下,以抬高颈部,便于操作。兔的四肢固定和狗相同。

4. 小鼠和大鼠

实验者右手捉住小鼠尾,鼠会本能地向前爬行。左手攥紧鼠颈背部皮肤,使其腹部向上,拉直躯干,并以左手小指和掌部夹住其尾固定在左手上(图 1-9),可作腹腔麻醉。亦可用金属筒、有机玻璃筒或铁丝笼式固定器固定,露出尾部,做尾静脉注射。

捉持大鼠的方法基本同小鼠。大鼠在惊恐或激怒时会咬人,捉拿时可戴防护手套,或用厚布盖住鼠身作防护,握住整个身体,并固定头骨,防止被咬伤。动作应轻柔,切忌粗暴。也可用钳子夹持。最后再根据需要,将大鼠置于固定笼内或捆绑四肢。

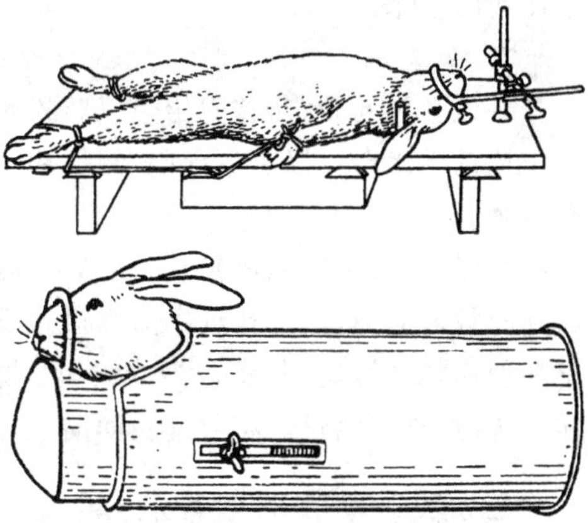

B

图 1-8　兔的固定(陈主初,2002)

A. 兔手术台固定法　B. 兔头固定盒固定法

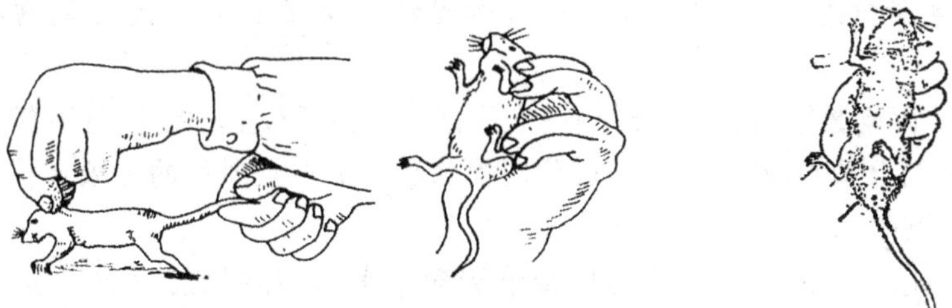

A　　B

图 1-9　鼠的捉拿与固定

A. 小鼠(方家选,2006)　B. 大鼠(陈克敏,2001)

5. 豚鼠

右手横握豚鼠腹前部,左手轻托后肢(图 1-10)。

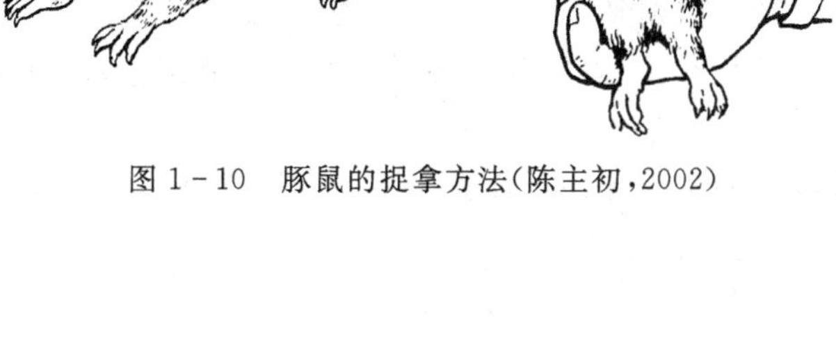

图 1-10　豚鼠的捉拿方法(陈主初,2002)

6. 蛙和蟾蜍

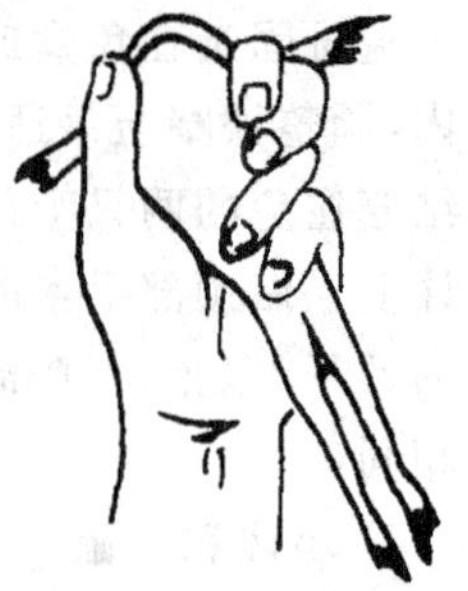

图 1－11 蛙和蟾蜍的捉拿方法(黄敏,2002)

实验者一手拇指、食指和中指控制蛙和蟾蜍的两前肢,无名指和小指压住两后肢(图1－11)。

7. 鱼类

一般鱼类的固定:首先给鱼以肌松剂,然后固定在特制的手术台上,固定用的手术台可以有不同的形状,根据实验要求自制。安装好流水呼吸装置。

黄鳝的固定:黄鳝固定前,先破坏其脊髓。用粗剪刀尖于枕骨后缘剪断脊柱和肌肉,用一根细钢丝插进椎管。若已插入椎管,会有阻力感。不断前后抽动钢丝,凡钢丝通过之处,黄鳝腹壁肌肉松弛。约破坏到躯体中央时,抽出钢丝。将黄鳝腹面向上,用钉子分别将黄鳝吻和尾部固定于手术板(木板条上)。

三、实验动物的编号及分组

1. 编号

实验动物常需要标记以示区别。编号的方法很多,根据动物的种类、数量和观察时间长短等因素来选择合适的标记方法。

(1) 挂牌法　将号码烙压在圆形或方形金属牌上(最好用铝或不锈钢的,它可长期使用不生锈),或将号码按实验分组编号烙在拴动物颈部的皮带上,将此颈圈固定在动物颈部。该法适用于狗等大型动物。

(2) 打号法　用刺数钳(又称耳号钳)将号码打在动物耳朵上。打号前用蘸有酒精的棉球擦净耳朵,用耳号钳刺上号码,然后在烙印部位用棉球蘸上溶在食醋里的黑墨水擦抹。该法适用于耳朵比较大的兔、狗等动物。

(3) 针刺法　用 7 号或 8 号针头蘸取少量碳素墨水,在耳部、前后肢以及尾部等处刺入皮下,在受刺部位留有一个黑色标记。该法适用于大鼠、小鼠、豚鼠等。在实验动物数量少的情况下,也可用于兔、狗等动物。

图 1－12 耳缺号(左耳)

(4) 打孔或剪缺口法　可用打孔机在耳一定位置打一个小孔来表示一定的号码,或用剪子在耳朵一定部位剪缺口表示一定的号码(图 1－12),此种方法常在饲养大量动物时作为终身号采用。一般原则是左一右十,上三下一,如:右耳下边有两个缺口,左耳上方有两个缺口,下方有一个缺口,则编号为 27 号。

(5) 化学药品涂染动物被毛法　使用某些化学药品涂于体表不同部位来表示一定的号码(图 1－13)。根据实验分组编号的需要,可用一种化学药品涂染实验动物背部被毛即可。如果实验动物数量较多,则可以选择两种染料。原则是:先左后右,从前到后。用单一颜色可标记 1～10 号,若用两种颜色配合使用,其中一种颜色代表个位数,另一种代表十位数,可编到 99 号。

经常应用的涂染化学药品有:涂染红色,0.5%中性红或品红溶液;涂染黄色,3%～5%苦味酸溶液;涂染黑色,煤焦油的酒精溶液。

该方法对于实验周期短的实验动物较合适,时间长了染料易褪掉;对于哺乳期的子畜也不适合,因母畜容易咬死子畜或把染料舔掉。

(6) 剪毛法 该法适用于大、中型动物，如狗、兔等。方法是用剪毛剪在动物一侧或背部剪出号码，此法编号清楚可靠，但只适于短期观察。

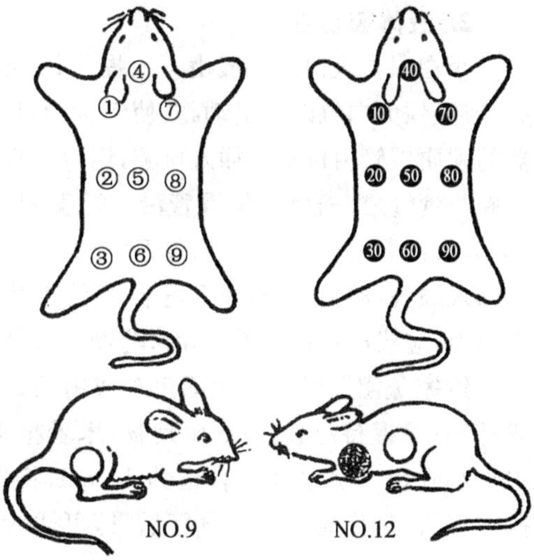

图 1-13 染色标记法(孙敬方,2001)

2. 分组

(1) 分组的原则 进行动物实验时，经常需要将选择好的实验动物按研究的需要分成若干组。动物分组应按随机分配的原则，使每只动物都有同等机会被分配到各个实验组和对照组中去，以避免各组之间的差别，影响实验结果，特别是进行准确的统计检验，必须在随机分组的基础上进行。

每组动物数量应按实验周期长短、实验类型及统计学要求而定。如果是慢性实验或需要定期处死动物进行检验的实验，就要求选较多的动物，以补足动物自然死亡和人为处死所丧失的数量，确保实验结束时有合乎统计学要求的动物数量存在。

(2) 建立对照组 分组时应建立对照组。

自身对照组：是指实验数据而言。实验动物本身在实验处理前、后两个阶段的各项相关数据就分别是对照组和实验组的实验结果，此法可排除生物间的个体差异。

平行对照组：有正对照组和负对照组两种。给实验组动物某种处理，而给正对照组用同样方法进行处理，但并不采用实验所要求的药物或手段，负对照组则不给任何处理。

具体分组时应避免人为因素，随机把所有的动物进行编号，然后令其双数为 A 组(实验组)，单数为 B 组(对照组)即可或反之。如果要分若干个组时，应该用随机数字表示进行完全随机分组。

四、实验动物的给药方法

(一) 口服法

口服法是将能溶于水并且在水溶液中较稳定的药物放入动物饮水中，不溶于水的药物混于动物饲料内，由动物自行摄入。该方法技术简单，给药时动物接近自然状态，不会引起动物应激反应，适用于多数动物慢性药物干预实验，如抗高血压药物的药效、药物毒性测试等。其缺点是动物饮水和进食过程中，总有部分药物损失，药物摄入量计算不准确，而且由于动物本身状态、饮水量和摄食不同，药物摄入量不易保证，影响药物作用分析的准确性。

(二) 灌服法

灌服法是将动物适当固定，强迫动物摄入药物。这种方法能准确把握给药时间和剂量，及时观察动物的反应，适合于急性和慢性动物实验，但经常强制性操作易引起动物不良生理反应，甚至操作不当引起动物死亡，故应熟练掌握该项技术。强制性给药方法主要有两种：

1. 固体药物口服

一人操作时用左手从背部抓住动物头部，同时以拇、食指压迫动物口角部位使其张口，右手用镊子夹住药片放于动物舌根部位，然后让动物闭口吞咽下药物。

2. 液体药物灌服

小白鼠与大白鼠一般由一人操作，左手捏持小白鼠头、颈、背部皮肤，或握住大白鼠以固定动物，使动物腹部朝向术者，右手将连接注射器的硬质胃管由口角处插入口腔，用胃管将动物头部稍向背侧压迫，使口腔与食管成一直线，将胃管沿上颚壁轻轻插入食道，小白鼠一般用3 cm，大白鼠一般用5 cm的胃管(图1－14)。插管时应注意动物反应，如插入顺利，动物安静，呼吸正常，可注入药物；如动物剧烈挣扎或插入有阻力，应拔出胃管重插。如将药物灌入气管，可致动物立即死亡。

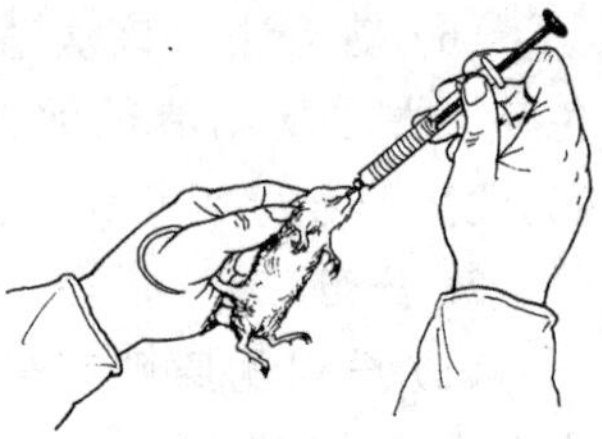

图1－14 小鼠灌胃法
(孙敬方，2001)

给家兔灌服时宜用兔固定箱或由两人操作。助手取坐位，用两腿夹住动物腰腹部，左手抓兔双耳，右手握持前肢，以固定动物；术者将木制开口器横插入兔口内并压住舌头，将胃管经开口器中央小孔沿上颚壁插入食道约15 cm，将胃管外口置于一杯水中，看是否有气泡冒出，检测是否插入气管，确定胃管不在气管后，即可注入药物(图1－15)。

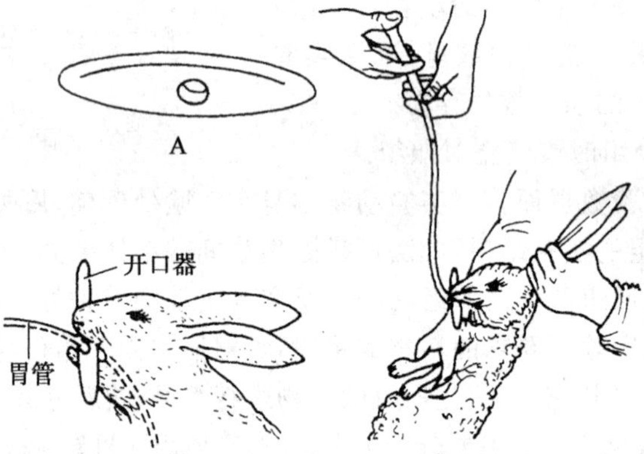

图1－15 兔灌胃法(杨芳炬，2004)
A. 开口器 B. 插管 C. 灌胃

(三) 注射法

1. 淋巴囊注射

青蛙与蟾蜍皮下有多个淋巴囊，注射药物易于吸收，适合于该类动物全身给药。常用注射部位为胸、腹和股淋巴囊。为防止注入药物自针眼处漏出，胸淋巴囊注射时应将针头刺入口腔，由口腔组织穿刺到胸部皮下，注入药物。股淋巴囊注射时应由小腿刺入，经膝关节穿刺到股部皮下，注射药液量一般为0.25～0.5 mL(图1－16)。

2. 皮下注射

皮下注射是将药物注射于皮肤与肌肉之间，适合于所有哺乳动物。实验动物皮下注射一般应由两人操作，熟练者也可一人完成。由助手将动物固定，术者用左手捏起皮肤，形成皮肤皱褶，右手持注射器刺入皱褶皮下，将针头轻轻左右摆动，如摆动容易，表示确已刺入皮下，再轻轻抽吸注射器，确定没有刺入血管后，将药物注入(图1－17)。拔出针头后应轻轻按压针刺部位，以防药液漏出，并可促进药物吸收。鸽、禽类常选用翼下注射。

3. 肌肉注射

肌肉血管丰富，药物吸收速度快，故肌肉注射适合于几乎所有水溶性和脂溶性药物，特别适

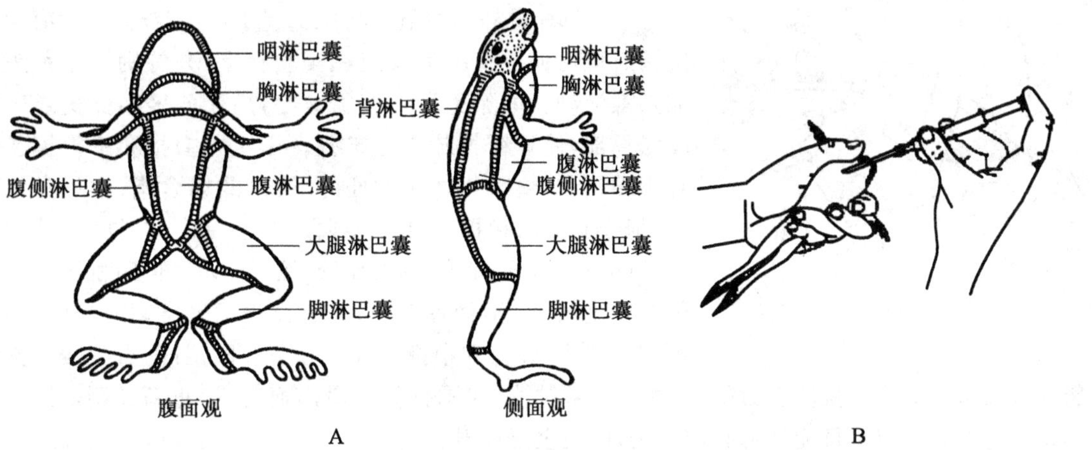

图 1-16 蛙、蟾蜍淋巴囊内注射

A. 蛙、蟾蜍的皮下淋巴囊(孙敬方,2001) B. 蛙的胸淋巴注射法

合于狗、猫、兔等肌肉发达的动物。而小鼠、大鼠、豚鼠因肌肉较少,肌肉注射稍有困难,必要时可选用股部肌肉。鸟类选用胸肌或腓肠肌。肌肉注射一般由两人操作,小动物也可由一人完成。助手固定动物,术者用左手指轻压注射部位,右手持注射器刺入肌肉,回抽针栓,如无回血,表明未刺入血管,将药物注入,然后拔出针头,轻轻按摩注射部位,以助药物吸收。

4. 腹腔注射

腹腔吸收面积大,药物吸收速度快,故腹腔注射适合于多种刺激性小的水溶性药物的用药,并且是啮齿类动物常用给药途径之一。腹腔注射穿刺部位一般选在下腹部正中线两侧,该部位无重要器官。腹腔注射可由两人完成,熟练者也可一人完成。助手固定动物,并使其腹部向上,术者将注射器针头在选定部位刺入皮下,然后使针头与皮肤成45°角缓慢刺入腹腔,如针头与腹内小肠接触,一般小肠会自动移开,故腹腔注射较为安全(图 1-18)。刺入腹腔时,术者可有阻力突然减小的感觉,再回抽针栓,确定针头未刺入小肠、膀胱或血管后,缓慢注入药液。

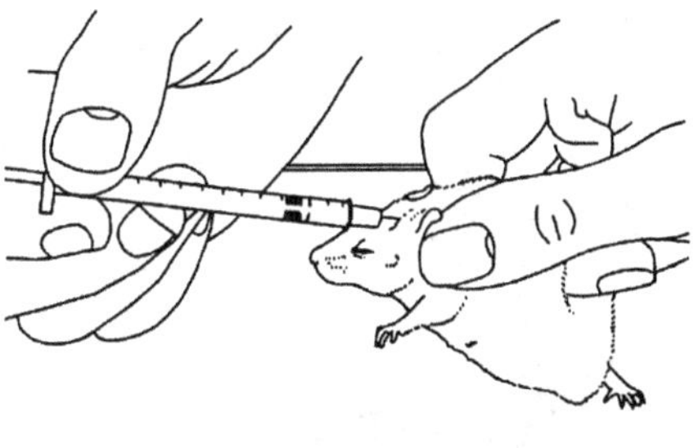

图 1-17 小鼠的皮下注射法(孙敬方,2001)

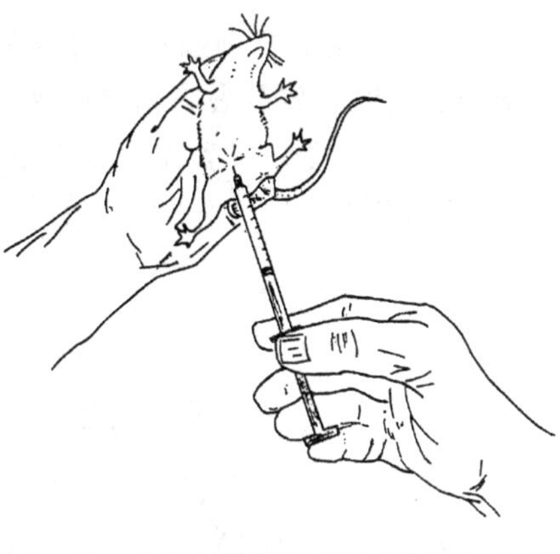

图 1-18 小鼠的腹腔注射法(孙敬方,2001)

5. 静脉注射

静脉注射是将药物直接注入血液,无须经过吸收阶段,药物作用最快,是急、慢性动物实验最常用的给药方法。静脉注射给药时,不同种类的动物由于其解剖结构的不同,应选择不同的静脉血管。

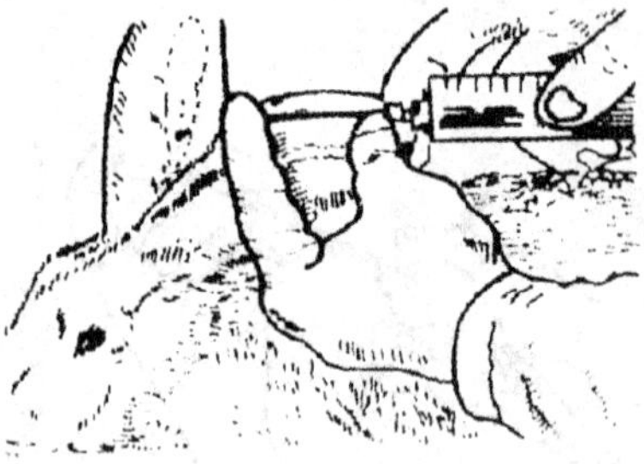

图 1-19 家兔耳缘静脉注射
(方家选,2007)

(1) 兔耳缘静脉注射 将家兔置于兔固定箱内,没有兔固定箱时可由助手将家兔固定在实验台上,并特别注意兔头不能随意活动。剪除兔耳外侧缘被毛,用乙醇轻轻擦拭或轻揉耳缘局部,使耳缘静脉充分扩张。用左手拇指和中指捏住兔耳尖端,食指垫在兔耳注射处的下方(或以食指、中指夹住耳根,拇指和无名指捏住耳的尖端),右手持注射器由近耳尖处将针(6 号或 7 号针头)刺入血管(图 1-19),再顺血管腔向心脏端刺进约 1 cm,回抽针栓,如有血表示确已刺入静脉,然后由左手拇指、食指和中指将针头和兔耳固定好,右手缓慢推注药物入血液。如感觉推注阻力很大,并且局部肿胀,表示针头已滑出血管,应重新穿刺。注意兔耳缘静脉穿刺时应尽可能从远心端开始,以便重复注射。

(2) 小鼠与大鼠尾静脉注射 小鼠尾部有三根静脉,两侧和背部各一根,两侧的尾静脉更适合于静脉注射。注射时先将小鼠置于鼠固定筒内或扣在烧杯中,让尾部露出,用乙醇或二甲苯反复擦拭尾部或浸于 40~50℃的温水中加热 1 min,使尾静脉充分扩张。术者用左手拉尾尖部,右手持注射器(以 4 号针头为宜)将针头刺入尾静脉,然后左手捏住鼠尾和针头,右手注入药物(图 1-20)。如推注阻力很大,局部皮肤变白,表示针头未刺入血管或滑脱,应重新穿刺。注射药液量以 0.15 mL/只为宜。幼年大鼠也可做尾静脉注射,方法与小鼠相同,但成年大鼠尾静脉穿刺困难,不宜采用尾静脉注射。

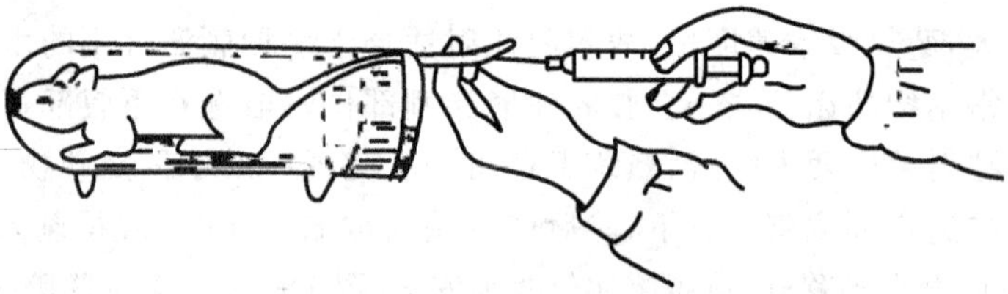

图 1-20 小鼠尾静脉注射法

(3) 狗静脉注射 狗前肢小腿内侧有较粗的静脉,后肢外侧有小隐静脉,都是狗静脉注射较方便的部位。注射时先剪去该部位被毛,以酒精消毒。用压脉带绑扎肢体根部,或由助手握紧该部位,使静脉充分扩张。术者左手抓住肢体末端,右手持注射器刺入静脉,此时可见明显回血,然后放开压脉带,左手固定针头,右手缓慢注入药物(图 1-21)。

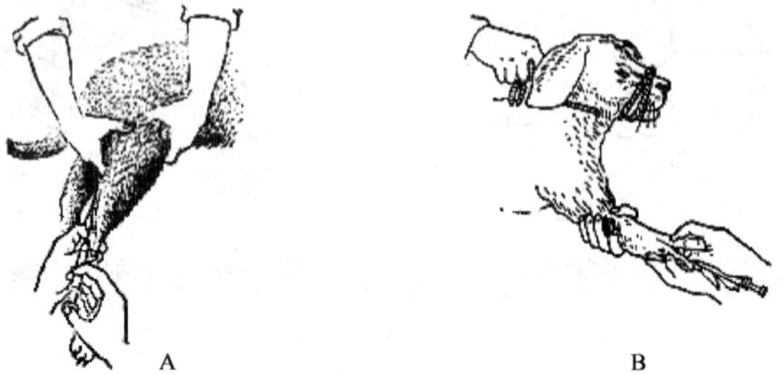

A B

图 1-21 狗的静脉注射

A. 狗后肢外侧小隐静脉注射法 B. 狗前肢背侧皮下头静脉注射法

(4) 家禽静脉注射　家禽可选择翼下肱静脉或蹼间静脉(图 1－22)进行注射给药，方法同其他动物。

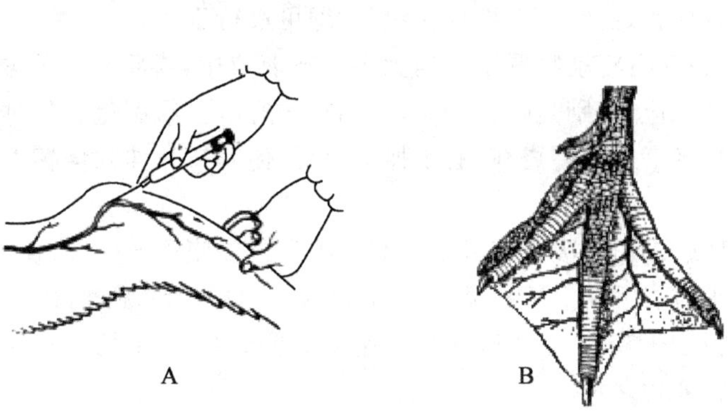

图 1－22　家禽的静脉注射

A. 翼下肱静脉　B. 蹼间静脉

五、实验动物的麻醉方法及操作过程中的相关事宜

在大多数实验过程中，为了使动物免受痛苦，同时保护实验者，通常需要对实验动物进行全身麻醉，因此所用的药物也多选用全身麻醉药。进行动物实验时必须选择适当的麻醉。在选择麻醉方法时应根据实验要求、动物的种属特性及客观条件选择安全、有效、简便、经济又便于管理的方法。由于动物不易配合手术，所以实际操作中常常选择动物全身麻醉，包括吸入麻醉、静脉麻醉、腹腔麻醉或肌肉注射麻醉等；偶尔选择局部麻醉、复合麻醉或气管插管麻醉等。

(一) 麻醉前的准备工作

(1) 熟悉麻醉药品的特点。根据实验内容合理选用麻醉药。例如，乌拉坦对兔和猫的麻醉效果好，较稳定，不影响动物的循环及呼吸功能。氯醛糖很少抑制神经系统的活动，适用于保留生理反射的实验。乙醚对心肌功能有直接抑制作用，但兴奋交感肾上腺系统，全身浅麻醉时，可增加心输出量 20%。硫喷妥钠对交感神经抑制作用明显，因副交感神经功能相对增强而诱发喉痉挛。

(2) 麻醉前应核对药物名称，检查药品有无变质或过期失效。

(3) 狗、猫等手术前应禁食 12 h，以减轻呕吐反应。

(4) 需在全麻下进行手术的慢性实验动物，可适当给予麻醉辅助药。例如，皮下注射吗啡镇静止痛，注射阿托品减少呼吸道分泌物的产生等。

(二) 实验动物的麻醉方法

1. 全身麻醉法

(1) 吸入麻醉　挥发性麻醉药经面罩或气管插管进行开放式吸入麻醉。常用的吸入麻醉剂是乙醚。乙醚为无色易挥发的液体，有特殊的刺激性气味，易燃易爆，应用时应远离火源。乙醚可用于多种动物的麻醉，麻醉时对动物的呼吸、血压无明显影响，麻醉速度快，维持时间短，更适合于时间短的手术和实验，如去大脑僵直、小脑损毁实验等，也可用于凶猛动物的诱导麻醉。

给狗吸入乙醚麻醉时可用特制的铁丝狗嘴套套住狗嘴，由助手将狗固定于手术台，术者用 2～3层纱布覆盖狗嘴套，然后将乙醚不断滴于纱布上，使狗吸入乙醚。狗吸入乙醚后，往往由于中枢抑制解除而首先有一个兴奋期，动物挣扎，呼吸快而不规则，甚至出现呼吸暂停，如呼吸暂停应将纱布取下，等动物呼吸恢复后再继续吸入乙醚，待动物逐渐进入外科麻醉期，呼吸逐渐平稳均匀，角膜反射消失或极其迟钝，对疼痛反应消失，即可进行手术。

麻醉猫、大鼠、小鼠时可将动物置于适当大小的玻璃罩中，再将浸有乙醚的棉球或纱布放入罩内，并密切注意动物反应，特别是呼吸变化，直到动物麻醉。给家兔麻醉时，可将浸有乙醚的棉球置于一个大烧杯中，术者左手持烧杯，右手抓兔双耳，使其口鼻伸入烧杯内吸入乙醚，直到动物麻醉。

乙醚麻醉注意事项：①乙醚吸入麻醉中常刺激呼吸道黏膜而产生大量分泌物，易造成呼吸道阻塞，可在麻醉前半小时皮下注射阿托品（0.1 mL/kg），以减少呼吸道黏膜分泌物。②乙醚吸入过程中动物挣扎，呼吸变化较大，乙醚吸入量及速度不易掌握，应密切注意动物反应，以防吸入过多，麻醉过度而使动物死亡。

（2）注射麻醉　非挥发性麻醉剂常用腹腔或静脉注射麻醉，其操作简便。腹腔注射常用于小鼠、大鼠、豚鼠，而静脉注射常用于兔、狗、猫、羊等动物。常用乌拉坦、戊巴比妥钠及氯醛糖等。主要给药途径有：①静脉注射；②腹腔注射；③肌肉注射；④皮下注射；⑤皮下淋巴囊注射。

2. 局部麻醉

局部麻醉药物通过可逆地阻断神经纤维传导冲动产生局部麻醉作用。进行局部麻醉时，药物接近神经纤维的方式主要有两种：

（1）用作表面麻醉时，药物通过点眼、喷雾或涂布作用于黏膜表面，转而透过黏膜接触黏膜下神经末梢而发挥作用。该药物除具有麻醉作用外，还有较强的穿透力，如的卡因、利多卡因。

（2）作浸润麻醉时，用注射的方法将药物送到神经纤维旁。此类药物只需有局部麻醉作用，不一定要求有强大的穿透力，如普鲁卡因（对氨苯甲酸酯）、可卡因、利多卡因（其效力是普鲁卡因的 2 倍）。用作局部麻醉的药物的浓度一般为 1%～2%，通常用 0.5%～1%。

另外，河豚毒（剧毒，一般仅用纳克级，10^{-9}）可阻断 Na^+ 通道，起到阻滞神经传导作用。箭毒、三碘季铵酚、妥开利、静松灵、846 等能阻断神经-肌肉接头的传递作用，在手术中用作肌松剂。

（三）合理选择麻醉途径

（1）选择简单易行的麻醉途径。小鼠、大鼠、豚鼠等动物体型小，易于保定，腹腔注射容易，效果较快。兔耳缘静脉明显，且温顺，不需保定即可进行静脉注射。

（2）尽量减少实验动物的痛苦。

（3）尽快发挥药物的麻醉效果。

一般来说，各种途径给药后，其产生药效所需的时间为：静脉注射最快，腹腔注射次之，肌肉注射最慢。

（四）麻醉效果的观察

动物的麻醉效果直接影响实验的进行和实验结果。如果麻醉过浅，动物会因疼痛而挣扎，甚至出现兴奋状态，呼吸心跳不规则，影响观察。麻醉过深，可使机体的反应性降低，甚至消失，更为严重的是抑制延髓的心血管活动中枢和呼吸中枢，导致动物死亡。因此，在麻醉过程中必须善于判断麻醉程度，观察麻醉效果。判断麻醉程度的指标有：

1. 呼吸

动物呼吸加快或不规则，说明麻醉过浅；若呼吸由不规则转变为规则且平稳，说明已达到麻醉深度；若动物呼吸变慢，且以腹式呼吸为主，说明麻醉过深动物有生命危险。

2. 反射活动

主要观察角膜反射或睫毛反射。若动物的角膜反射灵敏，说明麻醉过浅；若角膜反射迟钝，麻醉程度适宜；角膜反射消失，伴有瞳孔散大，则麻醉过深。

3. 肌张力

动物肌张力亢进，一般说明麻醉过浅；全身肌肉松弛，麻醉合适。

4. 皮肤夹捏反应

麻醉过程中可随时用止血钳或有齿镊夹捏动物皮肤，若反应灵敏，则麻醉过浅；若反应消失，则麻醉程度合适。

总之，观察麻醉效果要仔细，上述 4 项指标要综合考虑。最佳麻醉深度的标志是：动物卧倒、四肢及腹部肌肉松弛、呼吸深慢而平稳、皮肤夹掐反射消失、角膜反射明显迟钝或消失、瞳孔缩小。在静脉注射麻醉时还要边注入药物边观察。只有这样，才能获得理想的麻醉效果。

（五）麻醉深度掌握及麻醉后动物的监护

掌握好麻醉深度是麻醉的关键环节。麻醉者要根据动物体重、药物浓度仔细计算好所需的麻醉药物剂量。在静脉注射麻醉时，不可将药物一次性快速推入，而是间歇性地缓慢推进，在注射到预定剂量 1/2 后，更要减慢推进速度，一边注射一边观察动物的睫毛反射、肌松程度及呼吸，达到实验所需麻醉状态时，立即停止药物注射。

为了防止麻醉后的动物（主要是猪、犬等大动物）因呼吸道阻塞而窒息死亡，最好在麻醉后，实验前进行气管插管，以保持其呼吸道通畅。在需要动物长时间处于麻醉状态的实验中，追加麻醉药物要严格控制剂量（一般不超过麻醉剂量的 1/3），因为有了基础麻醉，麻醉药物稍微过量，便可超过动物的耐受阈值，导致麻醉过深。为了预防动物麻醉过深，实验室应备有常用的抢救药物，如尼可刹米、肾上腺素等，以及呼吸机、心电监护仪等设备。

（六）麻醉注意事项

（1）动物在麻醉前应禁食、禁水，以防止误吸。麻醉前应正确选用麻醉药品、用药剂量及给药途径。

（2）进行静脉麻醉时，先将总用药量的 1/3 快速注入，使动物迅速渡过兴奋期，余下的 2/3 则应缓慢注射，并密切观察动物麻醉状态及反应，以便准确判断麻醉深度。

（3）如麻醉较浅，动物出现挣扎或呼吸急促等，需补充麻醉药以维持适当的麻醉。一次补充药量不宜超过原总用药量的 1/5。

（4）麻醉过程中，应随时保持呼吸道通畅，密切注意呼吸、血压、脉搏等变化，同时需要注意保温。麻醉期间，动物的体温调节机能往往受到抑制，出现体温下降，可影响实验的准确性。此时常需采取保暖措施。

（5）在手术操作复杂、创伤大、实验时间较长或麻醉深度不理想等情况下，可配合局部浸润麻醉或基础麻醉。吗啡抑制呼吸中枢和心血管中枢的活动，增高颅内压，减少胰液和胆汁的分泌，并有抗利尿作用，不宜用于呼吸、循环、消化及泌尿等实验；但因吗啡具有很好的止痛及镇静作用，有时用作基础麻醉。

（6）实验中注意液体的输入量及排出量，维持体液平衡，防止酸中毒及肺水肿的发生。

(七) 实验动物的急救措施

当实验进行中因麻醉过量、大失血、过强的创伤、窒息等各种原因,而使动物表现血压急剧下降甚至测不到,睫毛反射消失,呼吸极慢而无规则甚至呼吸停止等临床死亡症状时,应立即进行急救。急救的方法可根据动物情况而定。对狗、兔、猫常用的急救措施有下面几种:

(1) 针刺 针刺人中穴对挽救家兔效果较好。对狗用每分钟几百次频率的脉冲电刺激膈神经效果较好。

(2) 动脉快速注射高渗葡萄糖液 可刺激动物血管内感受器,反射性地引起血压、呼吸的改善。

(3) 注射呼吸中枢兴奋药 从静脉注射山梗莱碱或尼可刹米。

(4) 注射强心剂 可以静脉注射 0.1%肾上腺素1 mL,必要时直接做心脏内注射。

(5) 动脉快速输血、输液 在动物股动脉插一软塑料套管,连接加压输液装置快速从股动脉输血和输液。

(6) 人工呼吸 可采用双手压迫动物胸廓进行人工呼吸。

六、实验动物的采血方法

血液常被比喻为观察内环境的窗口,在需要检测内环境变化的生理实验中常需要采取血液样本。因实验动物解剖结构和体型大小差异及所需血量的不同,采血方法不尽相同。

(一) 兔

1. 耳中央动脉采血

在兔耳中央有一条较粗、颜色较鲜红的中央动脉,用酒精棉球涂擦耳中央动脉部位,使其充分扩张,用注射器刺入耳中央动脉抽取动脉血样,一次性采血时也可用刀片切一个小口,让血液自然流出,收取血样;采血后用棉球压迫局部,予以止血。每次可收集 30~50 mL,可每周放血一次。

2. 股动脉采血

将家兔仰卧位固定。术者左手以动脉搏动为标志,确定穿刺部位,右手将注射器针头刺入股动脉,如流出血为鲜红色,表示穿刺成功,应迅速抽血,拔出针头,压迫止血。

3. 耳缘静脉采血

剃去耳缘毛,用浸二甲苯的棉球擦拭耳缘静脉使其扩张,然后涂以无菌凡士林以防血凝。用刀片尖沿血流方向切开血管 3~5 mm,用无菌试管收集流出的血液。用纱布压迫止血,并用酒精擦洗,再用冷水擦洗除去二甲苯。5~10 min 内可放血 30~50 mL。每 3~4 d 可重新放血。

4. 心脏穿刺采血

将家兔仰卧位固定,剪去心前区被毛,用碘酒消毒皮肤。术者用装有 7 号针头的注射器,在心跳搏动最显著部位(在由下向上数第 3~4 肋间、胸骨左侧外 3 mm 处)刺入心脏,刺入心脏后血液一般可自动流入注射器,或者边刺入边抽吸,直至抽出血液。抽血后迅速拔出针头。心脏采血可获得较大量的血样,一般每次可采血 20~30 mL,可每周采血一次。采血前应禁食 18~24 h。采血动作要谨慎,否则容易划破心脏使动物死亡。

如需要抗凝血样时,应事先在注射器或毛细管内加入适量抗凝剂,如柠檬酸钠或肝素,将它们均匀浸润注射器或毛细管内壁,然后烘干备用。

（二）大鼠和小鼠

1. 断尾采血

固定动物，露出尾部，用二甲苯擦拭尾部皮肤或将鼠尾浸于 45～50℃的热水中数分钟，使其血管充分扩张，然后擦干，剪去尾尖数毫米，让血自行流出，也可从尾根向尾尖轻轻挤压，促进血液流出，同时收集血样，取血后用棉球压迫止血。该方法采血量较少，小鼠每次采血量 0.1 mL，大鼠每次采血量 0.3～0.5 mL。

2. 眼眶后眶静脉丛采血

术者用左手抓持动物，拇指、中指从背侧稍用力捏住头颈部皮肤，阻断静脉回流，食指压迫动物头部以固定，右手持 1 mL 注射器（选择 7 号针头）或毛细采血管（内径 0.5～1.0 mm），针头斜面先朝向眼球，以 45°夹角，由眼内角刺入，再旋转 180°角使斜面对着眼眶后界。进针深度小鼠 2～3 mm，大鼠 4～5 mm。当感到有阻力时，将针后退 0.1～0.5 mm，边退边抽（图 1-23）。取血后，解除左手对颈部的压迫，拔出采血器，以防止穿刺孔再出血。一般用本法可在短期内重复采血。小鼠每次可采血 0.2～0.3 mL，大鼠每次可采血 0.4～0.6 mL。

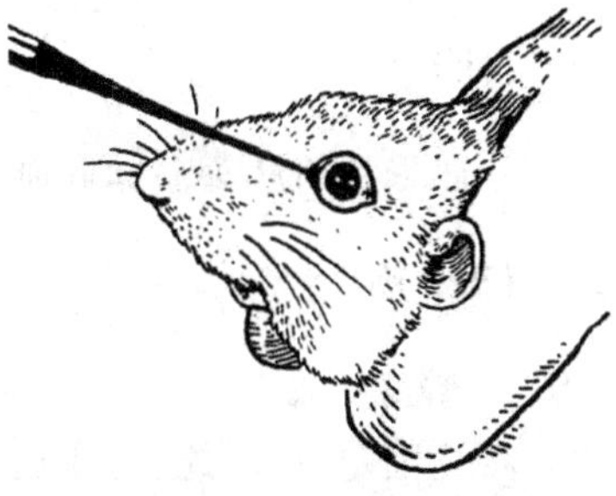

图 1-23　眼眶后静脉丛采血
（陈主初，2002）

3. 摘除眼球采血

此法适于小鼠采血，采血量可达 0.6～1 mL。可采用以下方法采血：

(1) 左手抓住小鼠颈部皮肤，轻压在实验台上，取侧卧位，左手食指尽量将小鼠眼周皮肤往颈后压，使眼球突出。用眼科弯镊迅速夹去眼球，将鼠倒立，用器皿接住流出的血液。采血完毕立即用纱布压迫止血。大鼠少用此方法。

(2) 左手拇、食指抓取小鼠双耳及颈后皮肤，小指固定尾部，如摘取左侧眼球，中指将小鼠左侧前肢轻压在胸骨心脏部位，无名指按在腹部，通过观察可见，向右侧捻动拇指，压左侧眼部皮肤，会使左侧眼球充血突出；如摘取右侧眼球，向左侧捻动食指可使右侧眼球充血突出。此时术侧眼部向下，用弯头镊夹取眼球，根据需要捻动拇指与食指的方向，使血液从眼眶内以不同速度垂直流出，必要时还可用左手中指轻按小鼠心脏部位，以加快心脏泵血速度。

4. 心脏采血

适用于取血量较大时，小鼠采血量 0.5～0.6 mL，大鼠采血量 1～1.5 mL。

将鼠仰卧位固定，剪去胸前区被毛，皮肤消毒后，用左手食指在左侧第 3～4 肋间触摸到心搏处，右手持带有 4 号或 5 号针头的注射器，选择心搏最强处穿刺，当刺中心脏时，血液会自动进入注射器。

5. 断头采血

左手拇指和食指从背部抓住鼠颈部皮肤，将鼠头朝下，右手用剪刀剪断鼠颈部 1/2～4/5，让血液流入试管。此法小鼠采血 0.8～1.2 mL，大鼠采血量 5～10 mL。

（三）豚鼠采血方法

1. 耳缘切口采血

先将豚鼠耳消毒，用刀片沿血管方向割破耳缘，切口约长 0.5 cm，在切口边缘涂上 20%柠檬酸钠溶液，防止血凝，则血可自切口处流出。此法采血每次可采 0.5 mL。

2. 背中足静脉采血

固定豚鼠，将其右或左后肢膝关节伸直，脚背消毒，找出足静脉，左手拇指和食指拉住豚鼠的趾端，右手将注射针刺入静脉，拔针后立即出血。

3. 心脏采血

用手指触摸，选择心跳最明显的部位，把注射针刺入心脏，血液即流入针管。心脏采血时所用的针头应细长些，以免发生采血后穿刺孔出血。

（四）狗

一般采用前肢头静脉取血，方法同静脉注射给药。

（五）鸡

1. 静脉采血

将鸡固定，伸展翅膀，在翅膀内侧选一粗大静脉，小心拔去羽毛，用碘酒和酒精棉球消毒，再用左手食指、拇指压迫静脉心脏端使该血管怒张，针头由翼根部向翅膀方向沿静脉平行刺入血管。采血完毕，用碘酒或酒精棉球压迫针刺处止血。一般可采血 10～30 mL。

2. 心脏采血

将鸡侧位固定，右侧在下，头向左侧固定。找出从胸骨走向肩胛部的皮下大静脉，心脏约在该静脉分支下侧；或由肱骨头、股骨头、胸骨前端三点所形成三角形中心稍偏前方的部位。用酒精棉球消毒后在选定部位垂直进针，如刺入心脏可感到心脏跳动，稍回抽针栓可见回血，否则应将针头稍拔出，再更换一个角度刺入，直至抽出血液。每只鸡可取血 30 mL 不死亡。

3. 断头采血

可切断颈总动脉和颈静脉一次性取血。

（六）鱼类采血

1. 断尾采血

将鱼身体表面的水揩干，并用抹布包裹露出尾柄，于臀鳍后尾柄中央用粗剪刀将尾柄剪断，将血接入表面皿内。采血时要防止将鱼捏得过紧，阻碍血液的流动，必要时可对鱼体进行按摩促进血液流动。此法取血可能会混入组织液，影响血液质量。

2. 尾部血管采血

将鱼用湿布包住，侧卧于木板上，在鱼尾部（腹鳍和尾鳍之间）侧线下方用手去除少许鳞片，将注射器在侧线下方 1～2 cm 处垂直插入肌肉，碰到脊椎骨后，稍往下方移动，插入尾静脉内，轻轻抽取注射器，让血在负压作用下自然流入注射器内。

另一种对小型鱼尾部采血的方法是在臀鳍后方将注射器垂直插入尾柄，当感觉到针头碰及脊椎时，将注射器稍向后退，并抽吸注射器会有血液进入注射器。若插入鱼的尾动脉则得鲜红的动脉血，若插入尾静脉则获得暗红的静脉血。

湿布包鱼时仅将身体部位包住，不要包到鳃，以免影响鱼呼吸；如一时抽不出血可轻轻转动注射器，直至血被抽出为止。

3. 鳃动脉采血

对于鳃腔较大的鱼类可进行鳃动脉取血。将鳃盖打开，用玻棒或钝性棒压迫鳃动脉的远心端，使鳃动脉怒张（靠近颅腔侧，也可不进行此步），持注射器刺入鳃动脉缓慢抽取，可得到多于10 mL的血液。

4. 血管插管采血

插管方法可在慢性实验中反复采血。

（1）鱼类尾部血管插管　体重在600 g以上的鱼可在尾部血管安置导管以供取血样或注射药物用。用18号针头，内穿过口径适宜的细塑料管。塑料管长20～30 cm，一端做尖锐的切口，另一端接连注射器和针头，管内充满含肝素的生理盐水。鱼经麻醉后用湿毛巾包住前半部，一手握住尾柄，另一手将内含细塑料管的针头从尾柄腹部插入体壁而到达血管弧。用连接细塑料管的注射器抽取，有少量血液进入管内，即可证明细塑料管前端已插入尾部血管内。此时，可仔细把细塑料管推进到血管内数厘米，然后把注射针头小心的从入针部位拉出来，并脱离细塑料管。最后用细线把塑料管（即导管）固定在尾鳍基部。使细塑料管充满含肝素的生理盐水后，将注射器取出，用大头针将导管末端塞紧并避免出现气泡。这时可把鱼放回水族箱内。待它完全恢复正常后就可以进行实验。

取血样时，可用注射器先将导管内的含肝素生理盐水及少量血液取出弃去，然后换上另一支注射器吸取血样。取完血样后应用注射器从导管注入一些含肝素的生理盐水，并用大头针将导管末端塞紧，以备第二次取血样。

（2）鱼类背大动脉插管

① 该操作适宜那些口裂较大的鱼类，在做手术之前须仔细解剖、了解实验鱼的背大动脉在口腔上壁的具体位置。

② 将鱼麻醉，用粗注射针头在鱼的上颌鼻腔附近刺穿，插入一根长3～4 cm的粗塑料管，以备手术后将血管导管引出体外。

③ 将鱼腹部向上，置于手术台上的塑料吊床上，在左、右鳃盖下插入小胶管，使循环流动的含低浓度麻醉剂的溶液灌注鳃部，并使鱼的体表保持潮湿。用一个吊钩将鱼的下颌吊起，使口腔尽可能地张大。在口腔顶部上皮的正中线上，用弯针穿引两条相距1 cm的结线，以备固定血管导管用。

④ 通过注射器向长约50 cm的塑料小管内注入含肝素的生理盐水（不得有气泡），以作血管导管用。用特制的塑料套管和插入套管内的长穿刺针头在咽腔上壁第一对鳃弓和第二对鳃弓之间的正中线，以30°角轻轻斜刺入上皮及其下方的背大动脉（不要插过头）。如果套管内的注射针头正好插入背大动脉，血将立即沿针头向外涌出。此时，一手将套管稳定不动，另一手将注射针头取出，并将准备好的血管导管从套管中插入已刺破的背大动脉内。如果血管导管正好插入背大动脉内，则背大动脉的血会沿着血管导管向外流出。此时也可来回抽、推注射器观察血管导管内血液的流动情况，如果血流通畅，说明已插入背大动脉，如果血流中断，说明血管导管并没有插入背大动脉，必须将血管导管抽出，再用塑料套管和长穿刺针头重新寻找新的刺入点。

⑤ 当血管导管准确插入背大动脉后，一手用镊子轻轻夹住血管导管，将其位置稳住不动，另一手慢慢地将塑料套管小心移出。当塑料套管小心移出一段距离后，便可用原已系在口腔上壁的线将血管导管结扎固定在口腔上壁。在结扎之前仍需抽拉注射器，检查血管导管内血液是否流动通畅。血管导管固定好后，塑料套管即可取出。并将血管导管通过鱼上颌上的粗塑料管引

出体外，并用粗线将血管导管扎在粗塑料管上。此时可用注射器，通过血管导管向鱼体内输入生理盐水(不得有气泡)，以补充手术过程中流失的血液，然后取走注射器，用大头针将血管导管末端塞紧。

⑥ 手术后鱼的护理　做完背大动脉插管后，鱼应立即移入有新鲜流水与充气的水族箱中，迅速使其苏醒。如因麻醉较深，苏醒较慢，可用手帮助其口腔和鳃腔运动(即进行人工呼吸)。苏醒后的鱼应移入特制的用黑色塑料板隔成长格的流水式水族箱内，每格只能放一尾鱼，而且使其安静不能游动，以免引起导管脱落。手术后至少要有 24 h 的恢复时间才能开始实验。

七、实验动物的除毛

在动物手术前，应将手术部位的被毛去除，以利于手术进行。根据不同实验需要可采用不同的去除被毛方法。

(一) 剪毛法

这是生理教学实验中常用的方法，适合于急性实验。剪毛时需用一手将皮肤绷平，另一手持剪毛剪贴于皮肤，逆着毛的朝向剪毛。剪下的毛应立即浸泡入水中，以免到处飞扬。剪毛范围需大于切口的长度。

(二) 拔毛法

大、小鼠皮下注射或家兔耳缘静脉注射、取血时常用此法。操作时，将动物固定后，用拇指、食指将所需部位被毛拔去，涂上一层凡士林，可更清楚地显示出血管。

(三) 剃毛法

大动物慢性手术时采用。先用刷子沾湿肥皂水将需去毛的被毛充分浸润透，然后用剃毛刀顺被毛进行剃毛。若采用电动剃刀，则逆被毛方向剃毛。

(四) 脱毛法

采用化学脱毛剂将动物的被毛脱去。此方法常用于大动物作无菌手术，观察动物局部血液循环及其他各种病理变化。将动物需脱毛部位的被毛先用剪刀尽量剪短，用棉球蘸脱毛剂在脱毛部位涂成薄层，经 2～3 min 后，用温水洗去脱毛部位脱下的毛，再用干纱布将水擦干，涂上一层油脂。

常用的脱毛剂：①硫化钠 10 g，生石灰 15 g，溶于 100 mL 水中：适用于狗等大动物的脱毛。②硫化钠 3 g，肥皂粉 1 g，淀粉 7 g，加适量水调成糊状：适用于兔、鼠等动物的脱毛。③硫化钠 8 g，淀粉 7 g，糖 4 g，甘油 5 g，硼砂 1 g，加水 75 mL：适用于兔、鼠等动物的脱毛。

八、实验动物常用手术器械的使用方法

动物生理学实验常用手术器械与医学外科手术器械大致相同，但也有一些专用器械。现仅介绍常规的手术器械(图 1-24)。

1. 手术刀

手术刀主要用来切开皮肤和脏器，可根据手术部位、性质的需要自由拆装和更换变钝或损坏的手术刀片(图 1-25)。

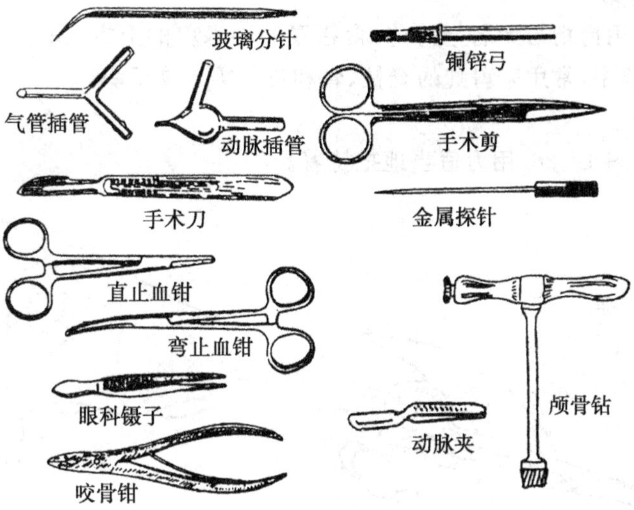

图 1-24 生理学常用手术器械

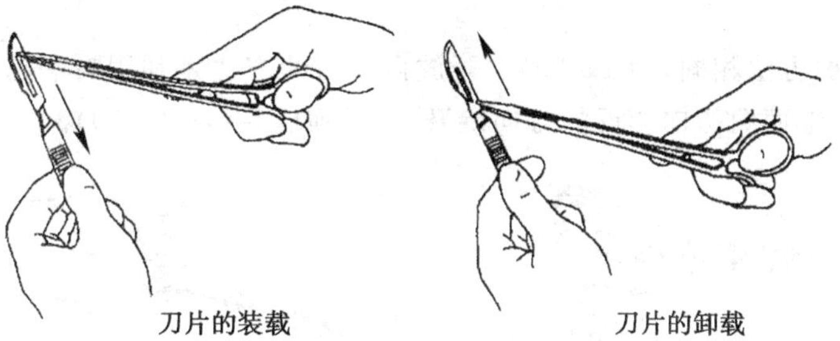

图 1-25 手术刀版的装卸(朱大诚,2009)

持刀的方式有 4 种(图 1-26),执弓式、握持式、执笔式和反挑式,其中“执弓式”是一种常用的持刀方式。其动作范围广泛而灵活,用于腹部、颈部或股部的皮肤切口。

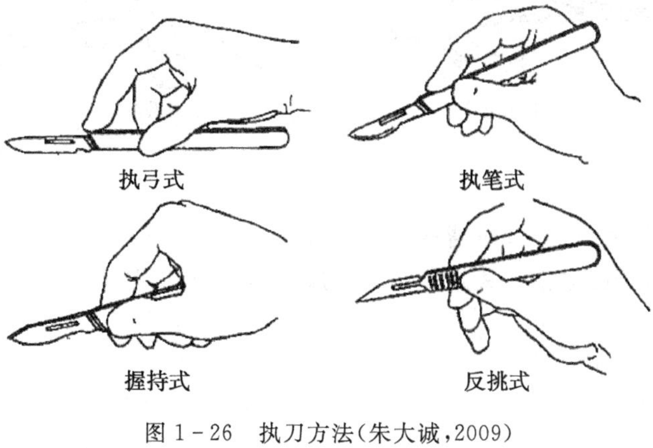

图 1-26 执刀方法(朱大诚,2009)

2. 手术剪和粗剪刀

正确执剪姿势是用拇指与无名指持剪，食指置于手术剪的上方(图 1－27)。粗剪刀为普通的剪刀，在蛙类的实验中，常用来剪蛙的脊柱、骨和皮肤等粗硬组织。

3. 手术镊

正确执镊方法如图 1－28，用力适当地把持着。

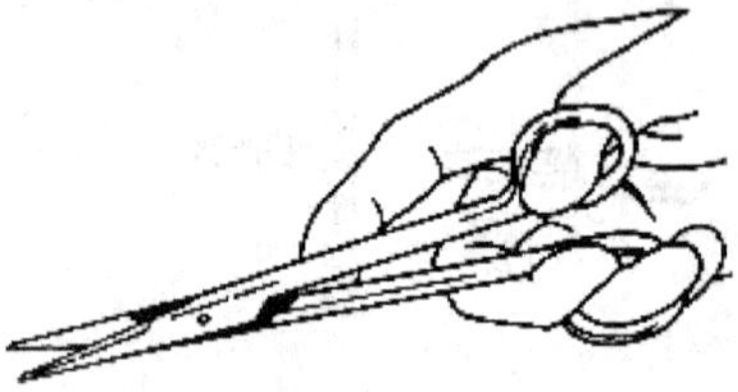

图 1－27 手术剪的握持方法

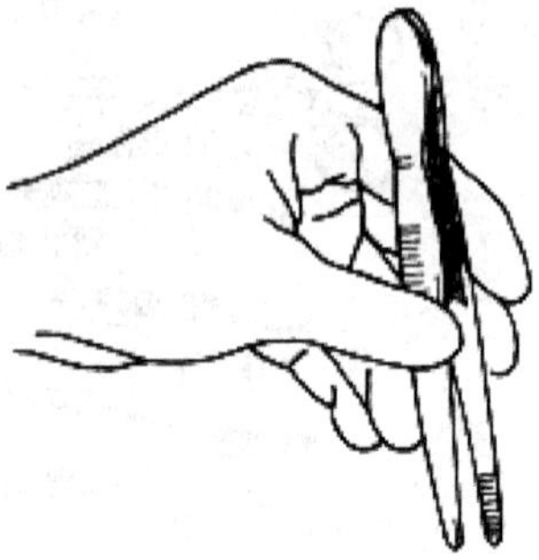

图 1－28 镊子的握持

4. 血管钳

正确持钳和持剪方法相同(图 1－29)。开放血管钳的方法是利用右手已套入血管钳的拇指与无名指相对挤压，继而两指向相反的方向旋开，放开血管钳(图 1－30)。

正确持钳法　　错误持钳法

图 1－29 持钳法

右手松钳法　　左手松钳法

图 1－30 松钳法

各种手术器械使用后，都应及时清洗，齿间、轴间的血迹也应用小刷刷洗干净。洗净后用干布擦拭干，忌用火烤烘干或重击。久置不用的金属器械应擦油保护。

九、切口和止血

(一) 切口

根据实验目的要求确定手术切口的部位和大小，如肠切除取腹正中切口，肾切除取左背部切口，必要时做出标志。进行切口时，用一只手拇指和食指向两侧绷紧皮肤使其固定，另一只手持刀，使刀刃与欲切开的组织垂直，以适当的力度一次切开皮肤和皮下组织为佳。

组织要逐层切开，并以按皮肤纹理或各组织的纤维方向切开为佳。组织的切开处应选择无重要血管及神经横贯的地方，以免将其损伤。用几把止血钳夹住皮肤切口边缘，暴露手术视野，以利于进一步分离、结扎、插管等操作。

（二）止血

手术过程中所造成的出血必须及时止住。完善的止血不仅可以防止继续失血，还可以使术野清楚地显露，有利于手术的顺利进行。止血的方法有：

(1) 钳夹止血法　此法用于出血点明确的血管出血，使用时只需将止血钳钳住出血点即可，小血管出血钳住一会儿放松后可不再出血，大的血管出血，应钳住后再用结扎法止血。

(2) 压迫止血法　此法用于小血管的大面积渗血。使用时将灭菌纱布或棉球用温热生理盐水打湿拧干后按压在出血部位片刻或用明胶海棉覆盖即可。干纱布只用来吸血或压迫止血，不能用来擦组织，以免损伤组织刚形成的凝血块脱落。

(3) 烧烙止血法　用专用电刀直接烧灼出血点即可。此法常用于渗血和小血管出血。止血快，效果好，但对组织有一定损害。

(4) 结扎止血法　此法主要用于出血点明确的大血管出血，是一种较为可靠的止血方法。使用时先用止血钳将出血点钳住，确认出血点后用丝线将其扎住。

肌肉的血管丰富，肌肉组织出血时要与肌肉一同结扎。为了避免肌肉组织出血，在分离肌肉时，若切口与肌纤维的方向一致，应钝性分离；若方向不一致，则应采取两端结扎，从中间切断的方法。

（三）肌肉、神经和血管的分离

1. 一般原则

神经、肌肉和血管都是比较娇嫩的组织，在分离过程中要仔细、耐心、轻柔。分离时应掌握先神经后血管，先细后粗的原则。分离的方向一般要求与神经、血管的走向平行，才能避免损伤组织。在分离较大神经、血管时，应先用止血钳（或眼科镊子）将神经或血管周围的结缔组织稍加分离，然后用大小适宜的止血钳插入已被分开的结缔组织破口，沿着神经或血管走向逐渐开大，使神经从周围的结缔组织中游离出来，必要时也可用手术剪将附着在神经或血管上的结缔组织剪去。分离细小的神经和血管时，可用玻璃分针或眼科镊子将神经或血管从组织中仔细分离出来。需特别注意保持局部的自然解剖位置，不要把结构关系搞乱。

切不可用带齿镊子分离和用止血钳或镊子夹持神经和血管，以免受损。分离完毕后，在神经或血管的下方穿一根浸透生理盐水的线，以备刺激时提起或结扎之用。然后盖上一块浸以生理盐水的纱布，以防组织干燥，或在创口内滴加适量温热（37℃左右）石蜡油，使神经浸泡其中。

2. 兔颈部神经、血管和气管的暴露与分离

兔的颈部神经、血管、气管的解剖位置关系清晰、分支较少；更为突出的是，兔的减（降）压神经单独为一支，与迷走神经、交感神经、颈动脉伴行（图 1－31），是进行心血管活动及内脏神经功能研究的理想的实验材料。

将兔麻醉后仰卧固定在手术台上，颈部剪毛、消毒后，即可切开皮肤进行分离。

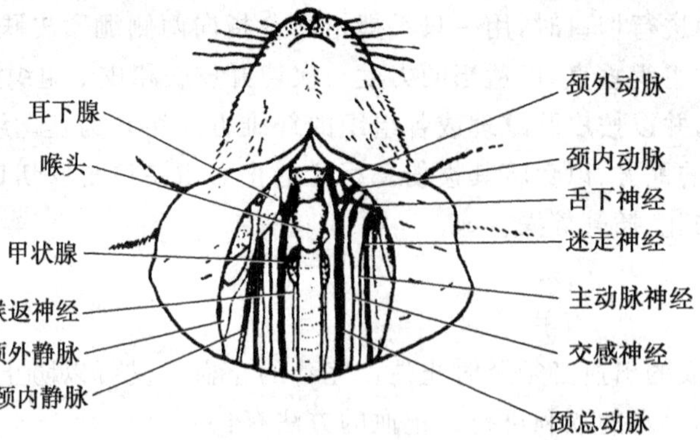

图 1－31　兔颈部血管、神经毗邻关系（朱大诚，2009）

(1) 神经　于颈总动脉旁有一束神经与其伴行。小心分离颈总动脉的鞘膜后仔细辨认该神经束中的三条神经：其中最粗的是迷走神经，最细的是减（降）压神经，交感神经粗细介于二者之间。在颈部中央段，迷走神经位于最外侧，减（降）压神经靠近颈总动脉，交感神经位于二者之间。减（降）压神经细如毛发，常与交感神经紧贴在一起。用玻璃分针将所需要的神经分离出 1～2 cm，穿线备用。

(2) 颈总动脉　位于气管两侧，分离覆盖在气管上的胸骨舌骨肌和侧面斜行的胸锁乳突肌，深处可看到颈动脉鞘。仔细分离鞘膜即可看到搏动的颈总动脉，在其下穿线备用。需要剪断血管分支时，必须使用双结扎。

(3) 气管　在喉头下缘沿颈前正中线做一个适当长度的切口（家兔约为 4 cm），用止血钳分开胸骨舌骨肌和胸锁乳突肌，即可看到气管，用玻璃分针或手术刀柄将覆盖在气管表面的筋膜除去，使气管完全暴露。用弯头止血钳或镊子在气管下穿线备用。

其他动物组织的分离技术将在有关的实验中加以介绍。

十、实验动物常用插管术

动物插管是为了保证动物的正常生理状态而常用的一种处理方法，如为了保证动物的肺通气通畅，需做气管插管，使动物通过气管插管进行呼吸；为了测定血压或放血、注射、取血、输液等，需采用血管插管。

进行动物组织插管时，动作要轻，创面要小，尽量避免对周围组织的损伤，减少对动物的伤害；所有插管要与所在组织扎牢，以免脱落；保持所裸露组织的湿润；经常观察插管部位，以防意外情况出现。

1. 气管插管

动物（以家兔为例）暴露、游离出气管，并在气管下穿一根较粗的线。用剪刀或专用电热丝于喉头下 2～3 cm 处的两软骨环之间，横向切开气管前壁约 1/3 的气管直径，再于切口上缘向头侧剪开约 0.5 cm 长的纵向切口，整个切口呈“⊥”。若气管内有分泌物或血液，要用小干棉球拭净。然后一手提起气管下面的缚线，一手将一个适当口径的“Y”气管插管斜口朝下，由切口向肺插入气管腔内，再转动插管使其斜口面朝上，用线缚结于套管的分叉处，加以固定（图 1－32）。

2. 颈动脉插管

事先准备好插管导管，取适当长度的塑料管或硅胶管，插入端剪一斜面，另一端连接于装有抗凝溶液（或生理盐水）的血压换能器或输液装置上，让导管内充满溶液。

给动物静脉注射肝素(500 U/kg)，使全身肝素化(也可不进行此操作)，分离出一段颈总动脉，在其下穿两根线备用。将动脉远心端的线结扎，用动脉夹夹住近心端，两端间的距离尽可能长。用眼科剪在靠远心端结扎线处的动脉上呈45°剪一个小口，约为管径的1/3或1/2，向心脏方向插入动脉导管，用近心端的备用线，在插入口处将导管与血管结扎在一起，其松紧以开放动脉夹后不致出血为度。小心缓慢放开动脉夹，如有出血，即将线再扎紧些，但仍以导管能抽动为宜。将导管再送入2～3 cm，并使结扎更紧些，以使导管不致脱落。用远心处的备用线围绕导管打结、固定。操作完毕后将血管放回原处(图1-33)。

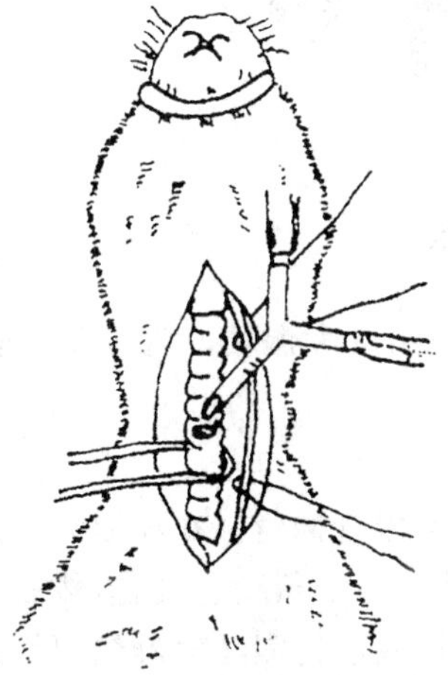

图1-32　气管插管示意图(方家选，2007)

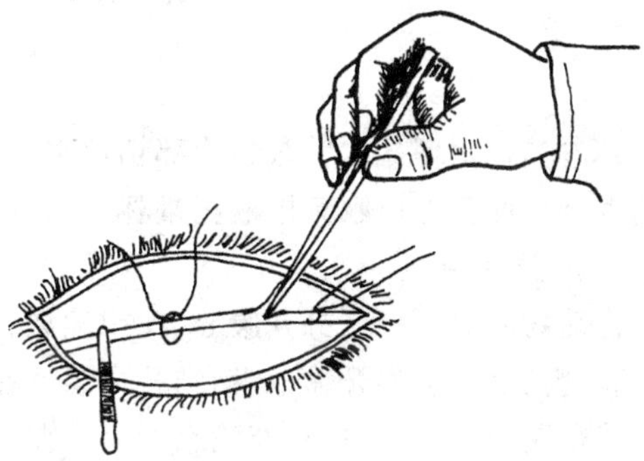

1-33　颈总动脉插管示意图(胡还忠，2002)

3. 股动脉、股静脉插管

动物麻醉后仰卧固定于手术台上，剪去股三角区的毛后，用手触摸股动脉搏动，确定股动脉走向。沿血管方向切开3～5 cm的皮肤，分离皮下组织及筋膜，可看到股动脉、股静脉和神经。三者的位置从外向内依次为股神经、股动脉和股静脉。用蚊式钳小心地将股神经分出，然后再将股动脉和股静脉分出，血管周围的结缔组织要分离干净。在远心端结扎血管，并用动脉夹夹闭近心端血管。在动脉夹后穿线，以备固定插管用。用眼科剪朝心脏方向将血管剪一小斜口，然后用一插管从剪口处向心脏方向插入血管内，再用结扎线固定。插管导管的准备同颈总动脉插管导管，其末端插入粗细相当的钝针头，针头上接三通活塞。用注射器通过三通活塞向插管导管内注入肝素，关闭活塞。

4. 输尿管插管

动物麻醉后仰卧固定于手术台上，在耻骨联合以上腹部备皮。自耻骨联合上缘约0.5 cm处沿正中线向上作4～5 cm的皮肤切口，用止血钳提起腹白线两侧的腹壁肌肉，再用手术剪沿腹白线剪开腹壁及腹膜(注意勿伤及腹腔脏器)。将膀胱翻出切口外(勿使小肠外露，以免血压下降)，在其底部两侧找到两条透明、光滑的小管，此即输尿管(图1-34)。在输尿管靠近膀胱处穿过一条丝线，并打一活结备用。用镊柄或食指挑起输尿管后，再用眼科剪剪一斜口。由切口处向肾脏方向插入充满生理盐水的输尿管插管，并用备用丝线扎紧并固定之，以防滑脱。放置好输尿管及其插管后可见管内有尿液慢慢流出(注意：塑料管要插入输尿管管腔内，不要插入管壁肌层与黏膜之间；插管方向应与输尿管方向一致，勿使输尿管扭结，以免妨碍尿液流出)。手术完毕后用温

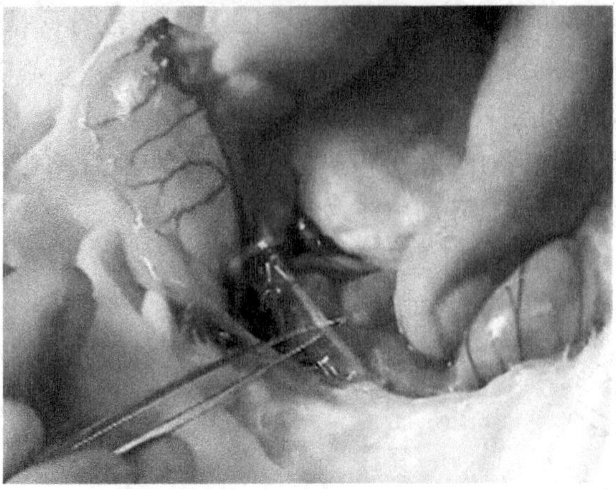

图 1-34 辨认、游离输尿管

热(38℃左右)生理盐水纱布将腹部切口盖住,以保持腹腔内温度和湿度。将细塑料管连至记滴器或直接从插管外口收集尿液至量杯。

5. 膀胱插管

将动物麻醉、保定、打开腹腔、找出输尿管:操作过程同输尿管插管。在输尿管下方穿一条丝线,翻转膀胱(注意避开输尿管)结扎尿道。在膀胱顶部血管较少处行荷包缝合,然后用眼科剪在荷包缝合圈内剪一小口,将充满水的膀胱漏斗由切口处插入膀胱,使漏斗对准输尿管开口处并贴紧膀胱壁。拉紧缝合线并结扎固定。术后用温盐水纱布覆盖腹部切口。

6. 胰管、胆管插管

动物麻醉、保定,于剑突下沿正中线切开腹壁 5~8 cm,分离皮下组织,沿腹白线打开腹腔,沿胃幽门端找出十二指肠。

(1) 胆管插管 在十二指肠起始部找出胆总管,用缝合针在胆总管十二指肠开口处穿线。在胆总管开口附近用眼科剪剪一个小口,然后插入细塑料管,并结扎固定,引流胆汁,同时将胆总管十二指肠端结扎。

(2) 胰管插管 在十二指肠顶点(即 U 状弯底)向后约 10 cm 处,提起小肠,对着光线可见白色发亮的胰主导管入十二指肠。细心分离胰导管入肠处并在下方穿线,用眼科剪剪一小孔插入充满生理盐水的玻璃套管,结扎固定。

在不影响胆汁、胰液引流条件下,尽可能用止血钳封闭腹腔,以保持体温。

第三节 动物生理学实验常用仪器及设备

动物生理学实验主要是应用各种实验手段对正常生理机能进行实验与观察,以探讨生理机能内在的规律性。因此学习和掌握动物生理常用仪器、设备的使用方法,对做好动物生理学实验十分重要。生理学仪器一般由 4 大部分组成,即刺激系统、引导换能系统、信号调节放大系统和显示记录系统(图 1-35)。由于各院校所使用的仪器不同,这里只能作粗略的介绍。

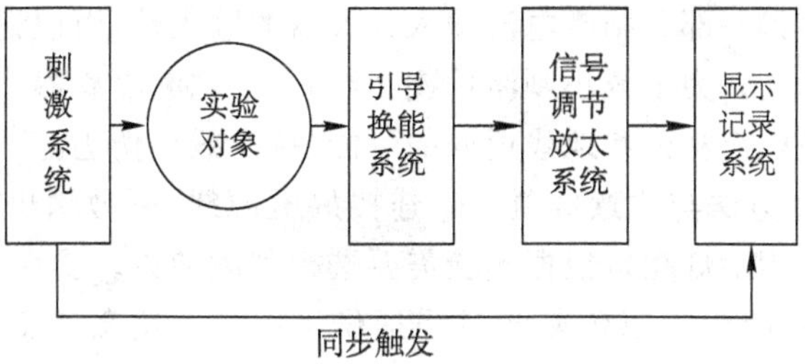

图 1－35　基本生理学实验仪器配置关系

一、刺激系统

为使机体或离体组织细胞兴奋，需要给予其一定的刺激。多种刺激因素，如光、声、电、温度、机械及化学因素等，都能使可兴奋组织产生生理反应。但生理实验中应用最广泛的是电刺激，因为这种刺激易于控制刺激参数，对组织没有损伤或损伤较小。常用的刺激系统设备包括电子刺激器或感应电刺激器、感应电极、铜锌弓、各种刺激电极和神经-肌肉标本盒等。

（一）电子刺激器

电子刺激器是能产生一定波形的电脉冲仪。输出的波形有方波、锯齿波、正弦波等。其中最常用的是方波。其原因不仅是波形简单，对生物组织有效，而且刺激参数易于控制（包括刺激强度、持续时间和刺激频率），因此矩形方波是较好的刺激形式。

（1）刺激强度　刺激强度是指方波幅度，可用电压或电流强度表示。电流强度一般从几微安至几十毫安，电压可在 200 V 以内。刺激强度过小，不能使细胞膜静息电位达到阈电位而引起细胞兴奋；强度过大，可引起组织内电解和热效应而使其损伤和破坏。因此，在实验过程中，过强过弱的刺激均应避免。

（2）刺激时间　刺激时间是指方波的持续时间，又称宽波，一般刺激器的持续时间从几十毫秒至数秒。采用单向方波刺激时，刺激时间不宜过长，否则将产生损伤效应。为了减少引起组织损伤的电解和热效应，应尽量缩短刺激时间，并采用正负双向方波刺激。

（3）刺激频率　刺激频率是刺激方波的重复频率，一般少于 1 000 次/s。刺激频率过高时，可能有一部分刺激会落于组织的不应期而无反应，使刺激与生理效应不能同步，刺激频率的选择随被刺激组织的不同而变化。一般认为，在生理学实验中，应用连续刺激时，还可根据实验需要调节“串长”。“串长”表示以重复频率不断输出刺激方波可持续的时间，即一连产生数个方波的时间。

电子刺激器除可调节上述刺激参数外，尚有其他功能可供使用。总周期是同步脉冲的周期，同步脉冲表示一次刺激的时间起点。同步脉冲输送到整个实验系统中，使各仪器有共同的时间起点，以保持时间上的同步。在电生理学实验中，刺激器的同步输出可将同步脉冲送至示波器的同步输入，而触发其一次扫描；也可送至另一台刺激器，使两台刺激器之间保持特定的时间关系。从同步脉冲至刺激方波的出现，这段时间称为“延时”，可使方波或方波刺激所引起的生理反应出现在示波器荧光屏上合适的位置，以便观察和记录。两台同步的刺激器也可通过调节各自的“延时”来改变其先后次序和时间间隔。这些设计为特殊的实验方案提供了方便条件。在使用计算机采集系统进行一般实验时，刺激设置的延时应调至最短（0.1 ms）。

（4）刺激伪迹与刺激隔离器　生物体是一个容积导体。实验时，由于刺激器输出和放大器输入具有公共接地线，使得一部分刺激电流输入放大器的输入端，而使记录系统记录一个刺激电流产生的波形，即刺激伪迹。为了减小刺激伪迹，常用一个刺激隔离器。使刺激电流的两个输出端与地隔离，切断了刺激电流从公共地线返回的可能，从而减小伪迹。

(5) 电子刺激器使用方法与注意事项 ①连接好电源线、刺激输出线、同步触发线（当需要触发信号时），接通电源（指示灯亮），根据实验需要选择刺激参数。②在选择刺激参数时，刺激强度和波宽应由小到大，逐渐增加，以免刺激过强损伤组织。③刺激器刺激输出的两个端不可短路，否则会损坏仪器。④要注意频率（或主周期）与延迟、波宽、串（脉冲的）个数和波间隔等的关系。应保证：主周期＞延迟＋波宽，或主周期＞延迟＋波间隔×串个数。

例如：当选择连续刺激，主周期为 100 ms，波宽为 80 ms，延迟为 50 ms 时，则刺激器不能按上述要求输出刺激。因为此时，周期＜延迟＋波宽。另外，有些数字拨盘式刺激器因电路原理上的原因，规定任何一组拨盘均不能全设置为零，否则将无输出。

（二）感应电极

刺激生物组织用的经典仪器是感应电极，主要由原线圈和副线圈组成。当接通或切断原线圈中的直流电流时，副线圈即出现瞬时的感应电流，以刺激组织。感应电刺激的缺点是输出的波形不稳定，单个电震的刺激时间和连续电震的刺激频率均无法控制和调节，因此已被电子刺激器所取代。

（三）铜锌弓

铜锌弓是平行排列的一根粗锌丝（片）和一根粗铜丝（片），二者的顶端焊接在一起，固定于电木管内构成，实际是一个带有简单锌铜电化学电池的双极刺激电极，常用来检查坐骨神经腓肠肌标本的机能状况（图 1－36）。当铜锌弓与湿润的活体组织接触时，由于 Zn 较 Cu 活泼，易失去电子形成正极，使细胞膜超极化；Cu 得电子成为负极，使细胞膜去极化而兴奋。电流按 Zn→活体组织→Cu 的方向流动。注意：用铜锌弓检查活体标本时，组织表面必须湿润。

（四）刺激电极

刺激电极多用金属制成，依其使用目的不同，可分为普通电极、保护电极、乏极化电极、微电极等多种（图 1－37）。

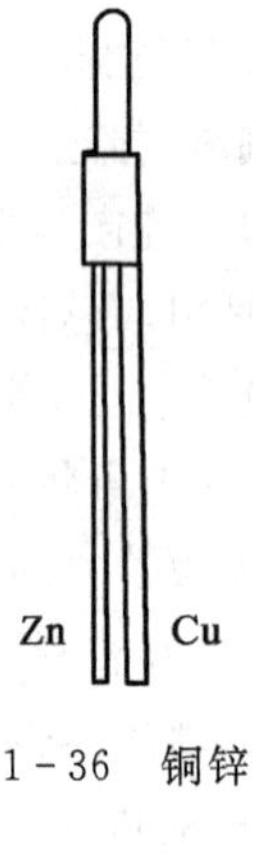

图 1－36 铜锌弓

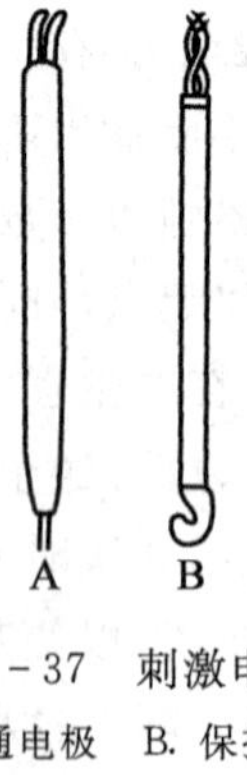

图 1－37 刺激电极

A. 普通电极 B. 保护电极

1. 普通电极

通常是在一个绝缘管的前端安装两根电阻很小的金属丝（常用银丝或不锈钢丝、钨丝），其露出绝缘管部分的长度仅 5 mm 左右，金属丝各连有一条导线，可与刺激器的输出端（作刺激电极用时）或放大器的输入端（作引导、记录电极用时）相接。使用此种电极时，应注意电极不要碰到周围的组织。

2. 保护电极

其结构与普通电极相似，特点是前端的银丝嵌在电木保护套中。使用此种电极刺激体神经干时，可保护周围组织不受刺激。

3. 乏极化电极

常用的乏极化电极是银-氯化银（Ag－AgCl）电极（图 1－38）。

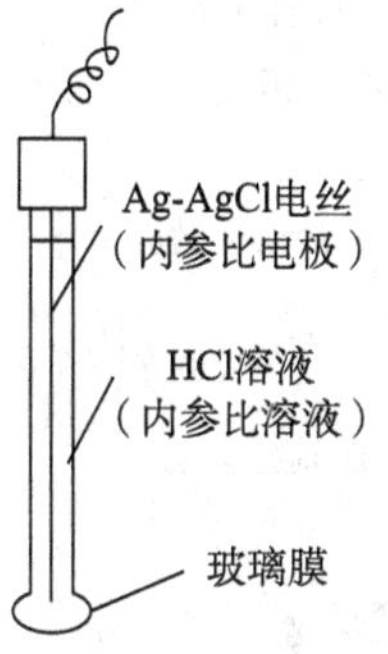

图 1－38 银-氯化银（Ag－AgCl）电极

当用金属丝直接接触生物组织，用直流电刺激时会产生极化作用，即组织外液中的阴离子在正极下聚集，阳离子在负极下聚集。这种极化现象对直流电有抵消作用，使刺激强度减弱或停止刺激，而在停止刺激时阴、阳离子会形成反向电流。此外，电解所产生的物质附于电极上，可使电极电阻变大，电流变小，同时影响到组织的兴奋性。因此，在用直流电刺激组织时，常用银-氯化银电极来避免产生这种干扰。该种电极有时也用于记录电极。

当接通直流电时，在正极组织液中的 Cl^- 与 Ag^+ 结合生成 AgCl，而 Ag 原子与 Cl^- 结合生成 AgCl 并释放出 1 个电子，电子经导线移向负极，不会出现 Cl^- 的聚集。在负极，Na^+ 与 Cl^- 结合生成 NaCl，而 Ag^+ 与 1 个电子结合生成 Ag 原子，也不会出现 Na^+ 聚集。

附：Ag－AgCl 电极可在实验室用电镀法制备。制作时先用细砂纸打磨电极表面，然后用脱脂棉蘸金刚砂粉沿单方向摩擦电极表面，最后用酒精、乙醚、蒸馏水彻底清洗。电极的表面不得有凹陷或电流难以达到之处。电镀时应将欲电镀的电极并联在一起作为阳极，另用一个面积更大的高纯度银板（或铂，或石墨）作为阴极，两者均插入 0.1 mol/L 盐酸电镀液中，并分别接至可调直恒流电流的正、负端。电流密度和氯化银沉积量，可分别按 0.1 mA/cm^2 或 100～500 mA/cm^2 计算和控制。电流密度愈小，电极最后电阻也愈小。为使氯化银薄膜在金属银上附着牢固，可按计算得到的时间（几分钟至几小时）和规定的极性电镀之后，更换外电源与极板连接的极性，再次通电，重复 3～4 次。最后一次通电时，必须保持与规定的极性一致。由于氯化银不宜长期暴露在强光之下，故电镀宜在暗箱中进行。制备好的电极也要避免光照、干燥和摩擦，最好保存在内充 0.9 % NaCl、不透光的容器内。使用时，电极通过液体或琼脂小桥或借透析纸与组织相连。

4. 微电极

有金属微电极和玻璃微电极。

（1）金属微电极　常用银丝、白金丝、不锈钢、碳化钨丝在酸性溶液中电解腐蚀而成，尖端以外部分用漆或玻璃绝缘。有双极或单极引导电极，多用于细胞外记录和皮层诱发电位等。

（2）玻璃微电极　有单、双、多管，用硬质的毛细玻璃管拉制而成。用于细胞内记录时，其尖端需小于 0.5 μm；用于细胞外记录时，其尖端可为 1～5 μm。微电极内常充灌 3 mol/L KCl 溶液，从电极的粗端插入银-氯化银电极丝（图 1－39）。

目前多用微电极拉制仪来制备玻璃微电极。其原理是将一根（内含玻璃纤维）玻璃毛坯管穿过一加热线圈的中央，将其两端固定。当电流通过线圈时线圈发热，玻璃毛坯受热融化，在附加重力或（电）磁力的吸引牵拉下将熔化部位的玻璃毛坯拉细、拉长。当拉力超过玻璃的内聚力时，毛坯断裂。如果加热电流和拉力配合适中，就可拉出尖端外径小于 1 μm 的锥形微玻管，将导电的溶液（如 3 mol/L KCl）充灌其中便成了玻璃微电极。

(五) 神经-肌肉标本盒

在进行蟾蜍坐骨神经干动作电位、兴奋不应期及传导速度的测定实验中，为了保持神经干的良好机能状态，必须使用神经标本盒。标本盒通常用有机玻璃制成，盒内有两根导轨，导轨上有 5～7 个装有银丝电极的有机玻璃滑块，电极滑块可以在导轨上随意移动，用以调节电极间的距离。每个电极滑块通过导线与标本盒侧壁的一个接线柱相连，其中一对作刺激电极，1～2 对作记录电极，记录电极与刺激电极间的电极接地。有的标本盒盖上装有小尺，用以测量电极间的距离(图 1-40)。

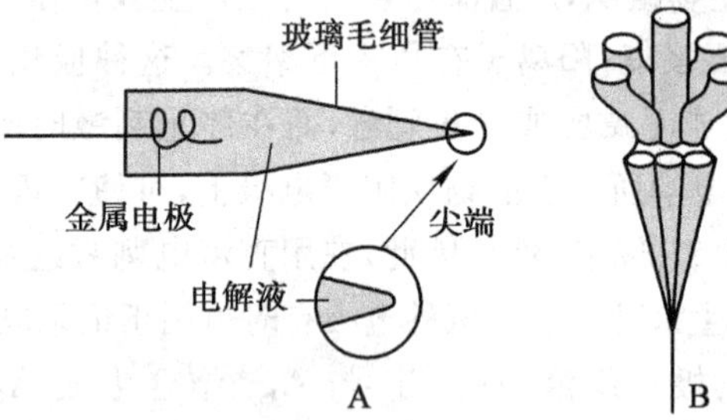

图 1-39　玻璃微电极

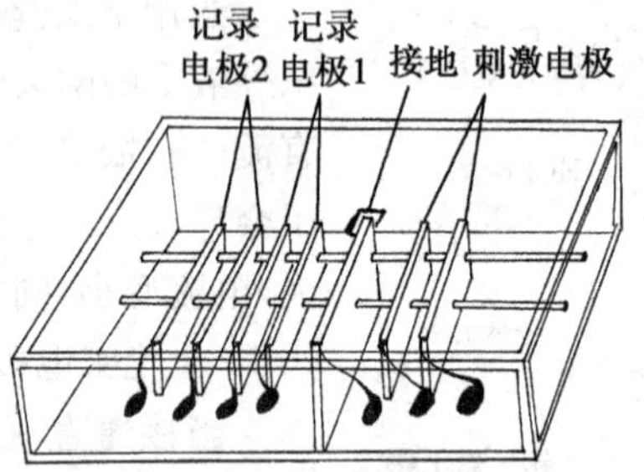

图 1-40　神经-肌肉标本盒

使用及注意事项：

(1) 滑块电极的银丝必须保持清洁，如有污垢可用浸有任氏液的棉球轻轻擦拭，仍不能清除时，可用细砂纸轻轻擦净。

(2) 移动滑块电极时动作要轻，以免将电极与接线柱间的导线弄断。

(3) 实验时标本应经常保持湿润，标本安好后应将上盖盖好。标本两端的扎线要悬空。

二、引导、换能系统

生理功能变化的信号只有用一定的仪器设备显示、记录下来才有研究的价值，因此需要一定的装置将其引导到显示、记录仪器上。若生理信号是电信号，引导系统可能是引导电极，包括记录单细胞活动的玻璃微电极和记录一群细胞电活动的金属电极；若生理现象为其他形式能量时，如机械收缩、压力、振动、温度和某种化学成分变化等，需要将原始生理信号转换为电的信号，这就需要各种形式的换能器。

(一) 机械引导(传动)装置

(1) 肌动描记杠杆、肌动器　肌动描记杠杆是用记纹鼓记录肌肉收缩活动最常用的传动装置。通过改变杠杆动力臂和阻力臂的比例，即可调节描记曲线的大小。肌动器是固定并刺激蛙类神经肌肉标本的装置，有平板式和槽式(图 1-41)。

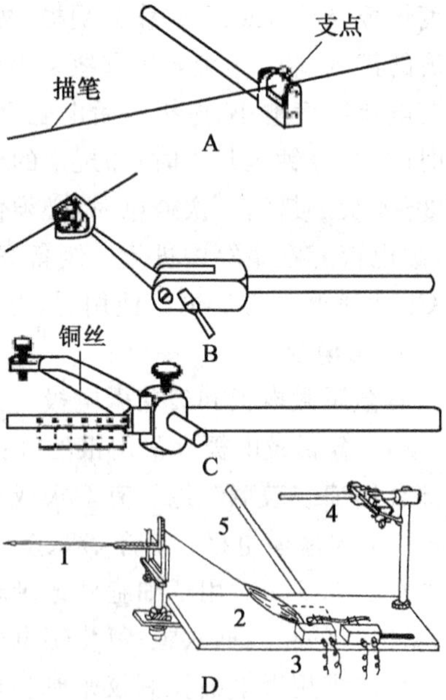

图 1-41　杠杆(姚运纬，1998)

A. 普通杠杆　B. 万能杠杆　C. 等长杠杆　D. 肌动器　1. 杠杆　2. 标本　3. 刺激电极　4. 乏极化电极支架　5. 柄

（2）描记气鼓（玛利氏气鼓） 是随气体压力变化而起伏运动的传动装置（图 1－42）。通常用来描记呼吸运动及器官容积的变化。它是一个带有中空侧管的金属圆皿，其上覆盖一层薄橡胶膜，在膜中央粘上一描笔支架。当侧管中的气体压力改变时，可使橡胶膜起落，从而带动膜上的描笔描记出相应曲线。

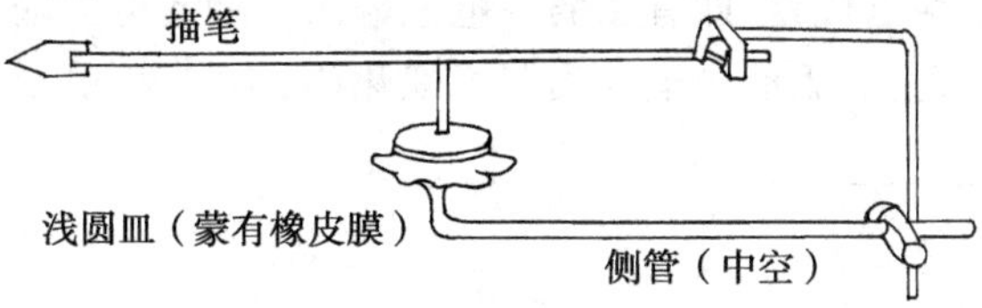

图 1－42 描记气鼓

（3）检压计 检测压力变化的装置，为一个“U”形玻璃管，内装水银或水（图 1－43）。在检压计“U”形管一端的液面上加上装有描笔的浮标，当另一端所连接的液体系统内的压力发生改变时，浮标随水银柱升降而上下移动，即可在记纹鼓上描记出相应曲线。水检压计所用的“U”形管一般内径较粗，且内盛有颜色的水，一般用于测量低压变化，如静脉压或胸内负压。

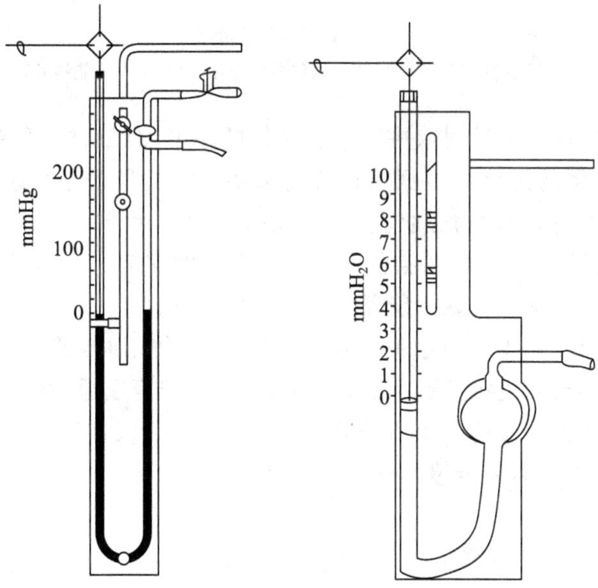

图 1－43 检压计

A. 水银检压计 B. 水检压计

（二）换能器

换能器也叫传感器，是一种能将一种能量形式转变为另一种形式的器件装置。生理学实验常用的换能器是将一些非电信号（如机械、光、温度、化学等的变化）转变为电信号，然后输入不同的仪器进行测量、显示、记录，以便对其所代表的生理变化作深入的分析。换能器的种类很多，这里仅介绍几种。

1. 张力（机械-电）换能器

（1）原理及结构 张力换能器是利用某些导体或半导体材料在外力作用下发生变形时，其电阻会发生改变的“应变效应”原理，将这些材料做成薄的应变片，配对（R_1R_3 及 R_2R_4）分别贴于金属弹性悬梁臂的两侧，两组应变片中间连接一个可调电位器 R_5，并与一 5V 直流电源相接，构成惠斯登桥式电路（图 1-44）。当外力（肌肉收缩）作用于悬梁臂的游离端并使其发生轻度弯曲时，则一组应变片的受拉变长，电阻增加；另一组受压缩短，电阻减小。由于电桥臂电阻值的改变，使电桥失去了平衡，产生电位差，即有微弱的电流输出。将此电流输入示波器、记录仪或生物信号采集处理系统，经放大就能驱动描笔绘出张力变化（肌肉收缩）的全过程。

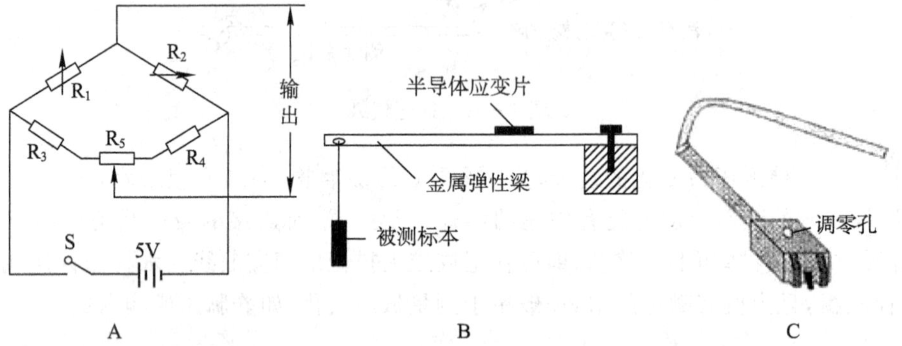

图 1-44 张力换能器

A. 惠斯登桥式电路 B. 张力换能器示意图 C. 张力换能器外观

机械-电换能器的灵敏度和量程取决于应变元件的厚度，悬梁臂越薄越灵敏，但量程的范围也越小，因此，这种换能器的规格应根据所作实验来决定。蛙腓肠肌实验的量程应在 100 g 以上，肠平滑肌实验应在 25 g，小动物心肌乳头肌实验应在 1 g 以下。

（2）使用方法 根据测量方向，将换能器固定在合适的支架上，既要保证受力方向和力敏感悬梁（弹簧片）的平面垂直，又要保证换能器的受力方向正确。

换能器初次与记录仪（或生物信号采集处理系统）配合使用时，需要定标。将换能器水平固定在合适的支架上，换能器和主机接通电源，预热 10 min，按等质量（满量程的 1/5）加砝码到满量程，此时在记录仪上得到相应的等距离的标定线（注意：在正式标定前，先用满量程砝码预压两次。换能器的辅助调零电位器在传感器外壳上面沉孔中）。

（3）使用注意事项

① 正式记录前，换能器应预热 10～30 min，以确保精度。

③ 换能器调零时，不得用力太大。

③ 实验时不能用猛力牵拉或用力扳弄换能器的悬梁臂，以免损坏换能器。测力时过负荷量不得超过满量的 20%。

④ 防止生理盐水等溶液渗入换能器。

2. 压力换能器

（1）原理和结构 压力换能器是将各种压力变化（如动、静脉血压，心室内压等）转换为电信号，然后将这些电信号输入前级放大器或示波器，原理同前。电信号输出的大小与外加压力大小呈线性关系。

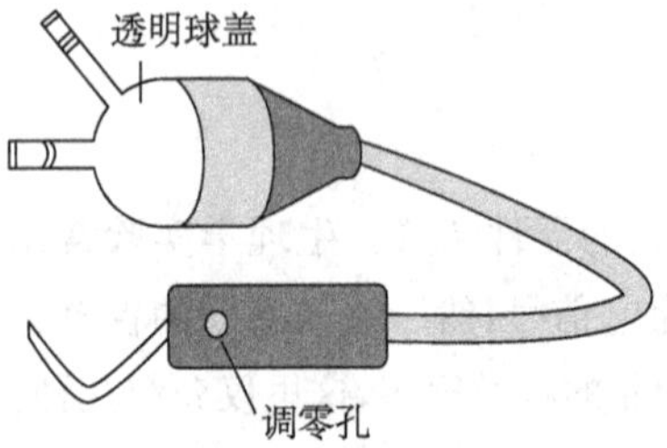

图 1-45 压力换能器外观

压力换能器的结构如图 1-45，头端是一个半球形的结构，内充抗凝剂稀释液，其内面后部为薄片状的应变元件，组成桥式电路。其前端有两个侧管，一个用于排出里面的气体，另一个与血管套管相连。

(2) 使用及注意事项

① 注意换能器的工作电压与供电电压是否一致，以及压力测量范围。对超出检测范围的待测压力不能进行测量。

② 进行液体耦合压力测量时，先将换能器透明球盖内充满用生理盐水稀释的抗凝剂稀释液，注意将透明球盖及测压导管内的气泡排净，以免引起压力波变形失真。注液时应首先检查导管是否通畅，避免阻塞形成死腔，引起高压而损坏换能器。

③ 压力换能器在使用时应固定在支架上，尽可能保证液压导管的开口处与换能器的感压面在同一水平面上，或有一个固定的距离，不得随意改变其位置，以免引起静水柱误差。

④ 将换能器与主机连接好，启动并预热 15～30 min，将系统调到零位即可进行测量。换能器结构中有调零电位器，可以单独调节零点位置，也可与记录仪或计算机配合调整。测量中如需要进行零位校准，可采用两个医用三通阀分别接于换能器的两个接嘴上，其中一个用来沟通大气压即可。

⑤ 为了使测量结果准确，使用前需要标定。

⑥ 严禁用注射器从侧管向闭合测压管道内推注液体；避免碰撞，要轻拿轻放，以免断丝；用后洗净并放在干燥无菌、无毒、无腐蚀的容器内保存。

3. 其他形式的换能器

尚有许多形式的换能器可用于生理学实验中：

(1) 绑带式呼吸换能器　该换能器是采用一个压电晶体，当外力作用时，压电晶体就会有电流输出，再经放大器放大后，便能记录呼吸的变化。该呼吸换能器属于发电式换能器，无须外加电源即可工作。使用时只需微微拉紧缚于被测人或动物胸部即可。

(2) 呼吸流量换能器　该换能器由一个差压换能器和一个差压阀组成。可测呼吸波(潮气量)，也可测呼吸流量。

(3) 离子换能器　是一种离子敏场效应管，由具有离子敏感的膜和半导体场效应管组成(图 1-46)。敏感器件工作时浸在溶液中，敏感膜可与溶液直接接触，发生电化学反应，产生电极电位。这种电位可参比电极间的固定电压差，可加载在场效应管的栅源电极上，产生的漏源电流与被测液体的 pH 成正比。在生理学中可用来测定唾液、脑脊液、血清、尿、汗、骨髓中的离子情况。微型的离子敏感效应管可嵌入注射针头内，直接监测生物体有关部位的瞬间离子状况。离子敏感效应管可以检测细胞级离子，鉴别正常细胞和癌细胞。

(4) 生物换能(传感)器及其他　生物传感器巧妙地利用了生物活性物质对特定物质具有选择性亲和力(分子识别)的特点，来进行识别和测定，并应用电化学反应进行电信号转换，从而实现定量测定(图 1-47)。

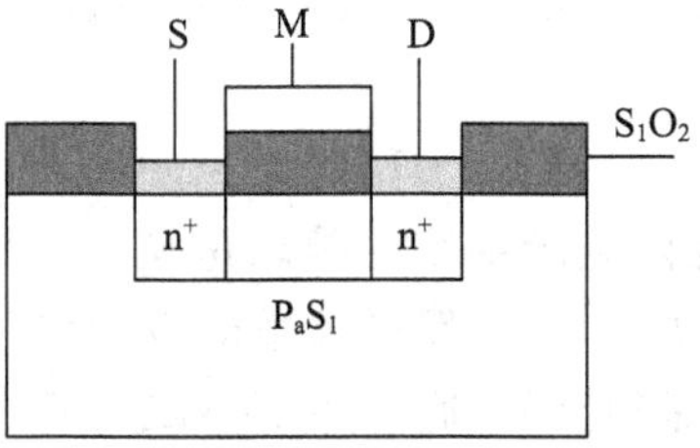

图 1-46　离子场效应管结构图

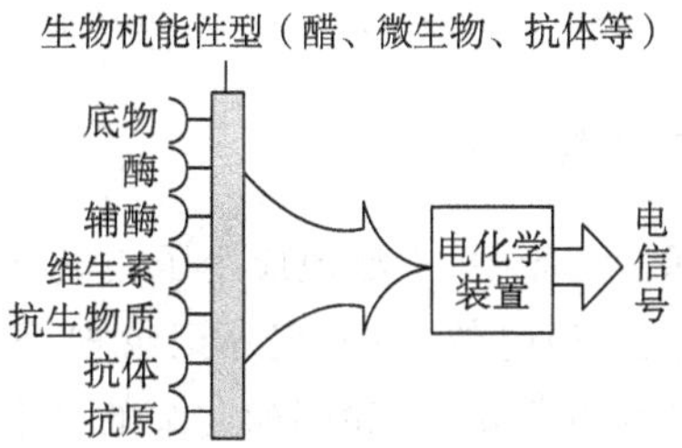

图 1-47　生物换能器的原理

另外生理学实验还有脉波换能器、心音换能器、温度换能器等。

三、信号调节系统

有的生理信号较为微弱，尚需进行适当的放大。信号调节系统是一种放大器或放大器的组合，对信号基线的位置和输出信号幅度的高低（增益，信号的 Y 轴）进行调节。现代信号调节系统仪器设备包括示波器、记录仪中的放大器部分和专用的前置放大器、微电极放大器等。

从生物体各器官引导出的生物电信号特性差异很大，一般在几十微伏至几十毫伏，且记录环境中常常掺杂有同级或更大量级的干扰信号，要得到满意的结果必须借助生物电放大器从中提取微弱的生物信号，再输入示波器或记录仪才能显示、记录，因此常用的生物电放大器必须是：①差分式平衡放大，有较高的抗电干扰能力，信号/噪声比值大；②最大放大倍数不小于1 000倍；③频率响应为 0～100 Hz；④低噪声，整机噪声不大于 15 μV；⑤仪器本身不受静电及磁场的干扰。

（一）生物放大器的基本要素

尽管现代生物电放大器有不同的型号、用途，或与显示、记录仪或与生物信号采集处理系统结合组装在一起，但基本工作原理和要素基本相同。现仅将几个主要的基本要素的性能、使用方法等加以简要介绍。

放大器要能正常工作必须能对一定频率范围内的信号进行放大，超过此范围的信号，放大器对其放大的能力就下降。这个频率范围的下限称为下限截止频率，由放大器的时间常数决定；上限称为上限截止频率，由放大器高频滤波器决定。前者常被安排在输入选择中，后者被安排在一个高频滤波器中。

(1) 时间常数　共有 4 挡，0、0.001、0.01、0.1 s，分别对应放大器下限频率为 0、160、16、0.16 Hz。时间常数愈小，下限截止的频率愈高，对低频滤波程度就愈大。

(2) 直流　直流输入时，信号输入不经过电容，没有滤波效应，直接经输入端送入放大器。可观察缓慢的信号变化。

暗调节“辩差”调节，可将辩差率提高 1 万倍以上，从而增加放大器的抗干扰能力。一般出厂时已经调好，不要轻易调节。

(3) 高频滤波　用于除去高频部分以减少噪声。有 4 挡，为 100 kHz、10 kHz、1 kHz 和 100 Hz，分别表示此时的上限截止频率。

在实验中时间常数、高频滤波选择得当，有利于图像的传真、清晰。

(4) 增益　能改变放大器的放大倍数，有 4 挡，分别为×20、×100、×200、×1000。放大倍数系指输出与输入之间的电压比，增益愈高，放大倍数愈高。

(5) 输入、输出　放大器的输入、输出的插座有 3 线，其中一线为地线，其他两线为输入线。

(6) 平衡调节　用于调节放大器的平衡，使放大器的双边输出都接近于地电位。

（二）微电极放大器

在生理学实验中，广泛地应用了玻璃微电极在细胞内记录细胞的静息跨膜电位和快速变化的动作电位、终板电位，在细胞外记录神经元的单位放电。这些都要求微电极的尖端直径小于 1 μm甚至小于 0.5 μm。尖端如此细的微电极，其电阻是很高的，通常在 10 MΩ 至几十兆欧姆甚至达 100 MΩ，它构成了组织电源内阻的主要部分。如此高的电极电阻用生物电前置放大器（一种能放大变化缓慢、非周期性微弱信号的生物放大器）来记录，因其输入阻抗一般只有 1～2 MΩ，则细胞电位的绝大部分会因微电极的分压作用而降落，输入放大器的只有很少的一部分电位。如微电极电阻(R_1)为 20 MΩ，放大器的输入阻抗(R_2)为 2 MΩ，则根据分压原理：

$$E = E_0 \frac{R_2}{R_1 + R_2} = E_0 \frac{2}{20+2} = E_0 \frac{2}{22} = 0.1E_0 (即\ 10\% E_0)$$

即输入放大器的电位只有细胞电位的 10%，而 90%的电位却在微电极上降落了。但若把放大器的输入阻抗提高到电极电阻的 10 倍，即 200 MΩ，则

$$E = E_0 \frac{R_2}{R_1 + R_2} = E_0 \frac{200}{20+200} = E_0 \frac{200}{220} = 0.99E_0 (即\ 99\% E_0)$$

即被微电极降落的电压只有细胞电位的 1%，而 99%则被输入到放大器被放大。如果放大器的输入阻抗提高到 10^{11} MΩ，则几乎 100%的细胞电位被输入放大器放大。

因此，微电极放大器除了与一般的生物电前置放大器相同外，要有更高的输入阻抗(10^{12} MΩ)。另外，还需要有更小的输入电容和更小的栅流($<10^{-11}$ A)才能有较好的放大效果。

微电极放大器使用及注意事项：

(1) 良好接地。

(2) 按要求接通所需要的电压电源。

(3) 在输入为短路状态时调零。调节调零旋钮时，数字指示应出现正或负方向的连续变化，并能调到零，否则放大器不能用。

(4) 高频补偿及电阻测试。放大器输入端连接充灌好的玻璃微电极，微电极尖端浸入接地的电解质溶液中，加入校正信号，调节电容补偿旋钮，尽量使输出信号达到方波。

四、记录与信息处理系统

生理现象变化极其迅速，只有在客观的记录后才可能进行精确的观察和分析，从而正确地认识其规律。常用的记录仪包括电动记纹鼓、示波器、示波照相机、生理记录仪等。

(一) 电动记纹鼓

记纹鼓为最早用于记录生理变化过程的装置，如肌肉收缩和呼吸运动等机械变化的生理现象。此外，血压波动和流体流量、流速等，也可借助其他装置转换为机械变化而用记纹鼓记录下来。

1. 记纹鼓的基本结构

记纹鼓可分成具有动力装置的机座和能转动的圆鼓部分。电动记纹鼓以交流电源驱动马达作动力使鼓转动的，鼓速均匀，能长时间连续转动，而且鼓速快慢有多挡调节，因此使用十分方便。

2. 电动记纹鼓的技术指标

以 DJW－1 记纹鼓为例，见表 1－2 和表 1－3。

表 1－2 DJW－1 电动记纹鼓转速及走纸速度

挡数	1	2	3	4	5	6	7	8	9
每转时间	37″5	1′15″	2′30″	5′	10′	20′	40′	80′	160′
走纸速度/$cm \cdot min^{-1}$	86.46	43.23	21.62	10.81	5.4	2.7	1.35	0.68	0.34

表 1-3 DJW-1电动记纹鼓计时参数表

计时参数	1	2	3	4	5	6	7	8	9	10
时间/s	0.5	1.0	1.5	2.0	3.0	5.0	10	15	30	60

3. 使用方法

(1) 将大小适当的记录纸采用左手压右手的方法紧绕于鼓面上，套上两根橡皮筋将记录纸固定于鼓面。

(2) 安装描记杠杆和笔尖，加上记录墨水。

(3) 接通电源并选择适当的参数。

4. 使用注意事项

(1) 由于鼓是顺时针方向转动，故应将杠杆、电磁标和其他描笔置于记纹鼓的右侧。

(2) 描笔应放在圆鼓的切线位置上，其笔尖与鼓面应在切点轻轻接键。同时使用多支描笔时必须使笔尖位于同一垂直线上。

(3) 记录应从记录纸接缝处开始，如果记录简单，一张记录线可分上下记录两次或多次。这样在开始记录时，应调节圆鼓高低位置，使笔尖在记录纸下端开始描记，如此，当描第二行曲线时只要下移圆鼓即可。

(4) 鼓速应按记录的生理反应速度选择。一般应在保证清楚显示所要观察的现象的前提下，尽量慢些。

(5) 不可将圆鼓从机身上取下放于实验台上，以免滚落于地上摔坏。搬动时应用双手托住机座，切不可手执鼓轴提起。

(二) 示波器

示波器是生理实验室的必备仪器，它是无惰性的生理记录仪。因结构比较复杂，使用前应了解其基本结构、工作原理及仪器各工作单元的用途，掌握正确的调整和使用方法，方能熟练地使用示波器进行图像显示和测量工作。

1. 工作原理

利用示波管将需要观测的电信号转换成与其成正比的示波管光点在垂直方向上位置的变化，并在水平方向输入与时间成线性变化的扫描(如锯齿波)电压，将被测信号均匀显示在示波器上的荧光屏上。

2. 电路组成

包括 X 轴扫描电路、Y 轴放大电路、示波管电路、控制测量及电源五大部分。

3. 示波管部分

供电后可见示波管上光点由弱到强约需数分钟，其亮度由“辉度”旋钮控制，大小由上下线的“聚焦”旋钮控制，另有一“标尺亮度”控制标尺亮度。

4. 使用方法(以 GOS-625 示波器为例)

(1) 仪器的前面板及各旋钮的功能 GOS-625 示波器前面板分为四大部分：示波管(荧光屏)及其控制旋钮；Y 轴输入部分；X 轴时基扫描部分；光标读出测量部分。

荧光屏控制旋钮 POWER：电源开关。

INTEN 旋钮：控制扫描线的亮度。

FOCUS 旋钮：扫描线的聚焦，根据需要控制扫描线的粗细及清楚程度。

ILLUM 旋钮：标尺亮度调节。

Y 轴输入放大部分：双道输入，CH1 与 CH2 完全一致。

POSITON：控制扫描线上下位置，AC、GND\DC 键：选择输入方式，AC 为交流，GND 为接地输入短路，DC 为直流输入。

VOLTS/DIV 旋钮：Y 轴灵敏度，若中间旋钮拔出则灵敏度值×5。

CH1×：输入信号连接处。

VERT、MODE 选择键：选择扫描线方式，CH1 为上线单一扫描，CH2 为下线单一扫描，DUAL 为双线同时扫描，ADD 为双线叠加扫描。

X 轴时基扫描部分：SWEEP MODE 为扫描触发方式；SINGLE 为单一触发，按一次触发一次；NORM 为正常触发，可接外触发；AUTO 为自动触发。SLOPE 控制触发方向，COUPLING 选择触发方式，SOURCE 选择触发源，EXT 外触发，TIME/DIV 扫描速度控制。

光标读出测量部分：ON/OFF 光标使用开关，TRACK REF -△光标移动选择，另外 4 个方向键可移动光标位置，使用此部分可测出 Y 轴和 X 轴上两点光标的数值，自动显示。

(2) 使用方法　接好电源线和地线后，开机、预热 3 min，顺时针方向旋转“辉度”钮，直至有扫描线显示，适当调节上、下 Y 轴“移位”，可同时得到两根扫描线，调节聚焦使扫描线清晰。连接输入线，选择扫描方式，选择信号输入方式(AC、DC)，适当调节 Y 轴灵敏度，选择适当的扫描速度，确定触发方向，若选用外触发，则连线后调节同步。这样可在荧光屏上观察到输入的信号，利用读出光标可对信号进行测量。

(3) 注意事项　电源切断后，不能马上开启电源，至少要等 3 min 以后才能重新接通电源，否则易将仪器内部元件损坏；使用时应注意辉度适中，不宜过亮及不可长时间使光点停留在屏幕同一地方；环境温度为 0～40℃时，工作时间不得超出 4 h；各旋钮在使用中要按要求去控制，不得乱钮，用后要将其恢复原位。

(三) 记录仪

生理记录仪具有灵敏度高、适用范围广等优点。配接合适的换能器或引导电极，可以记录血压、心电、脑电、心音、呼吸、胃肠平滑肌收缩、心肌收缩、骨骼肌收缩等多种生理活动的变化，并以曲线形式直接描记在记录纸上，供分析用。由于生理记录仪描记系统的频率响应不十分理想，一般小于 100 Hz，故在记录快速变化的生物电信号(如神经干动作电位)方面受到限制。

目前常用的记录仪有 LMS - 2A 或 LMS - 2B 型二道生理记录仪，MJ - 3 三道生理记录仪，SJ - 42 多道生理记录仪等。现以 LMS - 2B 为例，介绍其面板控制和使用方法。

1. LMS - 2B 型二道生理记录仪

LMS - 2B 型二道生理记录仪是一种墨水描笔式直线记录仪，配合仪器附加的换能器和电极，可测量和记录肌肉舒缩、血压变化、呼吸运动以及心电的变化等。仪器结构采用插件式，即可根据记录指标更换相应的插件。

2. 仪器的结构与工作原理

(1) 电源部分　采用 220 V 交流电作电源，仪器电源具有二次稳压系统，因而外界电压变化对其影响较小(170～250 V 正常工作)，也可接±24 伏的蓄电池供电(需改内部电源接线)。

（2）放大器部分 包括FG直流放大器、FD－2前置放大器和FY－2血压放大器。FG直流放大器为1V输入量级，主要进行功率放大，它与记录笔配合，实现信号的记录。FD－2前置放大器为高输入阻抗、低噪音的双端输入差动式放大器，可对直流信号及加在直流电瓶上的交流信号进行放大。FY－2血压放大器与血压换能器配合，作血压测量之用。

（3）记录部分 由书写面板、纸轴、走纸传动及变速系统和描笔等组成。描笔共4支，中间两支长笔接受放大器传来的信号，描记所放大的生理指标；上下两支短笔分别为标记笔和计时笔，均由本机驱动亦可由外接信号驱动。

3. 使用方法

（1）仪器通电前的操作 将仪器的电源开关、两个后极（FG直流放大器）的"通"、"断"开关和前极（FY－2、FD－2）的测量开关及输出开关置于"关"或"断"状态，按下控制纸速的"停"键，将前极（PD－2，FY－2）的灵敏度波段开关置于各自的最低挡（500 mv/cm、12 kPa/cm），用导线将仪器可靠地接地。

（2）安装记录纸并装好墨水。

（3）测试前的操作 接通电源，指示灯亮，放下抬落笔架，使记录笔尖接触在纸面上；选择适当的走纸速度；确定时间标和标记笔；将FY－2的输出开关置于"断"，将FD－2插件抽出（或将二芯的后极输入电缆插入该FG放大器的FG输入插孔），这样便将前极（FY－2，FD－2）与它们相应的后极（FG直流放大器）从电路上分割开，前极的零位就不会影响后极。此时分别旋转2个后极（FG直流放大器）的零位旋钮，将笔尖调到记录纸上各自的中心线上。接FG校对（0.5 V）按钮，便可得10 mm的方波图形，零位调好后，就可将FY－2的输出开关置于"通"，恢复FD－2的位置（或抽出后极的输入电缆），再分别调前极（此时FD－2、FY－2的"测量"均应置于"断"零位）旋钮，由使用者自己确定零位。

（4）FD－2多功能放大器的使用调整 FD－2多功能放大器是一个高阻抗、低噪声、高灵敏度的双端（亦可单端）输入的生物电测量用前置放大器。配以不同的电极或换能器，可测量心电、脑电等生物电信号，配合换能器还可测量呼吸、肌肉收缩等多种生理活动。以上各波形还可以通过仪器"前极输出"插孔，接到示波器或计算机观察。该放大器的"直流平衡"与"调零"均可控制记录笔的零位，但"直流平衡"主要是使输入接地时第1级运算放大器的输出为零，以保证灵敏度开关换档时基线不变。

FD－2的"直流平衡"调整方法如下：后极、前极零位已调好，前极FD－2测量开关仍处于"断"，后极输出处于"通"，按下"50Hz控制"键，将灵敏度开关置于最低档，"调零"旋钮定零位，再将灵敏度开关置于最高位（"0.02"）挡，调"直流平衡"使笔尖保持刚才的零位。如此反复2～3次，灵敏度开关换挡时，基线位置不再改变，"直流平衡"便调好了，测试中不能再动"直流平衡"了。

放大器的高频特性由"滤波"旋钮控制，分别为10、30、100、1 kHz、OFF五挡。低频特性由"时间常数"旋钮控制，分DC（直流）、2 s、0.2 s、0.02 s、0.002 s 5挡，根据被测信号的不同选择合适的挡级。若不记录被测信号的直流成分时，应采用时间常数2 s、0.2 s、0.02 s、0.002 s各挡。

（5）FY－2血压放大器的使用 "直流平衡"意义及调整方法均与"FD－2"一样，放大器的灵敏度由"灵敏度"开关控制，可选择12、6、2.4、1.2、0.6 kPa/cm（约90、45、13、9、4.5 mmHg/cm）。内部提供12 kPa和1.2 kPa校正信号，改变12 kPa和1.2 kPa的校正信号大小可通过前极转换盒调节插件盖板上标记处电位器来实现，这是在对血压换能器进行灵敏度校正之后进行。放大器灵敏度校正好后，一般不再调节。

血压的测定　在测量之前，先校正血压放大器的"灵敏度"。校正时，记录仪、换能器、检压计连接如图 1－48 所示：

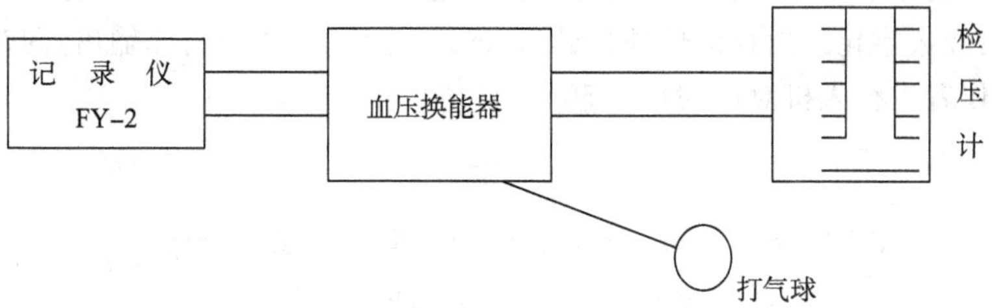

图 1－48　记录仪、换能器和检压计连接示意图

连接后，加压调节 FY－2 放大器"灵敏度"的内部微调电位器，使检压计上的值与记录笔上移的格所代表的压力值相同，重复两次便校正完毕。血压"灵敏度"的校正，仪器出厂已校准。测量血压时，被测体、三通阀、换能器、记录仪连接如图：在血压换能器压力仓上的两嘴装上有两个三通阀 A 和 B，将 A 和 B 的开关均置于 2，用注射器将抗血凝的流体注入，待完全排出换能器和插管中的空气后，将三通阀 B 置于不通(OFF)，再将充满流体的插管插入欲测部位即可。测试完后，先关 FY－2 的"测量"开关，纸速置于"停"挡，再关"输出"开关，再调 FG 放大器零位，使记录笔尖置于中心线上，关闭 FG 输出及仪器电源(图 1－49)。

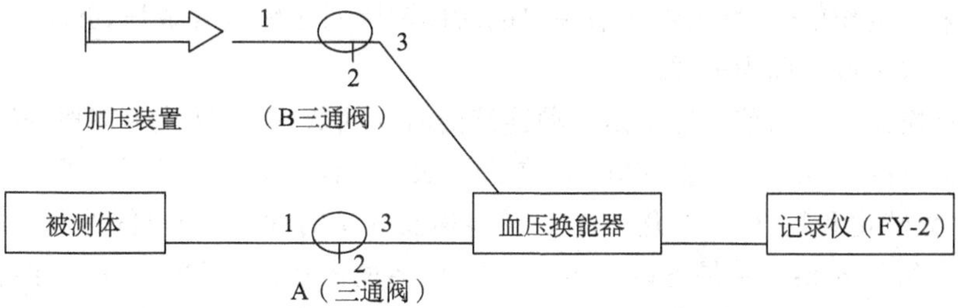

图 1－49　被测体、三通阀、换能器、记录仪连接示意图

4. 注意事项

(1) 因放大器具有较高的灵敏度，FD－2 和 FY－2 的"测量"开关接通以前，一定要使前极放大器输入端接上换能器或仔细检查连线是否正确，且最好使"灵敏度"开关置于最低挡，然后逐挡提高转至所需要的挡，否则因干扰信号的输入会使记录笔满篇乱打而损坏笔杆。在接换能器时，应关掉 FG 放大器输入端。

(2) 若在使用 FD－2 或 FY－2 灵敏度较高时，出现 50Hz 交流干扰，可将"50Hz 抑制"按钮按下，以减少影响。

(3) 停机时将各种开关均置于"断"，并使笔尖不离开记录纸面。将压纸轮抬起，套上仪器防护罩。

(4) 各种换能器要轻拿轻放，以免损坏。

(四) 微型计算机

生物信号采集、处理系统是应用大规模集成电路、计算机硬件和软件技术开发的一种集生物信号的放大、采集、显示、处理、存储和分析的机电一体化仪器。该系统可替代传统的刺激器、放大器、示波器、记录仪，一机多用，功能强大，广泛地被应用于生理学、病理学、药理学实验。

要完成对各种生物电信号(如:心电、肌电、脑电)与非生物电信号(如:血压、张力、呼吸)的采集，并对采集到的信号进行调理、放大，进而对信号进行模/数(A/D)转换，使之进入计算机。软件主要用来对已经数字化的生物信号进行显示、记录、存储、处理及打印输出，同时对系统各部分进行控制，与操作者进行人机对话(图 1－50)。

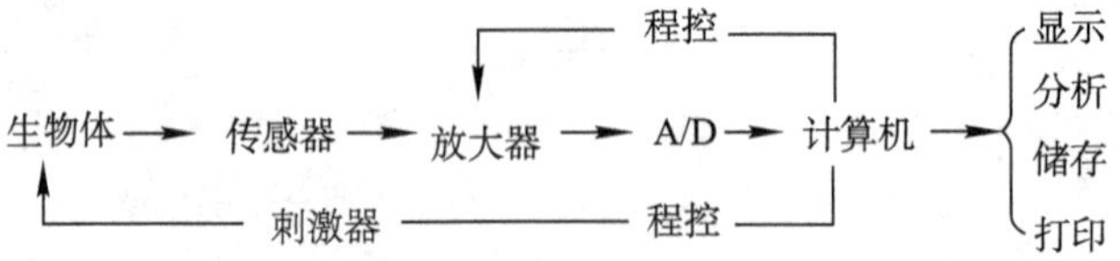

图 1－50 生物信号采集处理系统的基本组成

1. 传感器和放大器

生物所产生的信息，其形式多种多样，除生物电信号可直接检取外，其他形式的生物信号必须先转换成电信号，对微弱的电信号还需经过放大，才能作进一步的处理。生物信号采集处理系统中的刺激器和放大器都是由计算机程控的，其工作原理和一般的刺激器、放大器完全一样。主要的区别在于一般仪器是机械触点式切换，而生物信号采集处理系统是电子模拟开关，由电压高低的变化控制，是程序化管理，提高了仪器的可靠性，延长了仪器的寿命。

2. 生物信号的采集

计算机在采集生物信号时，通常按照一定的时间间隔对生物信号取样，并将其转换成数字信号后放入内存。这个过程称为采样。

(1) A/D 转换器　生物信号通常是一种连续的时间函数，必须转换为离散函数，再将这离散的函数按照计算机的“标准尺度”数字化，以二进制表达，才能被计算机所接受。A/D 转换设备能提供多路模/数转化和数/模转换化。A/D 转换需要一定时间，这个时间的长短决定着系统的最高采样速度。A/D 转换的结果是以一定精度的数字量表示，精度越高，曲线的幅度的连续性越好。对一般的生物信号采样精度不应低于 12 位数字。转换速度和转换精度是衡量 A/D 转换器性能的重要指标。

(2) 采样　与采样有关的参数包括:通道选择、采样间隔、触发方式和采样长度等方面。

① 通道选择　一个实验往往要记录多路信号，如心电、心音、血压等。计算机对多路信号进行同步采样，是通过一个“多选一”的模拟开关完成的。在一个很短暂的时间内，计算机通过模拟开关对各路信号分别选“通”、“采样”。这样，尽管对各路信号的采样有先有后，但由于这个“时间差”极短暂，因此，仍可以认为对各路信号的采样是“同步”的。

② 采样间隔　原始信号是连续的，而采样是间断进行的。对某一路信号而言，两个相邻采样之间的时间间隔称为采样间隔。间隔越短，单位时间内的采样次数越多。采样间隔的选取与生理信号的频率也有关，采样速率过低，就会使信号的高频成分丢失，但采样速率过高会产生大量不必要的数据，给处理、存储带来麻烦。根据采样定律，采样频率应大于信号最高频率的两倍。实际应用时，常取信号最高频率的 3～5 倍来作为采样速率。

③ 采样方式　采样通常有连续采样和触发采样两种方式。在记录自发生理信号(如心电、血压)时，采用连续采样的方式;而在记录诱发生理信号(如皮层诱发电位)时，常采用触发采样的方式。后者又可根据触发信号的来源分为外触发和内触发。

④ 采样长度　在触发采样方式中，启动采样后，采样持续的时间称为采样长度。它一般应略长于一次生理反应所持续的时间。这样既记录到了有用的波形，又不会采集太多无用的数据造成内存的浪费。

(3) 生物信号的处理　生物信号采集处理系统因其强大的计算功能，可起到滤波器的功能，而且性能远远超过模拟电路，恢复被噪音所淹没的重复性生理信号。人们可以测量信号的大小、数量、变化程度和变化规律，如波形的宽度、幅度、斜率、零交点数等参数，做进一步的分类统计、分析，给出各频率分能量（如脑电、肌电及心率变异信号）在信号总能量中所占的比重，对信号源进行定位。对实验结果可以用计数或图形方式输出。对来自摄像机或扫描仪的图像信息经转换后，也可输入计算机进行分析。所以生物信号采集处理系统不仅具备了刺激器、放大器、示波器、记录仪和照相机等仪器的记录功能，而且还兼有微分仪、积分仪、触发积分仪、频谱分析仪等信号分析仪器的信息处理功能。为节省存储空间，计算机对其获得的数据可按一定的算法进行压缩。

(4) 动态模拟　通过建立一定的数学模型，计算机可以仿真模拟一些生理过程。例如激素或药物在体内的分布过程、心脏的起搏过程、动作电位的产生过程等均可用计算机进行模拟。除过程模拟外，利用计算机动画技术还可在荧光屏上模拟心脏泵血、胃肠蠕动、尿液生成、兴奋的传导等生理过程。

3. 生物信号采集处理系统的基本操作

生物信号采集处理系统种类繁多，用其进行实验操作方法各有所异，这里只能做一般的、原则性的介绍。掌握实验的一般流程、配置实验和刺激参数设置方法是用好生物信号采集处理系统的关键。

(1) 进入系统，选择通道　确定信号输入到哪个通道，以打“对勾”表示。

(2) 刺激方式的选择　根据实验的需要确定是否需要刺激。一般有 7 种刺激方式可供选择（见刺激参数设置）。

(3) 选择输入方式　根据生物信号是非电信号（如骨骼肌张力、血压、呼吸道压力、心肌收缩力、肠肌张力等），还是电信号（如神经干动作电位、心电、神经放电、脑电等），确定是否需要换能器。

(4) 交/直流的选择　根据生物信号是快信号（如神经干动作电位、心室肌动作电位、神经放电等），还是慢信号（如血压、呼吸、心电、平滑肌张力等）确定以何种电流输入。一般电信号选择交流输入，非电信号经换能后选择直流输入。来自另外的前置放大器的输入信号，采用直流输入的方式（如经微电极放大器后的心室肌动作电位信号），可用放大器的时间常数进行选择（或有专门的开关）。

(5) 放大器放大倍数的选择　采样卡的有效采样电压一般为+/－5 V。所以输入信号的强度一般不能超过 5 V，根据信号的强弱选择适当的放大倍数，在不溢出的前提下，放大倍数选大一些为好。

(6) 滤波选择　根据是否需要滤波确定高频滤波和时间常数，使采样在最好的波段中进行。

(7) 选择显示模式　用生物信号采集处理系统进行实验时有两种显示模式的选择：一类为快捷（或标准）方式，系统内提供了许多常规的生理、病理、药理专项实验方法，所配置及标定的参数都已提供在每一专项实验选项中。因此只要进入系统，激活实验菜单，选择具体的实验项目，即可按照标准实验内容做好各项配置、标定而进行实验。另一类是一般性（或通用）方式，适用于科研与特殊教学实验，可根据需要不断改变系统参数（进行显示设置），使采集的波形更好，更适合于观察及符合实验结果。

① “连续记录”方式　用来记录变化较慢，频率较低的生物信号。如电生理实验中的血压、呼吸、心电、张力等，扫描线的方向是由右向左，连续滚动，与传统仪器的二导记录仪相一致。它的采样间隔从最慢 50 ms 至最快 25 μs，有 11 挡可选。在上述经典实验中一般选 1～10 ms 即可。

② “记忆示波”方式　用来记录变化快、频率高的生物信号。如：电生理实验中的神经干动作电位、动作电位传导速度、心室肌动作电位等。扫描线的方向是由左至右，一屏一屏地记录，与传统示波器相一致。它的采样间隔选项从最快每次 10 μs～1 ms，有 8 挡可选（注意：在 10 μs 挡即 100 kHz 采样频率只允许单窗口运行）。在经典型实验一般选 25 μs 或 50 μs 即可。

③ 刺激触发显示方式　是一种单帧波形显示方式，表示发出一个刺激信号，采集一帧生物信号数据，并把它显示在屏幕上。如果选择了“记忆示波”显示方式则应考虑选择“刺激器触发显示”，要求刺激与采样同步工作。

还有其他显示方式，此处不再列举。

(8) 采样间隔选择　注意采样间隔与所采信号相匹配。采样间隔调控的合适值应多试几次，以求最好。

(9) 采样　进入实验项目（通道采样内容）从 1～4 通道输入生理信号并选择希望进行的实验项目，点击开始按钮，系统开始采样，采样窗中即有扫描线出现，并随外部信号变化，显示起伏波形。

注意：如果在触发方式中选定了刺激器触发，则应当在主界面中点击“刺激”按钮启动刺激器，即可开始同步采样。

(10) 实时调整采样参数　为使采样波形达到最好，即最有利于观察的状态，可以在采样过程中实时按以下步骤调节各部分：

① 如信号太大或太小，可实时点击各通道放大器增益按钮，改变放大倍数，将信号幅度放大至适当程度。

② 调节各通道的时间常数和高频滤波值。

③ 调节各通道的扫描速度。

④ 如感到图形显示太大或太小，可实时在 Y 轴上进行压缩或扩展，使图形大小适中。注意此时输入的信号并没有改变，仅是图形的变形。

⑤ 如果感到图形 X 轴压缩比不合适，可实时点击 X 轴压缩或扩展按钮，使扫描线滚动速度适合观察。

⑥ 在需要刺激时，可在刺激器参数调整栏中，逐个调整刺激参数，形成最佳参数。

⑦ 如果出现 50 Hz 的干扰，可启动 50 Hz 抑制，将 50 Hz 电源的干扰信号消除掉。该命令只能对当前通道起作用。

(11) 结束采样。点击采样结束按钮结束采样，全部结果数据以图形方式显示在各自的窗口，可移动 X 方向滚条从头到尾观察所有的图形。并可拖选图形进行测量、进入表格、打印等后处理。

(12) 设置存盘。如果本次实验成功，所选的设置参数合理，可将本设置以自定义文件名存盘。

4. 刺激器的设置

为了方便电生理实验，系统内置了一个由软件程控的刺激器，对采样条件设置完成后，即可对刺激器进行设置。根据不同实验要求，可选择不同的刺激模式。刺激模式有：单刺激、串刺激、主周期刺激、自动间隔调节、自动幅度调节、自动波宽调节、自动频率调节等模式。

（1）刺激的基本方式　最基本的刺激方式有 3 种（图 1－51）。

① 单刺激　与普通刺激器一样，输出（数次）单个方波刺激，延时、波宽、幅度可调。可用于骨骼肌单收缩、心肌期前收缩等实验。

② 串刺激　相当于普通刺激器的复刺激，但刺激持续时间由程序控制。启动串刺激后，到达串长的时间，刺激器自动停止刺激输出。串刺激的延时（即普通复刺激的串间隔）、串长、波宽、幅度、频率可调。刺激减压神经、迷走神经和强直收缩等实验可采取此种刺激方式。

③ 主周期刺激　与普通刺激器相比，此种刺激方式是将几个刺激脉冲组成一个刺激周期看待，于是有了主周期和周期数概念。主周期：每个周期所需要的时间。周期数：重复每个周期的次数（即主周期数）。每个主周期下又有延时、波宽、波幅、波间隔、脉冲数，这些参数都是可调的。有了这些可调参数，可输出多种刺激形式。如周期数为 1，脉冲数也为 1，表示重复 1 次主周期，主周期中只有 1 个脉冲，相当于单刺激；周期数是连续、脉冲数是 1，即不断重复主周期，而且主周期内只有 1 个脉冲刺激，这相当于复刺激；周期数是连续、脉冲数是 2，即不断重复主周期，而且主周期内有 2 个脉冲刺激，这相当于双脉冲刺激。

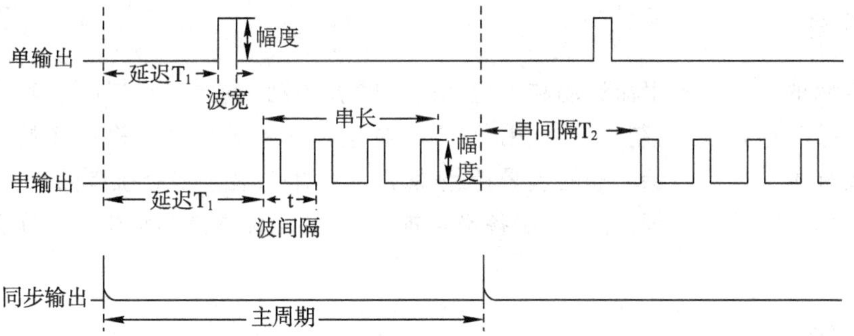

图 1－51　电子刺激器的方波刺激和各参数示意图

（2）专用刺激方式　为了便于实验，在上述刺激方式的基础上还可以选择下述 4 种刺激方式。

① 自动间隔调节　在主周期刺激基础上自动增、减脉冲间隔，默认的脉冲数为 2。主要用于不应期的测量。主周期、延时、波宽、波幅、首间隔、增量可调。

②自动幅度调节　在主周期刺激基础上自动增、减脉冲的幅度。主要用于阈强度的测定。主周期、延时、波宽、初幅度、增量、脉冲数、间隔可调。

③ 自动波宽调节　在主周期刺激基础上自动增减脉冲的波宽。主要用于时间—强度曲线的测定。主周期、延时、波幅、频率、首波宽、增量可调。

④ 自动频率调节　在串刺激基础上对刺激脉冲的频率自动增减。主要用于单收缩、强直收缩、膈肌张力与刺激频率的关系等实验。串长、波宽、波幅、首频率、增量、串间隔可调。

第二章

神经与肌肉生理

实验2-1　坐骨神经-腓肠肌标本制备

[目的要求]

1. 掌握蛙类手术器械的使用方法。
2. 学习动物生理学实验基本的组织分离技术。
3. 掌握制备具有正常兴奋收缩功能的蛙类坐骨神经-腓肠肌标本的方法。

[实验原理]

两栖类动物的一些基本生命活动和生理功能与哺乳类动物有相似之处,且其离体组织所需的生活条件比较简单,易于控制和掌握,因此,在动物生理学实验中常用蟾蜍或蛙的离体组织或器官作为实验标本。如用蟾蜍或蛙的坐骨神经-腓肠肌标本来观察神经肌肉的兴奋性、刺激与反应的规律及肌肉收缩的特征等。因此,制备坐骨神经-腓肠肌标本是动物生理学实验中必须掌握的一项基本技能。

[实验动物]

蟾蜍或蛙。

[器材及药品]

蛙类手术器械一套(普通剪刀、手术剪、眼科剪、圆头镊、眼科镊、金属探针、玻璃分针、蛙钉、蛙板)、滴管、培养皿、细线、铜锌弓、任氏液。

[方法及步骤]

1. 破坏脑和脊髓

取蟾蜍(或蛙,以下略)1只,用水冲洗干净。左手握住蟾蜍,用拇指按压背部,食指按压头部前端使头前俯,让头颅后缘稍稍拱起。右手持金属探针由两眼之间沿中线向后方划触,触及两耳后腺之间的凹陷处即是枕骨大孔的位置。将探针由凹陷处垂直刺入,即可进入枕骨大孔(图2-1)。然后将探针向前刺入颅腔,左右搅动探针,充分捣毁脑组织。如探针确在颅腔内,实验者可感到探针触及颅骨。此时的动物为单毁髓动物。再将探针退回至枕骨大孔,使针尖转向尾端,捻动探针使其刺入椎管,捣毁脊髓。在此过程中应注意保持脊柱平直。探针进入椎管前行时,感觉有一定的阻力,而且随着进针蟾蜍会出现下肢僵直或尿失禁现象。若脑和脊髓破坏完全,蟾蜍下颌呼吸运动应该消失，四肢松软，失去一切反射活动。此时的动物为双毁髓动物。如动物仍表现4肢肌肉紧张或活动自如，则需按上述方法重新毁髓。

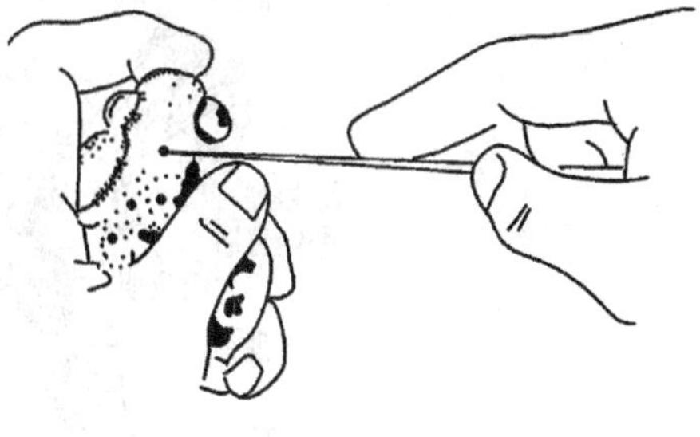

图2-1　破坏蟾蜍脑、脊髓

2. 剪除躯干上部及内脏

左手持手术镊轻轻提起两前肢之间背部的皮肤，右手持手术剪横向剪开皮肤，暴露耳后腺后缘水平的脊柱。用普通剪刀横向剪断脊柱。左手握住脊柱断端，右手用剪刀沿脊柱两侧（避开坐骨神经）剪开腹壁。此时躯干上部及内脏即全部下垂（图2-2），将头、前肢及内脏一并剪除。在腹部脊柱两侧可以看到坐骨神经丛。

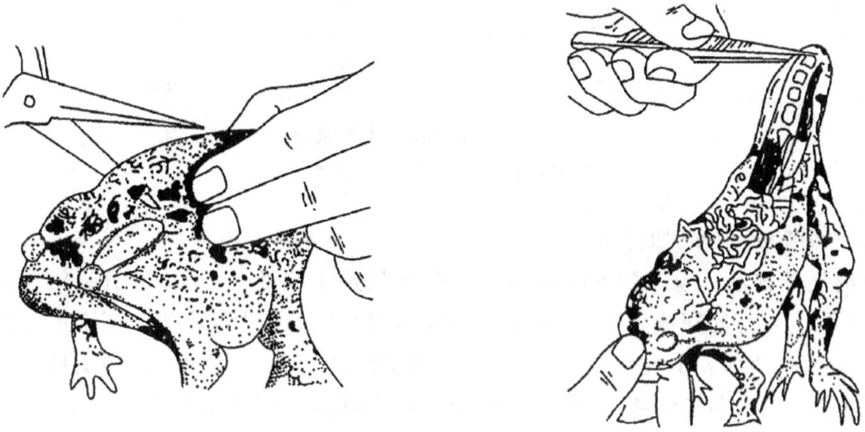

图2-2　剪除躯干上部和所有内脏

3. 剥皮

左手捏住脊柱断端（注意不要压迫神经），右手捏住断端皮肤边缘，逐步向下用力牵拉，剥掉全部后肢皮肤（注意：肛门周围的皮肤要先行剪开）（图2-3）。将标本置于盛有任氏液的培养皿中，洗净双手和用过的所有器械。

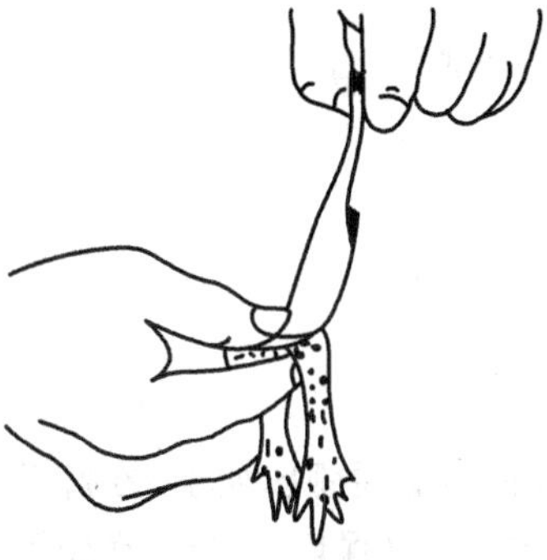

图2-3　剥去皮肤

4. 分离下肢

用镊子取出标本，左手捏住脊柱断端，避开坐骨神经，右手用剪刀从背侧剪去突出的骶骨。然后将脊柱腹侧向上，沿正中线将脊柱及耻骨联合中央剪开，使左右两下肢完全分离。注意：操作要十分小心，切勿剪断坐骨神经。将两下肢标本置于盛有任氏液的培养皿内备用。

5. 辨认蟾蜍的坐骨神经

蛙类的坐骨神经是由第7、8、9对脊神经从相对应的椎间孔穿出汇合而成，行走于脊柱的两侧，到尾端（肛门处）绕过耻骨联合，到达后肢背侧，行走于梨状肌下的股二头肌和半膜肌之间的坐骨神经沟内，到达膝关节腘窝处有分支进入腓肠肌（图2-4）。

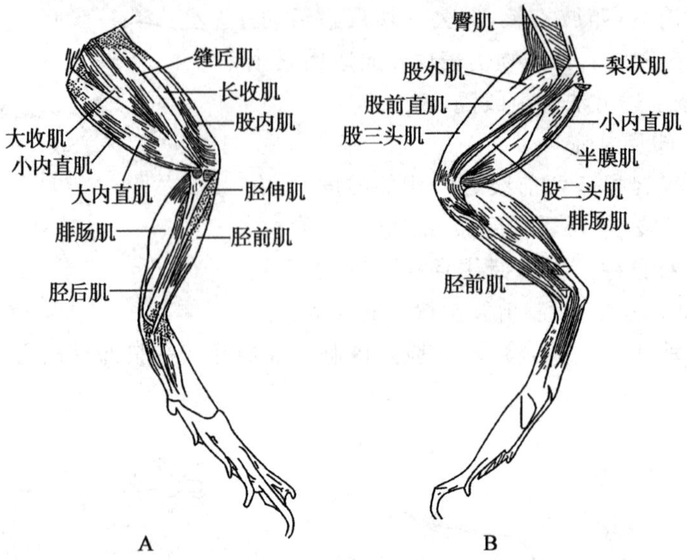

图 2-4 蛙后肢的主要肌肉

A. 蛙后肢腹面观 B. 蛙后肢背面观

6. 制备坐骨神经-腓肠肌标本

(1) 游离坐骨神经 取一侧下肢标本腹面朝上放置于蛙板上，用玻璃分针沿脊柱旁游离坐骨神经，并于靠近脊柱处穿线、结扎并剪断。轻轻提起扎线，用眼科剪剪去周围的结缔组织及神经分支。再将标本背面朝上放置，将梨状肌及周围的结缔组织剪去。在股二头肌与半膜肌之间的缝隙处(图 2-5A)，即坐骨神经沟，找出坐骨神经大腿段。用玻璃分针仔细剥离，边剥离边剪断坐骨神经所有分支，将神经一直游离到腘窝。

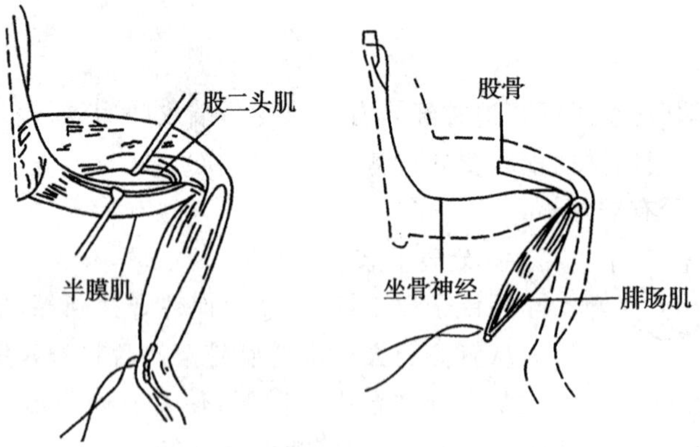

图 2-5 分离坐骨神经(A)和坐骨神经-腓肠肌标本(B)

(2) 完成坐骨神经-腓肠肌标本的制备 将游离干净的坐骨神经轻轻搭在腓肠肌上，在膝关节周围剪去全部大腿肌肉，并用剪刀将股骨刮干净之后剪去股骨上端的 1/3(保留 2/3)。在跟腱处穿线结扎，剪断跟腱。游离腓肠肌至膝关节处，轻提结扎线，然后将膝关节下方小腿其余部分剪除。这样一个具有附着在股骨上的腓肠肌并带有支配其收缩的坐骨神经标本就制备完成了(图 2-5B)。

7. 标本检验

用浸有任氏液的铜锌弓轻轻触及坐骨神经，如腓肠肌发生迅速而明显的收缩，则表明标本的兴奋性良好。将标本置于盛有任氏液的培养皿中备用。

[注意事项]

1. 破坏脑和脊髓时，不要将蟾蜍的背部对着自己和别人的面部，以防蟾酥（为蟾蜍表皮腺体的分泌物，有毒）溅入眼内。如果蟾酥不慎溅入眼内，应立即用生理盐水冲洗。

2. 用玻璃分针分离标本，避免用力牵拉神经或用金属器械、手夹捏神经，以免神经损伤。

3. 分离肌肉时应按层次剪切。分离神经时，必须将周围的结缔组织剥离干净。

4. 制备标本过程中，应随时用任氏液浸湿神经和肌肉，防止干燥，以免影响标本的兴奋性。

5. 勿让蟾蜍的皮肤分泌物和血液等污染神经和肌肉，也不能用水冲洗，否则会影响神经肌肉的功能。

[思考题]

1. 金属器械碰压、触及或损伤神经及腓肠肌，可能引起哪些不良后果？

2. 如何检测坐骨神经-腓肠肌标本的兴奋性？为什么？

3. 剥皮后的神经肌肉标本为什么不能用自来水冲洗？

实验 2-2 生物电现象的观察

[目的要求]

通过实验证明生物电现象的存在。

[实验原理]

神经肌肉标本受到电刺激后，会产生生物电流，进而可引起肌肉的收缩。神经肌肉标本在损伤或兴奋时，损伤部位和正常部位之间或兴奋区与静息区之间都存在电位差。所以，把神经肌肉标本的神经放在组织损伤部位与正常部位之间，或放在正在兴奋的组织上时，都能引起肌肉的收缩，从而证明损伤电位和动作电位的存在。

[实验动物]

蟾蜍或蛙。

[器材及药品]

蛙类手术器械一套（普通剪刀、手术剪、眼科剪、圆头镊、眼科镊、金属探针、玻璃分针、蛙钉、蛙板）、铜锌弓、任氏液。

[方法及步骤]

1. 实验准备操作

先剥制好甲、乙两个坐骨神经-腓肠肌标本（方法同实验 2-1），并用铜锌弓检查标本的兴奋性是否正常。

2. 实验项目

(1) 将甲标本的神经放在乙标本的肌肉上，再用铜锌弓刺激乙标本的神经，观察是否引起甲标本的肌肉收缩。

(2) 横切乙标本腓肠肌，将甲标本的神经的一点轻置于乙标本肌肉横断处（即损伤部位），用玻璃分针挑起甲标本神经的另一端，观察神经的另一端与乙标本腓肠肌正常部位接触时是否引起甲标本肌肉的收缩。

[注意事项]

1. 神经肌肉标本要保持高度的兴奋性。

2. 标本制作好后应立即进行实验。

[思考题]

将甲标本的神经放在乙标本的肌肉上，再用铜锌弓刺激乙标本的神经时，为什么能引起甲标本肌肉的收缩?

实验2-3 神经干动作电位的测定

[目的要求]

1. 熟悉生物信号采集处理系统的使用。

2. 了解蛙类坐骨神经干的单相、双相动作电位的记录方法，观察坐骨神经动作电位的基本波形、潜伏期、幅值及时程。

[实验原理]

神经组织是可兴奋组织，当受到阈强度的刺激时，膜电位将发生一短暂的变化，即动作电位。动作电位一经产生，即可沿神经纤维传导。动作电位是神经兴奋的客观标志。在神经细胞外表面，已兴奋的部位带负电，未兴奋部位带正电。如果将两个引导电极分别置于正常的神经干表面，当神经干一端兴奋时，兴奋向另一端传导并依次通过两个记录电极，可记录两个方向相反的电位偏转波形，此波形称为双相动作电位。若在两个引导电极之间，夹伤神经使其失去传导兴奋的能力，神经兴奋不能通过损伤部位，因此，两个电极中只能记录到一个方向的电位偏转波形，而另一个电极则成为参考电极，此波形称为单相动作电位。

由于坐骨神经干是许多单纤维组成，其产生的动作电位是许多神经纤维动作电位的代数叠加，称为复合动作电位。因此，在一定范围内，动作电位的幅度可随刺激强度的增加而增大。

[实验动物]

蟾蜍或蛙。

[器材及药品]

蛙类手术器械1套、神经标本屏蔽盒、滤纸片、细线、生物信号采集处理系统、任氏液。

[方法及步骤]

1. 制备坐骨神经-腓神经标本。方法与坐骨神经-腓肠肌标本的制备(见实验 2-1)过程相仿。不同的是,只要神经,不要肌肉和股骨,并且神经尽可能分离的长一些。在脊椎附近将神经主干结扎、剪断。提起线头,剪去神经干的所有分支和结缔组织,到达腘窝后,可继续分离出腓神经或胫神经,在靠近趾部剪断神经。将制备好的神经标本浸泡在任氏液中数分钟,待其兴奋性稳定后开始实验。

2. 用浸有任氏液的棉球擦拭神经标本屏蔽盒上的电极,标本盒内放置一块湿润的滤纸片,以防标本干燥。用滤纸片吸去标本上过多的任氏液,将其平搭在屏蔽盒的电极上,并且使其近中(枢)端置于刺激电极上,远中端置于引导电极上。盖好屏蔽盒的盖子,以减少电磁干扰。按图 2-6所示连接生物信号采集处理系统与神经标本屏蔽盒。两对引导电极分别连接到 1、2 通道,刺激电极连接到刺激输出,神经屏蔽盒地线接线柱与地线相连。须避免连接错误或接触不良。

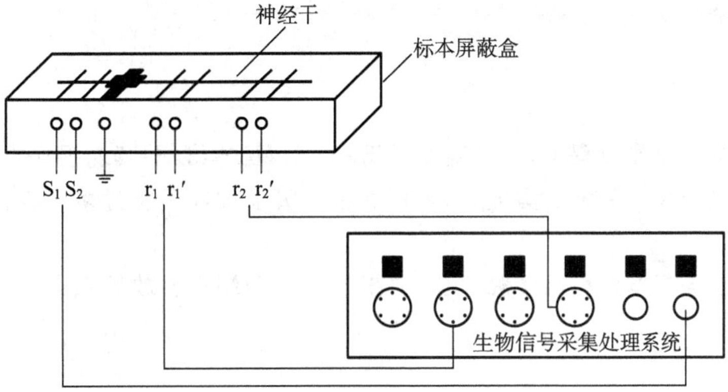

图 2-6　观察神经干动作电位装置图

3. 打开计算机,启动生物信号采集处理系统软件,进入系统软件窗口,设置仪器参数:点击“实验”菜单,选择“神经干动作电位”项目。系统进入该实验信号记录状态。

仪器参数:①RM6240系统 1、2 通道、时间常数 0.02～0.002 s、滤波频率 1 KHz、灵敏度 5 mV、采样频率40 KHz、扫描速度 0.5 ms/div。单刺激模式,刺激强度 0.1～3 V、刺激波宽 0.1 ms、延迟 5 ms、同步触发;②PcLab 和 MedLab 系统 2、4 通道、放大倍数 200、AC 耦合、采样间隔 25 ms。单刺激或主周期刺激方式,周期 1 s、波宽 0.1 ms、刺激强度 0.1～3 V。记忆示波方式,刺激器触发。

4. 观测动作电位

(1) 神经干兴奋阈值的测定。刺激强度从 0.1 V 开始,逐渐增加刺激强度,刚刚出现动作电位时的刺激强度,即为神经干的兴奋阈值。

(2) 在刺激阈值的基础上逐渐加大刺激强度,可观察到双相动作电位波形。且动作电位的幅值随刺激强度的增大而加大。当刺激增加到一定强度时,动作电位的幅值不再增大,此时的刺激为最大刺激。读出最大刺激时双相动作电位上下相的幅度和整个动作电位持续的时间数值(图 2-7)。

(3) 将神经干标本放置的方向倒换后,观察双相动作电位的波形有无变化。

(4) 将两根引导电极 r_1、r'_1 的位置调换,观察动作电位波形有何变化。

(5) 用镊子将两个引导电极 r_1、r'_1之间的神经干标本夹伤，即可使原来的双相动作电位的下相消失，变为单相动作电位(图 2-8)。读出最大刺激时单相动作电位的振幅值和整个动作电位持续的时间数值。

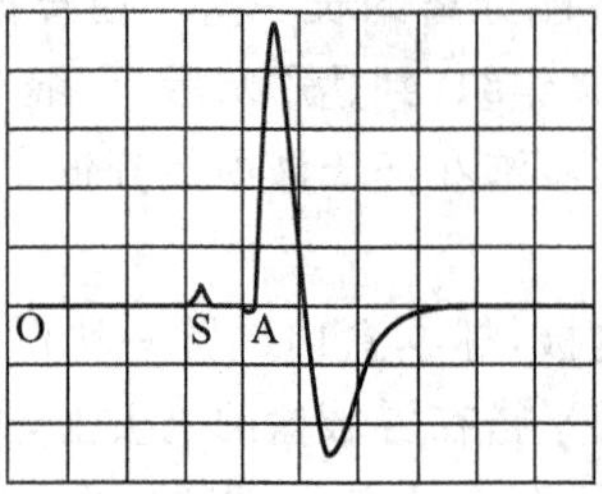

图 2-7 神经干双相动作电位

O. 触发扫描开始 S. 刺激伪迹；
OS. 从触发到刺激伪迹间的延迟；
A. 动作电位

图 2-8 神经干单相动作电位

[注意事项]

1. 在神经干标本制作过程中，经常滴加任氏液，保持标本湿润；切勿损伤神经干。

2. 屏蔽盒内也要保持一定的湿度，但要用滤纸片吸去神经干上过多的任氏液，不要造成电极间短路。

3. 神经干不能与标本盒壁相接触，也不要把神经干两端折叠放置在电极上，以免影响动作电位的波形。

[思考题]

1. 在引导神经干双相动作电位时，为什么动作电位的第 1 相的幅值比第 2 相的幅值大？

2. 在实验中，神经干动作电位的幅值可在一定范围内随刺激强度的增加而增大，这与“全或无”定律矛盾吗？

3. 神经被夹伤后，动作电位的第 2 相为何消失？

4. 引导电极调换位置后，动作电位波形有无变化？为什么？

实验 2-4 神经干不应期的测定

[目的要求]

1. 了解蛙类坐骨神经干产生动作电位后其兴奋性的规律性变化。

2. 学习不应期的测定方法。

[实验原理]

可兴奋组织(如神经)在接受一次刺激而兴奋后，其兴奋性都要经历一次周期性的变化，依次经过绝对不应期、相对不应期、超常期和低常期，然后恢复到正常的兴奋性水平。采用双脉冲刺激，首先给神经施加一个刺激，称为“条件性刺激”，用来引起神经纤维的一次兴奋；然后在前一兴奋及其恢复过程的不同时相再施加第二个刺激，称为“检验性刺激”，检查神经对检验性刺激是否反应和所引起的动作电位幅度的变化，来判定神经组织兴奋后的兴奋性的变化。以两个刺激间隔测出神经干的不应期。当第二个刺激引起的动作电位幅度开始降低时，说明第二个刺激开始落入第一次兴奋的相对不应期内。当第二个动作电位开始完全消失，表明此时第二个刺激开始落入第一次兴奋后的绝对不应期内(图 2-9)。

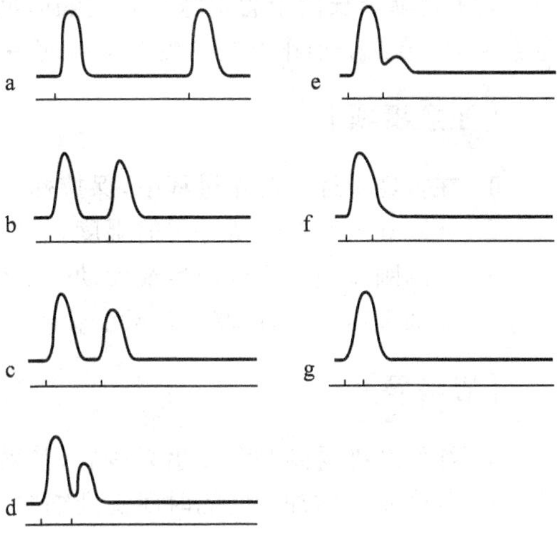

图 2-9 神经干兴奋后兴奋性变化的测定

上线：动作电位；下线：刺激脉冲

a～g 为不同时间间隔所引起的动作电位的波形

［实验动物］

蟾蜍或蛙。

［器材及药品］

蛙类手术器械 1 套、神经标本屏蔽盒、带电极的接线、生物信号采集处理系统、任氏液。

［方法及步骤］

1. 制备蛙坐骨神经干标本并置于标本屏蔽盒内(方法同实验 2-3)。用导线连接生物信号采集处理系统与标本盒，本实验仅用一对记录电极。用镊子夹伤两电极间的神经联系，以单相动作电位为观察指标。

2. 打开计算机，启动生物信号采集处理系统软件，进入系统软件窗口，设置仪器参数。点击“实验”菜单，选择“神经干兴奋不应期的测定”项目，系统进入该实验信号记录状态。

仪器参数：①RM6240 系统 1 通道、时间常数 0.02 s、滤波频率 1 KHz、灵敏度 4 mV、采样频率 80 KHz、扫描速度 1 ms/div；双刺激模式，最大刺激强度、刺激波宽 0.2 ms、起始波间隔 20 ms、延时 2 ms、同步触发。②PcLab 和 MedLab 系统 2 通道、放大倍数 200、交流耦合(AC)、上限频率 10 KHz、通道 4：记录刺激标记，放大倍数 5～50，采样间隔 20 ms；自动间隔调节刺激方式、最大刺激强度、周期 1 s、波宽 0.1 ms、首间隔 30 ms、增量 1 ms，末间隔 0.5 ms、延时1 ms。记忆示波方式，刺激器触发。

3. 观察项目

(1) 先用单个刺激找出最大刺激强度，以此强度输出双脉冲刺激神经，调节脉冲之间的间隔时间，引导出先后两个动作电位波形。在间隔时间较大时，先后记录出的两个动作电位的幅值相等(图 2-9a)。

(2) 维持最大的刺激强度，缩短两个刺激方波之间的时间间隔，使第二个动作电位向第一个动作电位靠近，当检测刺激所引起的动作电位幅度开始降低时，就是相对不应期的终点(图 2-9b)。

(3) 继续缩短两个刺激方波之间的间隔时间，检测刺激所引起的动作电位幅度继续降低，最后动作电位完全消失。这是相对不应期的起点，也是绝对不应期的终点。在绝对不应期中加大检测刺激的强度，也不能产生动作电位(图 2-9g)。

（4）逐渐延长两个刺激脉冲的间隔时间，使第二个动作电位再次出现。当间隔时间达到一定数值时，第二个动作电位的幅度又与前一个动作电位的幅度相等，则表明兴奋性已恢复。

［注意事项］

1. 在神经干标本制作过程中，保持标本湿润；切勿损伤神经干。
2. 屏蔽盒内也要保持一定的湿度，但电极间不要短路。
3. 用刚刚能使神经干产生最大动作电位的刺激强度刺激神经。
4. 增加观察次数，以减少读数的误差。

［思考题］

1. 神经纤维受到刺激发生兴奋后，其兴奋性将经历何种周期性变化？
2. 两个刺激脉冲的间隔时间逐渐缩短时，第二个动作电位如何变化？为什么？
3. 神经产生一次兴奋后，兴奋性改变的离子基础是什么？

实验2-5 神经干动作电位传导速度的测定

［目的要求］

1. 理解兴奋传导的概念。
2. 掌握神经动作电位传导速度的测定和计算方法。
3. 了解低温对神经冲动传导速度的影响。

［实验原理］

神经纤维兴奋的标志是产生一种可传播的动作电位。当神经干一端受到刺激而兴奋后，其动作电位沿细胞膜传导至另一端，其传导的速度取决于神经干的粗细、内阻、有无髓鞘等因素。不同类型的神经纤维传导速度不同，神经纤维越粗则传导速度越快。蛙类坐骨神经干以Aα类纤维为主，传导速度(v)大约30～40 $m \cdot s^{-1}$。测定神经冲动在神经干上传导的距离(d)与通过这段距离所需时间(t)，根据v＝d/t可求出神经冲动的传导速度。

在实际测量中，常用两个通道同时记录由两对引导电极记录下的动作电位来计算动作电位传导速度。先测量两个动作电位起点的间隔时间(t)，然后再测量标本屏蔽盒中两对引导电极起始电极之间的距离(d)（图2-6中对应的r_1～r_2的间距），则神经冲动的传导速度v＝d/t。

［实验动物］

蟾蜍或蛙。

［器材及药品］

蛙类手术器械一套、神经标本屏蔽盒、带电极的接线、生物信号采集处理系统、任氏液。

［方法及步骤］

1. 制备坐骨神经-腓神经标本（方法同实验2-3）。

2. 参照实验 2-3 神经干动作电位的测定，连接生物信号采集处理系统与神经标本屏蔽盒。

3. 打开计算机，启动生物信号采集处理系统软件，进入“神经干动作电位传导速度的测定”实验菜单。

4. 给予神经干最大刺激强度，可在两个通道中观察到先后形成的两个双相动作电位波形。

(1) 测量两个动作电位起点的间隔时间 t(图 2-10)。

(2) 测量标本屏蔽盒中两对引导电极相应的电极之间的距离 d(即测定 r_1～r_2 的间距)。

(3) 将神经干标本置于 4℃的任氏液中浸泡 5 min 后，再测定神经冲动的传导速度。

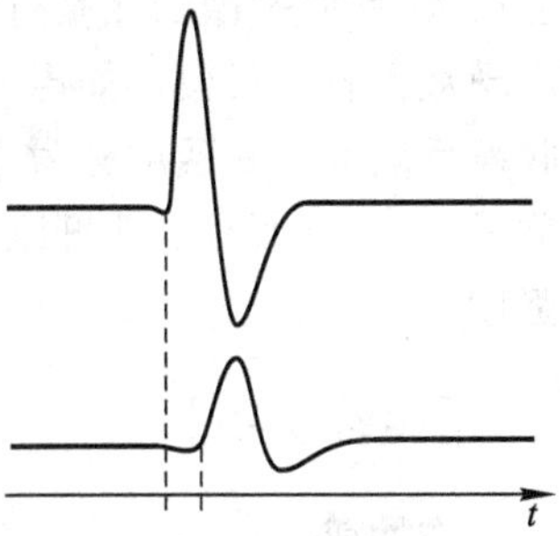

图 2-10 神经干动作电位传导速度的测定

两条纵行虚线之间的距离为两通道动作电位的时间差

[注意事项]

1. 制备坐骨神经-腓神经标本时，应越长越好，最好达到 10 cm 以上。

2. 应精确测量两电极间的距离，以免传导速度计算值出现人为的偏差。

[思考题]

1. 本实验所测得的传导速度能否代表该神经干中所有纤维的传导速度，为什么？

2. 将神经干标本置于 4℃的任氏液中浸泡后，神经冲动的传导速度有何改变？为什么？

实验 2-6 骨骼肌收缩记录

[目的要求]

1. 学习神经-肌肉实验的电刺激方法。

2. 掌握骨骼肌收缩的记录和观察方法。

3. 理解阈刺激、阈上刺激和最大刺激的概念。

[实验原理]

活的神经、肌肉组织均具有兴奋性，能接受刺激发生兴奋反应。但刺激要引起组织兴奋，其刺激强度和持续时间必须达到阈值(threshold)，即阈强度(threshold intensity)和有效时(effective time)。阈值通常是指在刺激作用时间和强度-时间变化率固定不变的条件下，能引起组织细胞兴奋所需的最小刺激强度，达到这种强度的刺激称为阈刺激，常被作为衡量组织兴奋性高低的客观指标。

不同种类的组织兴奋性高低是不相同的。对于单根神经纤维或肌纤维来说，对刺激的反应具有“全或无”的特性。神经-肌肉标本是由许多兴奋性不同的神经纤维(细胞)-肌纤维(细胞)组成，刺激与反应之间的表现并非“全或无”的关系。在保持足够的刺激时间(脉冲波宽)不变时，刺激强度过小，不能引起任何反应，随着刺激强度增加到某一定值，可引起少数兴奋性较高的运动单位兴奋，引起少数肌纤维收缩，表现出较小的张力变化。腓肠肌是由许多肌纤维组成的，各条肌纤维兴奋性高低并不相同。采用单个方波电刺激坐骨神经或腓肠肌时，如果刺激强度太小，则不能引起肌肉收缩，只有强度达到一定数值时(阈强度)，才能引起肌肉发生最微弱的收缩，这时引起的肌肉收缩称阈收缩(兴奋性高的肌纤维先收缩)。以后随着刺激强度增加，肌肉收缩也相应增大，此时刺激强度超过阈强度的刺激，故称阈上刺激。当刺激强度增大到某一数值时，肌肉出现最大收缩反应。如再继续增大刺激强度，肌肉的收缩却不再增大。这种能使肌肉发生最大收缩反应的刺激强度称为最适强度，这种强度的刺激称为最大刺激。最大刺激引起的肌肉收缩称最大收缩(所有的肌纤维都收缩)。由此可见，在一定范围内，骨骼肌收缩的大小决定于刺激的强度，这是刺激与组织反应之间的一个普遍规律。

[实验动物]

蟾蜍或蛙。

[器材及药品]

蛙手术器械一套、铁架台、双凹夹、生物信号采集处理系统(或电刺激器)、张力换能器、肌动器、任氏液。

[方法及步骤]

1. 制备坐骨神经-腓肠肌标本(参见实验 2－1)，将标本置于任氏液中浸泡数分钟备用。
2. 标本与实验装置的连接。

(1) 离体标本　将肌动器、张力换能器均固定于铁架台上，标本的股骨残端插入肌槽的小孔内并固定之；腓肠肌跟腱上的细线连于张力换能器的应变片上(暂不要将线拉紧)。将坐骨神经轻轻平搭在肌槽的刺激电极上。

(2) 在体标本　可将腓肠肌跟腱上的细线连于张力换能器的应变片上(暂不要将线拉紧)；将穿有线的坐骨神经轻轻提起，放在保护电极上，并保证神经与电极接触良好。

调整换能器的高低，使肌肉处于自然拉长的状态(不宜过紧，但也不要太松)。然后可进行实验项目的观察。

3. 观察项目

用波宽 0.5～1 ms 的单个方波电刺激坐骨神经，刺激强度由弱到强，直到肌肉开始轻微收缩，能描记 1 次收缩曲线，此时所用的刺激为阈刺激，记下此时的刺激强度。待肌肉收缩完全恢复到基线后，再继续增大刺激强度，并记录收缩反应。每次增大刺激强度肌肉收缩也相应增大，描记出的曲线也相应增高。但当肌肉收缩达到一定高度时再增强刺激，肌肉收缩曲线不能继续升高，即为最大收缩，所用刺激为最大刺激，记下此时的刺激强度。

[注意事项]

1. 在实验过程中，应经常在标本上滴加任氏液以保持湿润，使其具有良好的兴奋性。
2. 测定最大刺激时，刺激强度应缓慢逐渐增大，避免强度过高而损伤神经。

[思考题]

1. 引起组织兴奋的刺激必须具备哪些条件？
2. 何为阈下刺激、阈刺激、阈上刺激和最适刺激？

3. 在阈刺激和最适刺激之间为什么肌肉的收缩随刺激强度增加而增加?

4. 实验过程中标本的阈值是否会改变?为什么?

实验2-7 刺激强度、频率与骨骼肌收缩的关系

[目的要求]

1. 通过观察刺激强度与肌肉收缩力之间的关系,掌握阈下刺激、阈刺激、阈上刺激及最大刺激的概念。

2. 通过改变刺激的频率,观察肌肉收缩形式,并观察刺激频率与肌肉收缩形式之间的关系。

[实验原理]

肌肉和神经组织都具有较大的兴奋性。神经组织的兴奋表现为动作电位,肌肉组织的兴奋主要表现为收缩活动。刺激时间、刺激强度、强度-时间变化率构成了刺激引起组织产生兴奋的3要素。在一定的刺激时间(波宽)下,刚能引起组织发生兴奋的刺激为阈刺激,随着刺激强度的不断增加,肌肉的收缩反应也相应逐步增大,强度超过阈值的刺激为阈上刺激。当阈上刺激强度增大到某一值时,此时肌肉做最大收缩。再继续增强刺激强度,肌肉收缩反应不再继续增大。将引起肌肉最大收缩的最小刺激强度的刺激称为最大刺激。不同频率的电脉冲刺激神经时,肌肉会产生不同的收缩反应。若刺激频率较低,每次刺激的时间间隔超过肌肉单次收缩的持续时间,则肌肉的反应表现为一连串的单收缩;若刺激频率逐渐增加,刺激间隔逐渐缩短,肌肉收缩的反应可以融合,开始表现为不完全强直收缩;继续增加刺激频率,使刺激间隔小于1次肌肉收缩的收缩时间,则肌肉产生完全强直收缩。

[实验动物]

蟾蜍或蛙。

[器材及药品]

蛙手术器械一套、铁架台、双凹夹、培养皿、滴管、细线、电刺激器、生物信号采集处理系统、肌槽、张力换能器、保护电极、任氏液。

[方法及步骤]

1. 坐骨神经-腓肠肌标本制备

离体坐骨神经-腓肠肌标本制备方法见实验2-1。在体坐骨神经—腓肠肌标本制备方法如下:(1)取蟾蜍一只,自来水冲洗,破坏脑和脊髓;(2)剥离一侧下肢自大腿根部起的全部皮肤,然后将蟾蜍腹位固定于蛙板上;(3)于股二头肌与半膜肌的肌肉缝内游离坐骨神经,并在神经下穿线备用,然后分离腓肠肌的跟腱穿线结扎,连同结扎线将跟腱剪下,一直将腓肠肌分离到膝关节;(4)在膝关节旁钉蛙钉,以固定住膝关节。此时,在体标本制备完毕。

2. 仪器及标本的连接

(1) 离体标本 将肌槽、张力换能器均用双凹夹固定于支架上;标本的股骨残端插入肌槽的

小孔内并固定之;腓肠肌跟腱上的连线连于张力换能器的应变片上(暂不要将线拉紧)。将坐骨神经轻轻平搭在肌槽的刺激电极上(图 2-11A)。

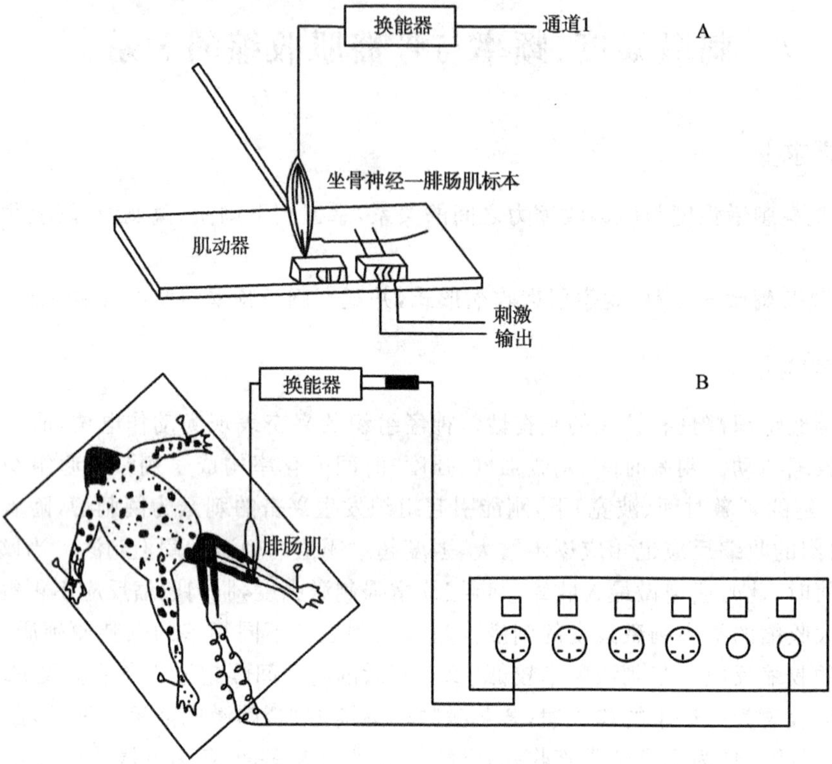

图 2-11 刺激强度、频率与骨骼肌收缩的关系实验装置

A. 离体标本实验装置 B. 在体标本实验装置

(2) 在体标本 可将腓肠肌跟腱上的连线连于张力换能器的应变片上(暂不要将线拉紧);将穿有线的坐骨神经轻轻提起,放在保护电极上,并保证神经与电极接触良好(图 2-11B)。

3. 实验项目观察

调整换能器的高低,使肌肉处于自然拉长的状态(不宜过紧,但也不要太松)。将张力换能器的输出插头插入生物信号采集处理系统的一个信号输入通道插座(如 CH1);电极的插头插入该系统的刺激输出插孔。打开计算机,启动生物信号采集处理系统。

(1) 进入"刺激强度对骨骼肌收缩的影响"实验菜单。使用单脉冲刺激方式,波宽调至并固定在 1 ms,刺激强度从零开始逐渐增大;首先找到能引起肌肉收缩的最小强度,该强度即是阈强度。将刺激强度逐渐增大,观察肌肉收缩幅度是否随着增加,记下的收缩曲线幅度是否也随之升高。继续增大刺激强度,直至连续 3～4 个肌肉收缩曲线的幅度不再随刺激增高为止,读出刚刚引起最大收缩的刺激强度,即为最适刺激强度(图 2-12)。

(2) 进入"刺激频率对骨骼肌收缩的影响"实验菜单。用使肌肉产生最大收缩的刺激强度(最适刺激)刺激标本,并保持这一强度不变。将刺激方式置于"连续",用频率为 1 Hz、2 Hz、3 Hz、4 Hz、……、30 Hz 的连续刺激作用于坐骨神经,可记录到单收缩、不完全强直收缩和完全强直收缩曲线(图 2-13)。

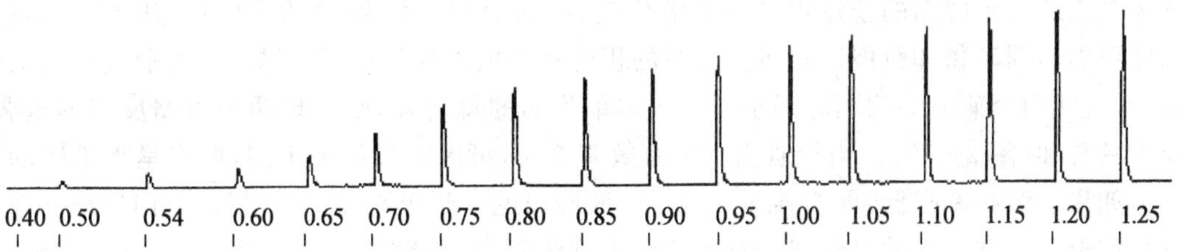

图 2-12 不同刺激强度刺激坐骨神经对骨骼肌收缩的影响

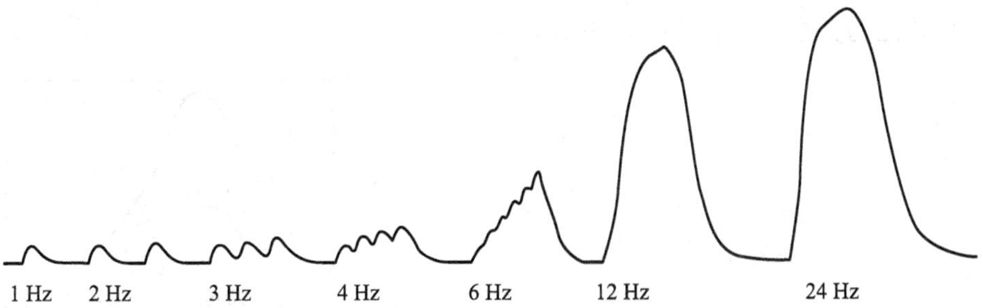

图 2-13 不同刺激频率刺激坐骨神经对骨骼肌收缩的影响

[注意事项]

1. 制备离体神经肌肉标本及实验操作过程中，要不断滴加任氏液，以防标本干燥而丧失正常生理活性。
2. 操作过程中应避免用力牵拉和手捏神经或夹伤神经、肌肉。
3. 每次刺激之后必须让肌肉有一定的休息时间，特别是在观察刺激频率的影响时。
4. 找准最大刺激强度，不能刺激过强而损伤神经。
5. 实验过程中保持换能器与标本连线的张力不变。

[思考题]

1. 引起组织兴奋的刺激必须具备哪些条件？
2. 在阈刺激和最适刺激之间为什么肌肉的收缩随刺激强度增加而增加？

实验 2-8 骨骼肌的单收缩和收缩总和

[目的要求]

1. 观察刺激频率对骨骼肌收缩形式的影响。
2. 了解单收缩、强直收缩的产生机制。

[实验原理]

收缩是肌肉兴奋的外在表现。给活的肌肉一个短暂的有效刺激，肌肉会发生一次收缩，此收缩称为单收缩。单收缩的全过程可分为潜伏期、收缩期和舒张期(图 2-14)。其具体时间和收缩幅度可因不同动物和肌肉以及肌肉当时的机能状态的不同而有所不同。若给肌肉相继两个有效刺激,且使两个刺激的间隔时间小于该肌肉单收缩的总时程,则出现两个收缩反应的重叠,称为收缩的总和(图 2-15)。当给肌肉一串有效刺激时,可因刺激频率不同,肌肉呈现不同的收缩形式。如果刺激频率很低,即相继两个刺激的间隔时间大于单收缩的总时程,肌肉出现一连串的在收缩波形上彼此分开的单收缩。若逐渐增大刺激频率,使后 1 个刺激总是落在前 1 个刺激引起的肌肉收缩的舒张期,肌肉则呈现锯齿状的收缩波形,称之为不完全强直收缩。再增大刺激频率使后一个刺激总是落在前一次肌肉收缩的收缩期,肌肉将处于完全的持续的收缩状态,看不出舒张的痕迹,称之为完全强直收缩(图 2-16)。

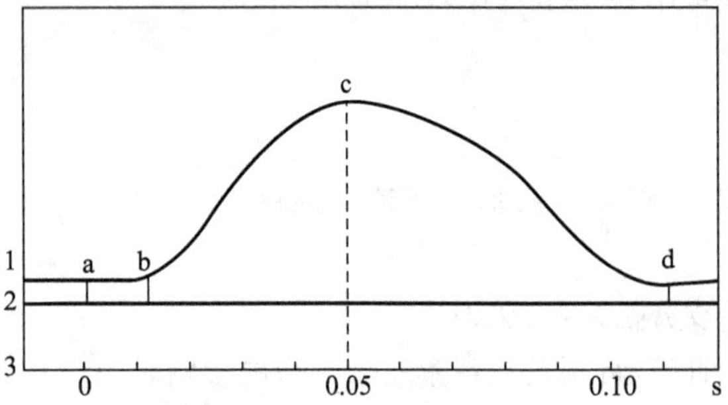

图 2-14 骨骼肌单收缩分析

ab 潜伏期 bc 收缩期 cd 舒张期

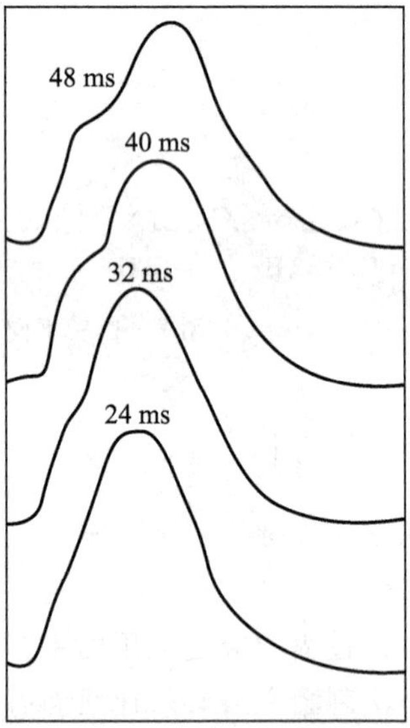

图 2-15 相继 2 个刺激引起的收缩总和

曲线上数字为 2 次刺激间隔时间

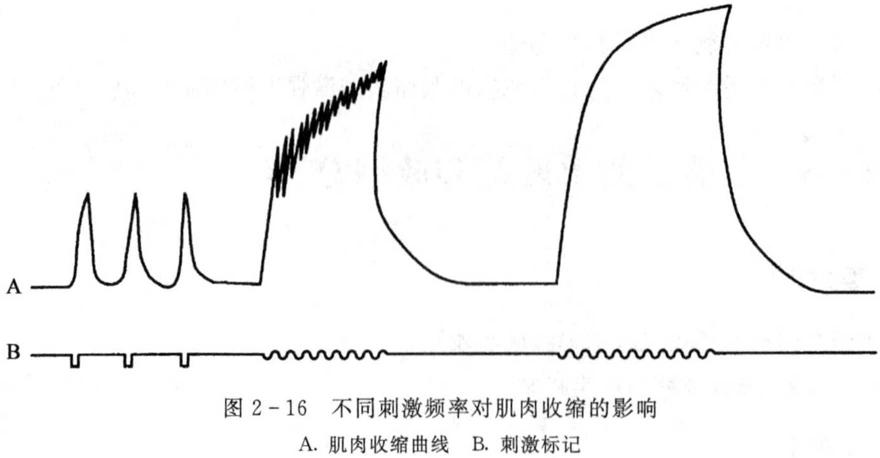

图 2-16 不同刺激频率对肌肉收缩的影响

A. 肌肉收缩曲线 B. 刺激标记

[实验动物]

蟾蜍或蛙。

[器材及药品]

蛙手术器械一套、铁架台、双凹夹、培养皿、滴管、细线、生物信号采集处理系统、肌槽、张力换能器、刺激电极、任氏液。

[方法及步骤]

1. 坐骨神经-腓肠肌标本制备(见实验 2-1)。

2. 仪器及标本的连接。将肌槽、张力换能器均用双凹夹固定于支架上;标本的股骨残端插入肌槽的小孔内并固定之;腓肠肌跟腱上的连线连于张力换能器的应变片上(暂不要将线拉紧)。将坐骨神经轻轻平搭在肌槽的刺激电极上。调整换能器的高低,使肌肉处于自然拉长的状态(不宜过紧,但也不要太松)。将张力换能器的输出插头插入生物信号采集处理系统的一个信号输入通道(如 CH1);电极的插头插入该系统的刺激输出插孔。

3. 打开计算机,启动生物信号采集处理系统。进入"刺激频率对骨骼肌收缩的影响"实验菜单。

(1) 找出最大刺激强度 使用单脉冲刺激方式,波宽调至并固定在 1 ms,从最小刺激强度开始,对肌肉进行刺激。当逐渐增加刺激强度时,肌肉的收缩幅度不断增大,但当达到一定刺激强度时,肌肉收缩幅度便不再随着刺激强度的增大而增高。刚能引起肌肉发生最大收缩幅度的刺激强度即为最大刺激强度。

(2) 单收缩 选用最大刺激强度,将刺激频率置于单刺激,描记出独立的单收缩曲线。

(3) 不完全强直收缩 逐渐增加刺激频率,描记出锯齿状的不完全强直收缩曲线。

(4) 完全强直收缩 继续增加刺激频率,描记出平滑的完全强直收缩曲线。

[注意事项]

1. 在实验过程中,应经常在标本上滴加任氏液以保持湿润,使其保持良好的兴奋性。

2. 每次刺激标本以后,必须让肌肉有一定的休息时间,以防其疲劳。

[思考题]

1. 分析讨论肌肉发生收缩总和的条件与机制。

2. 同 1 块肌肉,其单收缩、不完全强直收缩和强直收缩的幅度是否相同,为什么?

3. 何为不完全强直收缩、完全强直收缩? 它们是如何形成的?

第三章

血液生理

实验 3－1 出血时间和凝血时间的测定

[目的要求]

1. 学习出血时间、凝血时间的测定方法，熟悉测定出血时间和凝血时间的意义。
2. 了解影响出血时间、凝血时间的因素。

[实验原理]

小血管受损后引起的出血在几分钟内就会自行停止，这种现象称为生理性止血。生理性止血的过程主要包括血管收缩、血小板血栓的形成和血液凝固三个过程，这三个过程彼此相互促进，使生理性止血能及时而快速地进行。生理性止血功能降低时，可发生出血倾向。若在病理因素作用下，止血功能过度激活时，则可导致血管内血栓的形成。

出血时间(bleeding time，blooding time，BT)是指小血管受到破损后，血液从创口内流出到自动停止流动所需的时间。出血时间的长短可以反映生理性止血功能是否完好，观察出血时间是检测毛细血管功能和血小板数量及功能状态是否正常的简便而有效的方法。当血小板减少或功能降低时，出血时间延长。

血液流出血管后很快凝固。凝血过程是一种发生在血浆中由多种凝血因子(coagulation factor)参与的连锁化学反应，其结果是使血液由液体状态转变为凝胶状态。根据凝血过程启动时激活因子来源不同，可将血液凝固分为内源性激活途径和外源性激活途径。内源性激活途径是指参与血液凝固的所有因子来源于血浆；外源性激活途径是指受损组织中的组织因子进入血管后，与血管内的凝血因子共同作用而启动的激活过程。血液流出血管后，受到刺激的血小板就会释放出一系列凝血因子，使血液中的纤维蛋白原转化成网状的纤维蛋白，血液发生凝固。凝血时间(clotting time，CT)是指血液离开血管，在体外发生凝固的时间。它与出血时间不同，主要是测定内源性凝血途径中各种凝血因子是否缺乏，功能是否正常，或者是否有抗凝物质增多。

[实验动物]

鸡、兔等动物均可。

[器材及药品]

采血针(或注射器针头)、滤纸、载玻片、酒精棉球、剪毛剪。

[方法及步骤]

1. 出血时间的测定

(1) 耳尖(或唇部)剪毛消毒,干燥。

(2) 用采血针(或注射器针头)穿刺皮肤,深度约 4 mm,不加任何压力,让血液自行流出。

(3) 每隔 30 s 用滤纸吸血滴(吸时切勿触及皮肤),直至滤纸不再染上血迹为止,记录出血时间。正常值:马为 2～3 min,其他动物约为 1～5 min。

2. 凝血时间的测定

(1) 耳尖采血。

(2) 取 1 滴血置于载玻片一端(载玻片必须清洁,无油脂),立即将载玻片稍倾斜(滴有血液的一端向上),放在室温下,记录时间。血滴由载玻片上端向下流动,出现血痕。

(3) 每隔 30 s 用针尖挑划血痕一次,直至挑起纤维蛋白丝为止,从开始出血到挑出纤维蛋白丝的时间即为凝血时间。

[注意事项]

1. 采血时应让血液自然流出,不要挤压。

2. 针尖挑血应向一个方向直挑,不可多个方向挑动或挑动次数过多,以免破坏纤维蛋白网状结构,造成血液不凝的假象。

[思考题]

1. 出血时间的长短与哪些因素有关?

2. 简述测定出血时间和凝血时间的临床意义。

3. 试述出血时间长的患者的凝血时间是否一定延长?

实验 3-2　血液成分的测定及血清的制备

[目的要求]

1. 了解血液成分的分析方法。

2. 熟悉血浆和血清的组成及二者的区别。

3. 掌握血浆和血清的制备方法。

[实验原理]

血液是由液体的血浆和悬浮其中的血细胞组成。其中血浆包括水、血浆蛋白、凝血因子、酶、代谢产物等;血细胞包括红细胞、白细胞和血小板。若用事先加有肝素、柠檬酸钠等抗凝剂的采血工具或容器采集血液,可获取抗凝血,将其离心后,分层,上层为无色或淡黄色血浆,下层为血细胞。若直接采集新鲜血液,当血液从血管中流出一定时间后,即可见固体状纤维蛋白的出现,即发生了凝血反应。随着反应的进行,出现血块,在血小板收缩蛋白作用下,进一步紧实,即可见其上析出浅黄色的液体,即为血清。血浆与血清的区别在于,血清中不含纤维蛋白原、凝血因子,钙离子较少，5-羟色胺含量较多，就其主要方面而言，血清可以看成是不含纤维蛋白原的血浆。

[器材及药品]

注射器、试管、离心机、3.8%柠檬酸钠溶液、脱脂棉、手术刀、剪刀、75%酒精、胶头吸管（移液器）。

[实验动物]

鸡或家兔。

[方法及步骤]

1. 采血前准备

取两个试管，其中一个试管中抗凝剂与血液按 1∶4 吸取 3.8%柠檬酸钠溶液，另一个试管干燥备用。

2. 采血

75%酒精棉消毒后，采集鸡翅下静脉或家兔心脏血液，用干燥、消毒后的注射器抽取适量血液，分别置于准备好的两个试管中。其中加有抗凝剂的试管要充分混匀，切勿震荡，以免溶血；另一管静置，37℃ 30 min 后离心。

3. 离心

配平后，3 000 rpm 离心 15 min，或 2 000 rpm 离心 20 min，两试管中的上层液体分别为血浆和血清。

4. 血浆和血清的获取

抗凝管中的上层液体即为血浆，另一管凝血块上析出的液体即为血清，可用移液器或干净的胶头吸管吸出分装，即可获取血浆和血清。

[注意事项]

1. 试管和采血用具必须清洁、干燥。
2. 采集血液及抗凝血混匀时，动作要稳，震荡不能过于剧烈，避免出现溶血现象（若溶血，血清和血浆均呈现红色）。

[思考题]

1. 哪些因素影响血清和血浆的制备？
2. 如何防止溶血现象发生？
3. 血清和血浆有何区别？

实验 3-3 红细胞比容(PCV)的测定

[目的要求]

学习和掌握测定红细胞比容的方法。

[实验原理]

将定量的抗凝血灌注于特制的毛细玻璃管中，定时、定速离心后，有形成分和血浆分离。上层呈淡黄色的液体是血浆；中间很薄一层为灰白色，即白细胞和血小板（或栓细胞）；下层为暗红色的红细胞，彼此压紧而不改变细胞的正常形态。根据红细胞柱及全血高度，可计算出红细胞在全血中的容积比值，即为红细胞比容（压积）。

[实验动物]

鸡、兔等动物均可。

[器材及药品]

毛细玻璃管（内径 1.8 mm，长 75 mm）或温氏分血管、酒精灯、水平式高速毛细管离心机（或普通离心机）、天平、注射器、长针头、干棉球、刻度尺（精确到 mm）、草酸盐抗凝剂（0.8 g 草酸钾 · H_2O+1.2 g 草酸胺 · H_2O+甲醛 1 mL+蒸馏水至 100 mL）或 10 g · L^{-1}肝素、橡皮泥或半融化状态石蜡、75%酒精。

[方法及步骤]

1. 微量毛细管比容法

(1) 以抗凝剂湿润毛细管内壁后吹出，让壁内自然风干或于 60～80℃干燥箱内干燥后待用。

(2) 取血　常规消毒，穿刺指（或尾）尖，让血自动流出，用棉球擦去第 1 滴血，待第 2 滴血流出后，将毛细管的一端水平接触血滴，利用虹吸现象使血液进入毛细管的 2/3（约 50 mm）处。

(3) 离心　用酒精灯溶封或橡皮泥、石蜡封堵其未吸血端，然后封端向外放入专用的水平式毛细管离心机，以 12 000 r · min^{-1}的速度离心 5 min。届时用刻度尺分别量出红细胞柱和全血柱高度（单位 mm）。计算其比值，即得出红细胞比容。

2. 温氏分血管比容法

(1) 取大试管和温氏分血管各 1 支，用抗凝剂处理后烘干备用。

(2) 取血　可采取静脉取血或心脏取血，将血液沿大试管壁缓慢放入管内，用涂有凡士林的大拇指堵住试管口，缓慢颠倒试管 2～3 次，让血液与抗凝剂充分混匀，但不能使血细胞破碎，制成抗凝血。

(3) 用带有长针头的注射器取抗凝血 2 mL，将其插入分血管的底部，缓慢放入，边放边抽出注射针头，使血液精确到 10 cm 刻度处。

(4) 离心　将分血管以 3 000 r · min^{-1}离心 30 min，取出分血管，读取红细胞柱的高度，再以同样的转速离心 5 min，再读取红细胞柱的高度，如果记录相同，该读数的 1/10 即为红细胞比容。

[注意事项]

1. 选择抗凝剂必须考虑到不能使红细胞变形、溶解。草酸钾使红细胞皱缩，而草酸铵使红细胞膨胀，二者配合使用可互相缓解。鱼类多用肝素抗凝。

2. 血液与抗凝剂混合、注血时应避免动作剧烈引起红细胞破裂。

3. 用抗凝剂湿润毛细玻璃管(或温氏分血管)内壁后要充分干燥。血液进入毛细管内的刻度读数要精确,血柱中不得有气泡。

[思考题]

1. 在哪些情况下,红细胞的比容明显增加?

2. 测定红细胞比容时,一种常出现的误差来源是什么?误差倾向于增加还是减少?

3. 测定红细胞比容的实际意义是什么?

实验 3-4 血细胞计数

[目的要求]

采用稀释法计数单位容积血液内的红、白细胞数。

[实验原理]

由于血液中红、白细胞数很多,无法直接计数,故需用适当的溶液将血液稀释,然后将稀释血滴入血细胞计数板上,在显微镜下计数一定容积的红、白细胞数,再将所得的结果换算为每立方毫米血液中红、白细胞个数。

[实验动物]

鸡、兔等动物均可。

[器材及药品]

显微镜、血细胞计数板、计数器、注射器(1 mL 或 5 mL)、吸血管、凹瓷盘、消毒棉球、纱布、擦镜纸、小试管及试管架、移液管(1 mL 及 2 mL)、75%酒精、95%酒精、乙醚、1%氨水、抗凝剂(1%肝素钠溶液或 10%草酸钾溶液)、红细胞稀释液或生理盐水、白细胞稀释液或 2%醋酸。

[方法及步骤]

1. 熟悉血细胞计数板的构造

血细胞计数板为一长方形厚玻璃板。其中计数室方格大小的划分,各种产品略有不同,但基本原理相同。其中央横沟的两边各有一计数室,两计数室的划分完全相同(图 3-1)。在低倍显微镜下观察,可见每个计数室用双线划分成 9 个大方格。大方格每边长 1.0 mm。四角的大方格每个又分为 16 个中方格,这是用以计数白细胞的。中央的一个大方格用双线分成 25 个中方格,每个中方格又等分成 16 个小方格(用单线),中方格每边长为 0.2 mm,计数红细胞时,数中央大方格的 5 个中方格(即 4 角和中央的中方格)内的红细胞数目。计数室较两边的盖玻片支柱低 0.1 mm,因此,放上盖玻片后,计数板与盖玻片之间的距离为 0.1 mm,此为计数室的高度。

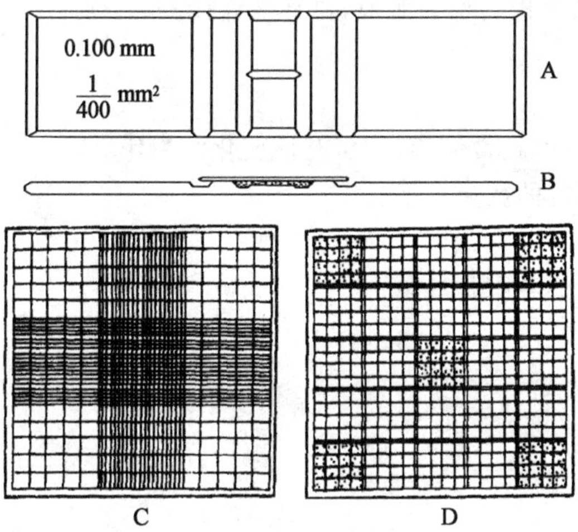

图 3-1 血球计数板的构造(25×16)

A. 顶面观 B. 侧面观 C. 放大后的网格 D. 放大后的计数室

2. 采血及稀释

以 2 mL 移液管在干净的小试管内准确加入红细胞稀释液或生理盐水 2 mL,另用 1 mL 移液管在另一个干净的小试管内加入白细胞稀释液 0.38 mL,备用。

将抽出的血液放入经抗凝剂处理的凹瓷盘内,用微量(血红蛋白)吸血管吸取 10 μL 血液至红细胞稀释液试管内,再吸取 20 μL 血液至白细胞稀释液试管内,轻轻挤出血液并反复吸洗 2~3 次。然后将血液与稀释液混合均匀,但不可用力振荡,以免细胞破碎。

3. 充液

将盖玻片先盖在计数板上,用洁净的吸血管吸取摇匀的稀释血液,然后将吸管口轻轻斜置盖玻片的边缘,滴出少量稀释血液,使溶液借毛细管现象而流入计数室内。但必须注意,如滴入过多时,流出室外凹沟中,易造成盖玻片浮起,体积不准;过少时,经多次充液,易造成气泡。一旦发生以上现象都应洗去重新充液。

4. 计数

稀释血液滴入计数室后,须静置 2~3 min,然后低倍镜下计数(显微镜焦距准确,缩小光圈并降低聚光器,使视野较暗)。红细胞计数时数中央大方格四角的 4 个中方格和中央的 1 个中方格(共 5 个中方格)内的红细胞总数;白细胞计数时数四周 4 个大方格内的白细胞总数。计数时应遵循一定的路径以免遗漏或重复。对于分布在画线上的血细胞,依照"数上不数下,数左不数右"的原则进行计数(图 3-2)。

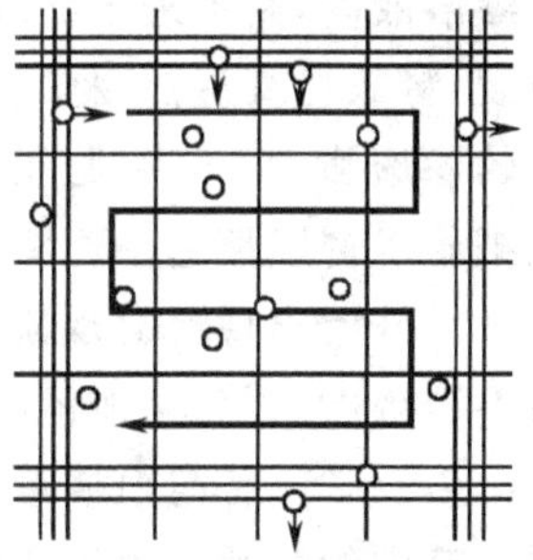

图 3-2 计数血细胞的路线

5. 计算

(1) 红细胞数计算 每立方毫米血液中红细胞总数$=N\times 10^4$

N 为 5 个中方格内的红细胞总数,一般测红细胞时,血液的稀释倍数为 200 倍。

(2) 白细胞数计算 每立方毫米血液中白细胞总数$=M\times 50$

M 为 4 个大方格内的白细胞总数,一般测白细胞时,血液的稀释倍数为 20 倍。

注:红、白细胞的稀释液配置方法见附录。白细胞核被染成蓝色,红细胞核呈非常淡的浅灰色或基本不染色,红细胞形态基本不变,在显微镜下易于区分。

[注意事项]

1. 各种用具要事先清洗。清洗吸管时按照蒸馏水(2 次)→95%酒精(2 次)→乙醚(2 次)的方法清洗。计数室用蒸馏水洗后,再用软纱布或擦镜纸吸干。
2. 采血要求迅速、准确,不能凝血,也不能有气泡,否则弃去重采。
3. 血吸管用完后必须立即清洗干净,以防血液凝固堵塞管口。
4. 计数时,如发现每个中方格内红细胞数相差 15 个以上或每个大方格白细胞数相差 10 个以上，表示血细胞分布不均匀，应将计数板洗净，重新摇匀稀释血液，再充液计数。

[思考题]

1. 综合实验所得结果，与红细胞数和白细胞数的正常值相对照，有何变化？为什么？
2. 为什么机体正常血细胞数可维持在相对稳定的数量水平？
3. 白细胞数量的变化有何生理意义？
4. 血细胞计数室中央的大方格中每个中方格的容积是多少？

实验3-5 红细胞脆性实验

[目的要求]

学习测定红细胞渗透脆性的方法，理解细胞外液渗透张力对维持细胞正常形态与功能的重要性。

[实验原理]

正常红细胞悬浮于等渗的血浆中，若置于高渗溶液内，则红细胞会因失水而皱缩；反之，置于低渗溶液内，则水进入红细胞，使红细胞膨胀。如环境渗透压继续下降，红细胞会因继续膨胀而破裂，释放血红蛋白，称之为溶血。红细胞膜对低渗溶液具有一定的抵抗力，这一特征称为红细胞的渗透脆性。红细胞膜对低渗溶液的抵抗力越大，红细胞在低渗溶液中越不容易发生溶血，即红细胞渗透脆性越小。将血液滴入不同的低渗溶液中，可检查红细胞膜对于低渗溶液抵抗力的大小。开始出现溶血现象的低渗溶液浓度，为该血液红细胞的最小抵抗力；出现完全溶血时的低渗溶液浓度，则为该血液红细胞的最大抵抗力。

生理学上将与血浆渗透压相等的溶液称为等渗溶液；而将能维持红细胞正常形态、大小和悬浮于其中的溶液称为等张溶液。等渗溶液不一定是等张溶液（如1.99%的尿素溶液），但等张溶液一定是等渗溶液。

[实验动物]

鸡、兔等动物均可。

[器材及药品]

10 mL小试管、试管架、滴管、2 mL移液管、1%肝素、1%氯化钠溶液、蒸馏水。

[方法及步骤]

1. 溶液配制

取10个小试管，配制出10种不同浓度的氯化钠低渗溶液（0.25%，0.3%，0.35%，0.4%，0.45%，0.5%，0.55%，0.6%，0.65%，0.7%），如表3-1所示。

表 3-1 各种浓度的低渗盐溶液的配制表

试剂	试管号									
	1	2	3	4	5	6	7	8	9	10
1% NaCl(mL)	1.40	1.30	1.20	1.10	1.00	0.90	0.80	0.70	0.60	0.50
蒸馏水(mL)	0.60	0.70	0.80	0.90	1.00	1.10	1.20	1.30	1.40	1.50
NaCl 浓度(%)	0.70	0.65	0.60	0.55	0.50	0.45	0.40	0.35	0.30	0.25

2. 制备抗凝血

不同动物采血方法各有所异,但多采用末梢血。将血滴在有1%肝素的表面皿上,混匀(1%肝素 0.1 mL 可抗 10 mL 血)。

3. 加抗凝血

用滴管吸取抗凝血,在各试管中各加 1 滴,轻轻摇匀,静置 1~2 h。

4. 观察结果

根据各管中液体颜色和浑浊度的不同,判断红细胞脆性。

(1) 未发生溶血的试管 液体下层为大量红细胞沉淀,上层为无色透明,表明无红细胞破裂。

(2) 部分红细胞溶血的试管 液体下层为红细胞沉淀,上层出现透明淡红(淡红棕)色,表明部分红细胞已经破裂,称为不完全溶血。

(3) 红细胞全部溶血的试管 液体完全变成透明红色,管底无红细胞沉淀,表明红细胞完全破裂,称为完全溶血。

[注意事项]

1. 小试管要干燥,加抗凝血的量要一致,只加 1 滴。
2. 混匀时,轻轻倾倒 1~2 次,减少机械震动,避免人为溶血。
3. 抗凝剂最好为肝素,其他抗凝剂可改变溶液的渗透性。
4. 配制不同浓度的 NaCl 溶液时应力求准确、无误。
5. NaCl 溶液的浓度梯度可根据动物的实际情况适当进行调整。

[思考题]

1. 红细胞的形态与生理特征有何关系?
2. 根据结果分析血浆晶体渗透压保持相对稳定的生理学意义。

实验 3-6 血红蛋白含量的测定

[目的要求]

掌握测定血红蛋白含量的直接测定法和比色法。

[实验原理]

血红蛋白的颜色常与氧的结合量多少有关。当用一定的氧化剂将其氧化时,可使其转变为稳定、棕色的高铁血红蛋白，而且颜色与血红蛋白(或高铁血红蛋白)的浓度成正比。可与标准色进行对比，求出血红蛋白的浓度，即每升血液中含血红蛋白克数($g \cdot L^{-1}$)。

血红蛋白被高铁氰化钾氧化为高铁血红蛋白，后者再与氰离子结合形成稳定的氰化高铁血红蛋白(hemoglobin cyanide, HiCN)。HiCN 在波长 540 nm 和液层厚度 1 cm 的条件下具有一定的毫摩尔消光系数，可用经校准的高精度分光光度计进行直接定量测定；或用 HiCN 标准液进行比色法测定，根据标本的吸光度即可求出血红蛋白浓度。

[实验动物]

鸡、兔等动物均可。

[器材及药品]

血红蛋白计(或分光光度计)或沙里氏血红蛋白计、小试管、刺血针或注射器、微量采血管、干棉球、HiCN 转化液(Van Kampen - Zijlstra 液，文齐氏液)或 1% HCl、HiCN 标准液(200 $g \cdot L^{-1}$)、蒸馏水、95%酒精、乙醚、75%酒精。

[方法及步骤]

1. 使用血红蛋白计直接定量测定

(1) XK - 2 血红蛋白仪板面结构如图 3 - 3 所示。

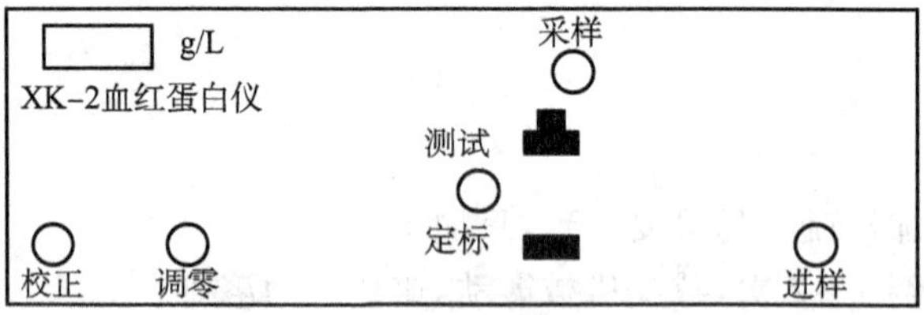

图 3 - 3 XK - 2 血红蛋白仪

(2) 仪器的标定

① 板面后的电源开关置于断，仪器的底部的支撑架打开。

② 打开电源开关，选择键处于测试档。

③ 按一下进样键，将蒸馏水吸入，预热 30 min。

④ 预热后将文齐氏液吸入，调“调零旋钮”使显示屏上的数字显示为零。

⑤ 校正 吸入标准液后，缓缓旋转校正旋钮使显示屏上数字显示为已知的标准液的数值，定标即结束。以后调零和校正旋钮均不能动。

(3) 在小试管中事先加入 HiCN 转化液(文齐氏液)5 mL。

(4) 取血 可吸取从动物的指(尾)端流出的第 2 滴血，也可取静脉血和心脏血。用拇指和食指轻轻捏扁采血管的乳胶头，将采血管的一端水平接触血滴(若是抗凝血，须注意摇匀后再吸取)，轻轻缓慢地松开拇指，利用虹吸现象使血液进入微量采血管至 20 μL(第 2 个刻度)。用棉球擦去微量采血管尖端外周的血液。

(5) 血红蛋白转化为氰化高铁血红蛋白 将微量采血管插入小试管 HiCN 转化液中，置血液于管底，再吸上清液 2～3 次，洗尽采血管内残存的血液。用玻棒轻轻搅动管内血液，使之与

HiCN 转化液混匀。试管需静置 5 min。

(6) 将混合后的血液吸入血红蛋白仪，显示屏上的数字即为测定值，需稳定后方可读数 ($g \cdot L^{-1}$)。

2. 使用 HiCN 标准液比色法测定

(1) 标准曲线绘制和 K 值计算：将标准 HiCN 液按梯度 50 $g \cdot L^{-1}$、100 $g \cdot L^{-1}$、150 $g \cdot L^{-1}$、200 $g \cdot L^{-1}$ 进行稀释后(以此代表标准的血红蛋白浓度梯度)，在波长 540 nm、光径 1.0 cm 条件下，分别测定各稀释液的吸光度(例如分别测得 0.13、0.27、0.405、0.54)，以标准品血红蛋白含量为横坐标、吸光度为纵坐标，绘制标准曲线，求出换算常数 K。

$$K = \frac{\sum[\mathrm{Hb}]}{\sum A} = \frac{50 + 100 + 150 + 200}{0.13 + 0.27 + 0.405 + 0.54} = 371.75$$

(2) 以上述同样的方法取血，并使血红蛋白转化为氰化高铁血红蛋白。然后以转化液作空白，测定标本吸光度 A。

(3) 通过标准曲线查出待测样本的血红蛋白浓度或用 K 值来计算血红蛋白浓度，即

$$[\mathrm{Hb}](g \cdot L^{-1}) = K \times A$$

3. 使用沙里氏血红蛋白计测定

沙里氏比色法是用 HCl 使血红蛋白酸化形成棕色的高铁血红蛋白，然后和标准比色板进行比色。

(1) 沙里氏血红蛋白计

主要由标准褐色玻璃比色箱和一只方形刻度测定管组成。比色管两侧通常有两行刻度；一侧为血红蛋白量的绝对值，以 $g \cdot dL^{-1}$(每 100 mL 血液中所含血红蛋白的克数)表示，范围 2～22 $g \cdot dL^{-1}$；另一侧为血红蛋白相对值，以%(即相当于正常平均值的百分数)来表示，范围 10%～160%。为避免所使用的平均值不一致，因此一般采用绝对值来表示。

(2) 具体测定方法

① 用滴管加 5～6 滴 0.1 $mol \cdot L^{-1}$ HCl 到刻度管内(约加到管下方刻度"2"或 10%处)。

② 用微量采血管吸血至 20 μL，揩去吸管外的血液。

③ 将采血管中的血液轻轻吹到比色管的底部，再吸上清液洗吸管 3 次。操作时勿产生气泡，以免影响比色。用细玻棒轻轻搅动，使血液与盐酸充分混合，静置 10 min，使管内的盐酸和血红蛋白完全作用，形成棕色的高铁血红蛋白。

④ 把比色管插入标准比色箱两色柱中央的空格中。

⑤ 使无刻度的两面位于空格的前后方向，便于透光和比色。用滴管向比色管内逐滴加入蒸馏水，并不断搅匀，边滴边观察，对着自然光进行比色，直到溶液的颜色与标准比色板的颜色一致为止。

⑥ 读出管内液体面所在的克数，即每 100 mL 血中所含的血红蛋白的克数。比色前，应将玻棒抽出来，其上面的液体应沥干净，读数应以溶液凹面最低处相一致的刻度为准。换算成每升血液中所含血红蛋白克数($g \cdot L^{-1}$)。

[注意事项]

1. 取血前要做好充分的消毒。

2. 血液要准确吸取 20 μl，若有气泡或血液被吸入采血管的乳胶头中都应将吸管洗涤干净，重新吸血。洗涤方法是：先用清水将血迹洗去，然后再依次吸取蒸馏水、95%酒精、乙醚洗涤采血管 1～2 次，使采血管内干净、干燥。作为学生练习，微量采血管可反复使用。

3. 使用血红蛋白仪测定时，吸样管应插入试管底部，避免吸入气泡，否则会影响测试结果。仪器连续使用时，每隔 4 h 要观察一次零点，即吸入文齐试剂，用"调零旋钮"使仪器恢复到零点。仪器用完后，关机前要用清洗液清洗，否则会影响零点的调整。

[思考题]

1. 血红蛋白的含量与年龄的关系？
2. 影响血红蛋白含量的主要因素？

[附]：

1. HiCN 转化液　即文齐氏液，有标准商品出售。也可配制：高铁氰化钾（$K_3Fe(CN)_6$）200 mg，氰化钾（KCN）50 mg，无水磷酸二氢钾（KH_2PO_4）140 mg，Triton X－100 1.0 mL，蒸馏水加至 1 000 mL。过滤后为淡黄色透明液体，pH 7.0～7.4，置有色瓶中加盖、冷暗处保存。如发现试剂变绿、变浑浊则不能使用。

2. 用分光光度计直接测定血红蛋白

(1) 取血、血红蛋白转化和比色同前述 1、2 的方法，得到标本的吸光度 A。

(2) 根据标本吸光度 A 直接计算出血红蛋白浓度：

$$Hb(\text{g}\cdot\text{L}^{-1})=\frac{A}{44}\times\frac{64\ 458\ \text{mg}}{1\ 000}\times 251=A\times 367.7$$

式中，A：为波长 540 nm 处标本吸光度。

44：为 HiCN 在波长 540 nm，光径 1.0 cm 条件下的毫摩尔消光系数（$\text{L}\cdot\text{mmol}^{-1}\cdot\text{cm}^{-1}$）。

64 485(mg)：为 Hb 的毫克分子量，即 1 $\text{mmol}\cdot\text{L}^{-1}$ Hb 溶液中的 Hb 毫克数。

1 000：为将 mg 转变为 g。

251：为血液稀释倍数。

因是通过分光光度计比色直接计算出血红蛋白浓度，因此分光光度计的波长和光程必须准确、灵敏度要高、线性好、无杂光，否则会影响结果的准确性。故仪器的校正在测定中十分重要。

上述介绍的几种方法中，以分光光度计直接测定和比色法测定血红蛋白较为精确，但对分光光度计的精密程度要求较高，分光光度计校正起来较为麻烦。沙里氏血红蛋白计测定操作简便适于基层单位，但准确性稍差。血红蛋白计操作较为简便，因有标准的商品试剂出售，因此也比较精确，目前普遍被医疗单位使用。

实验 3－7　红细胞沉降率的测定

[实验目的]

掌握红细胞沉降率的测定方法。

[实验原理]

将抗凝血置于一个特制的具有刻度的玻管内，置于血沉架上，红细胞因重力作用而逐渐下沉，上层留下一层黄色透明的血浆。经一定时间，沉降的红细胞上面的血浆柱的高度，即表示红细胞的沉降率。有的疾病可以引起家畜红细胞沉降率显著升高，故测定红细胞沉降率具有临床诊断价值。

[实验动物]

健康动物。

[器材及药品]

血沉管、血沉架、注射器、3.8%柠檬酸钠、75%酒精、碘酊。

[方法及步骤]

1. 采血

将实验动物进行保定。如给牛、马、羊采血，先剪去颈静脉附近的毛，用碘酊消毒，然后用消毒的采血针刺破颈静脉。当血液流出时，用试管接住，试管中应预先加有肝素溶液作为抗凝剂，抗凝剂与血液之间的容积比例为 1∶4。如采兔血，可直接采其心血；采鱼类血液，可采尾静脉血。

2. 血沉的测定

用清洁、干燥的血沉管，小心地吸取血液至最高刻度“0”处，在此之前须将血液充分摇均(但不可过分震荡，以免红细胞破坏)。吸取血液时，要绝对避免产生气泡，否则须重做，将吸有血液的血沉管垂直置于血沉管架上，分别在 15 min、30 min、45 min、1 h、2 h 时检查血沉管上部血浆的高度，以 mm 为单位来表示，并将所得结果记录于表 3-2。

表 3-2 血沉结果记录表

被检动物	时间				
	15 min	30 min	45 min	1 h	2 h

[注意事项]

1. 抗凝剂与血液比例为 1∶4，并充分混匀。
2. 血沉管放置要垂直，不得有气泡和漏血。
3. 最好在 18℃～25℃，并在采血后 2 h 内完成。

[思考题]

1. 决定红细胞沉降率的因素有哪些?
2. 在什么情况下，沉降率将升高?
3. 何谓红细胞悬浮稳定性? 原理如何?

实验3-8 血液凝固现象的观察

[目的要求]

了解影响血液凝固的因素，加深对生理性止血过程的理解。

[实验原理]

血液流出血管后很快凝固。凝血过程是一种发生在血浆中由多种凝血因子(coagulation factor)参与的连锁化学反应，其结果是使血液由液体状态转变为凝胶状态。血液凝固过程可分为三个过程，即①凝血酶原激活物(prothrombin activator)的形成；②凝血酶原激活物催化凝血酶原转变为凝血酶(thrombin，thrombase)；③凝血酶催化纤维蛋白原转变为纤维蛋白(fibrin)，从而形成血块。在这三个主要步骤中都需要 Ca^{2+} 的参与。

[实验动物]

家兔。

[器材及药品]

兔手术台、常规手术器械、采血针、动脉夹、动脉插管(或细塑料导管)、注射器、试管、小烧杯、试管架、玻片、秒表、滤纸片、带有开叉橡皮刷的玻璃棒、酒精棉球、棉花、冰块、20%氨基甲酸乙酯、肝素、5%草酸钾溶液、3.8%柠檬酸钠、1%氯化钙、生理盐水、液体石蜡。

[方法及步骤]

1. 按每千克体重 1 g 的剂量，耳缘静脉注射 20%氨基甲酸乙酯溶液麻醉兔(5 mL/kg 体重)，待其麻醉后，仰卧固定于手术台上。

2. 剪去颈部被毛，沿正中切开颈部皮肤约 5～7 cm，用止血钳钝性分离皮下组织和肌肉，暴露气管，在气管两侧分离一侧颈总动脉，插入动脉套管(方法见第一章第二节)，以备采血。

3. 实验项目

(1) 物理因素对血液凝固的影响

取 3 支试管，一支管内加少量棉花，一支管壁涂上少许液体石蜡，一支管对照。将以上 3 支试管内分别加入新鲜血 1 mL，每隔 30s 轻轻地倾斜试管一次，分别记录 3 支试管的血凝时间。

(2) 温度对血凝的影响

取 2 支试管，分别加入新鲜血液 1 mL，其中一支管置于 37℃水浴中，另一支试管放在低温或冰箱内，每隔 30 s 轻轻地倾斜试管一次，分别记录两支试管的血凝时间。

(3) 钙离子对血凝的影响

取 3 支试管，一支试管内加 3.8%柠檬酸钠 3 滴，一支试管内加 5%草酸钾 3 滴，一支试管为对照。然后向各个试管内加新鲜血液 1 mL，混匀，观察血凝情况。将加有柠檬酸钠和草酸钾的试管内分别加入 1%氯化钙 1～2 滴，观察结果。

(4) 肝素对血凝的影响

取一支试管放入肝素 8 IU,再加入新鲜血液 1 mL,混匀后,观察血凝情况并加以分析。

(5) 观察纤维蛋白原在凝血中的作用

由颈总动脉插管放血 20 mL,分别放入两个小烧杯中,一杯静置,另一杯用带橡皮刷的玻璃棒或竹签不断搅动,以除去其中的纤维蛋白。将除去纤维蛋白的血液静置,观察 2 杯的凝固现象。

(6) 观察凝血酶在凝血中的作用

取试管两支,分别加入新制备的血清 0.5 mL,其中将一管置 60℃热水中加热 10 min,然后向两支试管中分别加入柠檬酸钠血浆 0.5 mL,混匀,观察两管血凝情况并加以分析。

[注意事项]

1. 采血的过程尽量要快,以减少计时的误差。对比实验的采血时间要紧接着进行。
2. 判断凝血的标准要力求一致。一般以倾斜试管达 45℃时,试管内血液不见流动为准。
3. 每支试管口径大小及采血量要相对一致,不可相差太大。

[思考题]

1. 简述血液凝固的基本过程及影响血凝的外界因素。
2. 请分析本实验中每一项结果产生的原因。
3. 血凝过程中,纤维蛋白原和血小板分别有何作用?
4. 比较内源性凝血和外源性凝血的主要区别。

实验 3-9　血型鉴定和交叉配血实验

[目的要求]

掌握 ABO 血型鉴定的原理,学习血型鉴定的方法;了解人的血型,认识血型鉴定在输血中的重要性;学习交叉配血的方法。

[实验原理]

血型(blood type)是指红细胞膜上特异抗原的类型。将两个血型不相容的血液混在一起,就会出现红细胞凝集成簇的现象,此现象称为红细胞凝集。在凝集反应中起抗原作用的称为凝集原,即血型抗原;能与红细胞膜上的凝集原起反应的特异性抗体为凝集素,即血型抗体。ABO 血型是根据红细胞膜上的有无凝集原 A 与凝集原 B 而将血液分为 4 型(A、B、AB、O 型)。ABO 血型鉴定的原理是根据抗原—抗体反应来进行的,即将受试者红细胞分别加入标准抗 A、抗 B 血清中,观察有无凝集现象,从而测知受试者红细胞膜上有无 A 或 B 凝集原,就可以确定是何种血型。ABO 血型系统还有亚型,如 A_1、A_2、A_1B、A_2B 型等在临床上较为多见,因此在输血时应注意 A 亚型的存在。

交叉配血是将受血者的红细胞和血清分别同供血者的血清和红细胞混合,观察有无凝集现象。为确保输血的安全,在鉴定血型后必须进行交叉配血实验。如无凝集现象,方可进行输血。

[实验对象]

人。

[器材及药品]

显微镜、离心机、消毒采血针、玻片、滴管、1 mL 吸管、小试管、试管架、一次性注射器、碘酒、棉球、消毒棉签、牙签、标准抗 A 和抗 B 血清、生理盐水、75%乙醇。

[方法及步骤]

1. ABO 血型的鉴定

(1) 取双凹玻片一块，在两端分别标上 A 和 B，中央标记受试者的号码。

(2) 在 A 端和 B 端的凹面中分别滴上相应标准血清少许。

(3) 75%酒精棉球消毒无名指端，用采血针刺破指端，用消毒后的尖头滴管吸取少量血(也可用红细胞悬浮液，见下述)，分别与 A 端和 B 端凹面中的标准血清混合，放置 1～2 min 后，肉眼观察有无凝集现象，肉眼不易分辨的用显微镜观察。

(4) 根据双侧标准血清圆圈内是否有凝集反应的发生，可鉴别受试者的血型(表 3－3)。

表 3－3 ABO 血型检查结果判断

受试者血型	A 型血清(抗 B 血清)	B 型血清(抗 A 血清)
O	－	－
A	－	＋
B	＋	－
AB	＋	＋

2. 交叉配血实验

(1) 分别对供血动物和受血动物消毒、静脉取血，制备成血清和红细胞悬浮液。红细胞悬浮液是将受检者的血液 1 滴，加入装有生理盐水约 1 mL 的小试管中，即为 2%的红细胞悬浮液。加盖备用。

(2) 取双凹玻片一块，在两端分别标上供血动物和受血动物的名称或代号，分别滴上它们的血清少许。

(3) 将供血者的红细胞悬浮液吸取少量，滴到受血者的血清中(称为主侧配血，图 3－4)；将受血者的红细胞悬浮液吸取少量，滴入供血者的血清中(称为次侧配血)，混合。放置 10～30 min 后，肉眼观察有无凝集现象，肉眼不易分辨的用显微镜观察。如果 2 次交叉配血均无凝集反应，说明配血相合，能够输血。如果主侧发生凝集反应，说明配血不合，不论次侧配血如何都不能输血。如果仅次侧配血发生凝集反应，只有在紧急情况下才有可能考虑是否输血。

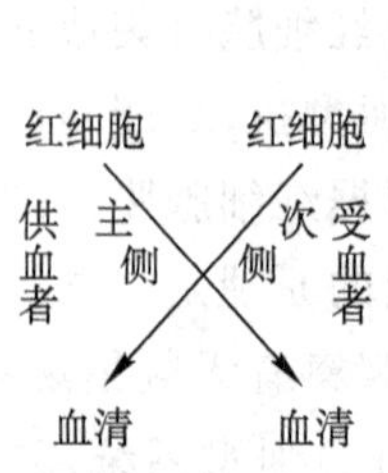

图 3－4 交叉配血实验示意图

[注意事项]

1. 指端、采血针和尖头滴管务必做好消毒准备。做到一人一针，不能混用。使用过的物品(包括竹签)均应放入污物桶，不得再到采血部位采血。

2. 经消毒部位自然风干后再采血，血液容易聚集成滴，便于取血。取血不宜过少，以免影响观察。

3. 采血后要迅速与标准血清混匀，以防血液凝固。

4. 在向 A、B 型血清圆圈内加受试者血液时不能将同一端玻璃棒在两侧标准血清中搅拌。

5. 在进行交叉配血实验时，一定要防止将主侧配血和次侧配血搞混了。

6. 在作出最后血型判断之前，勿使血清液滴干燥。必要时可滴加 1 滴生理盐水。

7. 在判断受试者血型时，至少要待 30 min 再作最后判断。

[思考题]

1. ABO 血型分类标准是什么?

2. 除了 ABO 血型外还有什么血型系统? 分类标准是什么?

3. 为什么在配血实验时，如果主侧发生凝集反应，不论次侧配血如何都不能输血?

第四章

循环生理

实验 4－1　蛙类心脏起搏点分析

［目的要求］

1. 掌握暴露蛙心的手术方法，熟悉其心脏的解剖结构，观察心脏各部分活动的顺序。
2. 利用结扎的方法观察蛙心的正常起搏点以及心脏的不同部位传导系统自动节律性的高低。

［实验原理］

心脏的特殊传导系统具有自动节律性，但各部分的自动节律性高低不同。哺乳动物窦房结的自律性最高，能自动产生节律性兴奋，并依次传到心房、房室交界区、心室，引起整个心脏兴奋和收缩，因此窦房结是主导整个心脏兴奋和搏动的正常部位，被称为正常起搏点；其他部位的自律组织因受窦房结的控制在正常情况下不表现自律性，仅起着兴奋传导作用，故称之为潜在起搏点。两栖类动物心脏的正常起搏点是静脉窦，心脏活动的顺序为静脉窦—心房—心室。

［实验动物］

蛙或蟾蜍。

［器材及药品］

解剖器械（手术剪、手术镊、手术刀、金冠剪、眼科剪、眼科镊）、探针、蛙板、蛙心夹、玻璃分针、乳头滴管、结扎线、任氏液等。

［方法及步骤］

1. 暴露蛙心

取一只蛙（或蟾蜍），破坏脑和脊髓后，用蛙钉将蛙仰卧固定于蛙板上，在胸骨剑突软骨下方向左右两侧肩关节方向将皮肤剪一个“V”形切口，用镊子轻轻提起胸骨的剑状软骨，剪断肌肉并插入体躯，沿皮肤切口剪开肌肉，剪断左右乌喙骨锁骨，即可看到心包内跳动着的心脏。然后用眼科镊夹起心包，用眼科剪小心剪开心包膜，暴露心脏。

2. 实验项目

（1）观察心脏结构，分清心脏的各部分。从心脏的腹面可看到一个心室，左右两个心房，以及动脉球（动脉圆锥）和左右主动脉分支，房室之间有一个房室沟；用玻璃分针将心室翻向头侧就可看到心房下端相连的静脉窦，心房和静脉窦之间有一个半月形白色条纹称为窦房沟（图 4－1）。

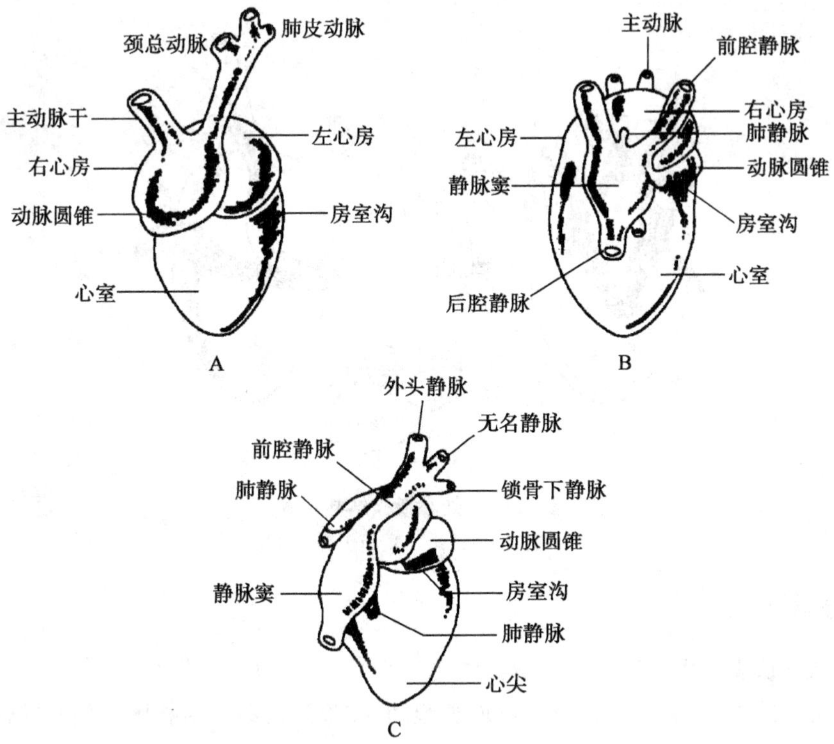

图 4－1　蛙心的解剖结构

A. 腹面　B. 背面　C. 右侧面

(2) 观察心脏的活动　观察静脉窦、心房、心室舒缩的顺序,并记录其每分钟搏动的次数。在整个观察过程中,随时要以任氏液湿润蛙心,以防干燥。

(3) 斯氏第一结扎　分离主动脉两分支的基部,用眼科镊在主动脉干下引一根细线。将蛙的心尖翻向头端,于静脉窦及心房交界处的白色条纹上进行结扎,以阻断静脉窦与心房之间的传导(图 4－2)。开始时慢慢拉,当线正确地落在条纹上时,再迅速拉紧线结。观察蛙心各部分节律有何变化,并记录各自的跳动频率。

此时如以大头针刺激心房和心室,则刺激一次收缩一次。等候一定时间(约 30～40 min)后,心房、心室又能恢复跳动,再分别记录心房、心室的复跳时间和蛙心各部分的搏动频率,比较结扎前后有何变化。

(4) 斯氏第二结扎　第一结扎完成后,再在心房、心室之间即房室沟处用线做第二结扎(见图 4－2)。结扎后,心室停止跳动,而静脉窦和心房继续跳动,记录其各自的跳动频率。经过较长时间的间歇后,心室又开始跳动,记录心室复跳时间和蛙心各部分跳动频率。

(5) 把上述结果记于表 4－1。

表 4－1　蛙类心脏起搏点分析结果

项目	静脉窦频率(次/min)	心房频率(次/min)	心室频率(次/min)	心房、心室复跳时间(min)
正常				
斯氏第一结扎				
斯氏第二结扎				

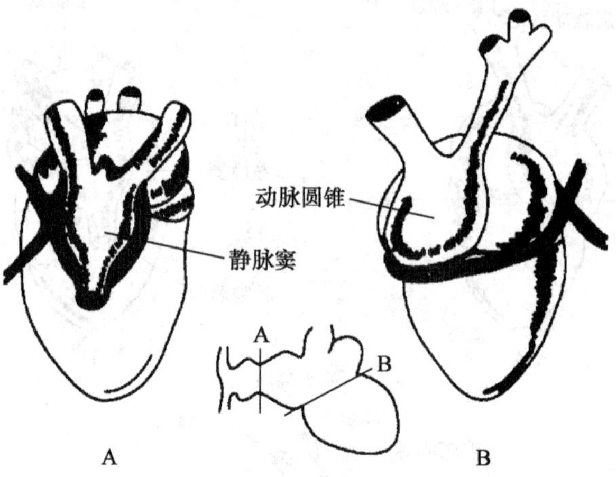

图 4-2 蛙心斯氏结扎位置
A. 斯氏第一结扎 B. 斯氏第二结扎

［注意事项］

1. 结扎前要认真识别心脏各个部分的结构特征。
2. 斯氏第一结扎后,若心脏长时间不恢复跳动,实施斯氏第二结扎则可使心脏恢复跳动。

［思考题］

1. 哺乳动物和两栖类动物心脏的自律性组织分别是什么?
2. 如何证明两栖类动物心脏的正常起搏点是静脉窦?
3. 斯氏第一结扎和第二结扎后,静脉窦、心房、心室的跳动频率分别有何变化,为什么?

实验 4-2 蛙类心搏曲线观察及期前收缩与代偿间歇

［目的要求］

1. 掌握蛙类心脏活动的描记方法。
2. 在心脏活动的不同时期给予刺激,观察心动周期中心脏兴奋性变化的规律以及心肌收缩的特点。

［实验原理］

心脏兴奋性变化的规律为有效不应期特别长,约相当于整个收缩期和舒张早期,在此期内给予心脏任何刺激都不能引起心肌兴奋和收缩。因此心脏不会像骨骼肌那样产生强直收缩,这对于心脏实现其泵血功能具有重要意义。但是在有效不应期之后,给予心脏单个的有效刺激,则心肌可产生一次比正常节律提前的兴奋及收缩,称为期前收缩。而由于期前收缩也有自己的有效不应期,当窦房结(两栖类动物的静脉窦)下传的正常节律兴奋传到心室肌时,正好落在期前收缩的有效不应期内,不能引起心脏兴奋及收缩,会出现一个较长的舒张期，称为代偿间歇（图 4－3）。

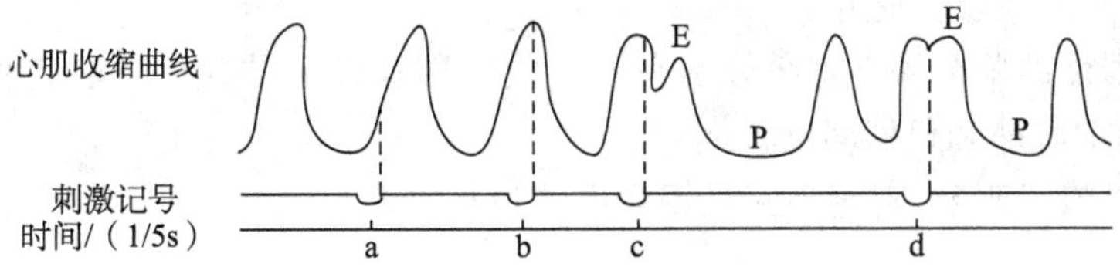

图 4－3　期前收缩与代偿间歇曲线

E. 期前收缩　P. 代偿间歇

a－b：刺激落在有效不应期无反应

c－d：刺激落在相对不应期产生期前收缩与代偿间歇

［实验动物］

蛙或蟾蜍。

［器材及药品］

生物信号采集处理系统、张力换能器、刺激输出线、双极刺激电极、解剖器械（手术剪、手术镊、手术刀、金冠剪、眼科剪、眼科镊）、探针、蛙板、蛙心夹、铁支架、双凹夹、玻璃分针、胶头滴管、结扎线、任氏液等。

［方法及步骤］

1. 暴露蛙心

取一只蛙（或蟾蜍），破坏脑和脊髓，仰卧固定于蛙板上，参照实验 4－1 暴露蛙心脏。

2. 连接实验装置

在心室舒张期用蛙心夹夹住心尖部，将系于蛙心夹上的线与张力换能器相连，调整蛙心夹连线，使其与地面及张力换能器均垂直。将张力换能器输出端与生物信号采集处理系统的输入通道连接。

将生物信号采集处理系统的刺激输出线与双极刺激电极相连，固定刺激电极，使心室处于两电极之间，且保证心室无论收缩或舒张时，均能与两极良好接触，不影响心脏活动（图 4－4）。

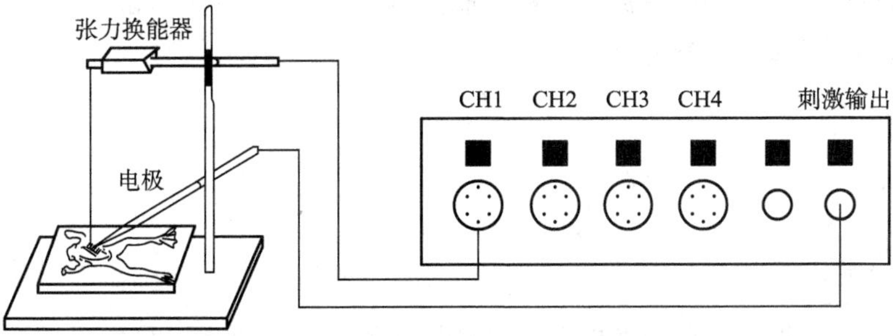

图 4－4　生物信号采集处理系统记录蛙心收缩装置

3. 实验项目

（1）描记正常心搏曲线　打开计算机，启动生物信号采集处理系统，设置实验环境，点击“记录”键，此时可在屏幕上观察到正常的心搏曲线。曲线向上表示心室收缩，向下表示舒张。调节横向缩放与纵向缩放，使波形适中。

(2) 用中等强度的单个阈上刺激分别在心室收缩期和舒张早、中、晚期刺激心脏，观察心脏反应，是否出现期前收缩和代偿间歇。

(3) 给心脏以连续刺激，观察心脏是否会出现强直收缩。

[注意事项]

1. 用蛙心夹夹心尖部时应适度，做到既不能夹破心脏，又不易滑脱。
2. 实验期间，经常以任氏液湿润心脏，防止其干燥。
3. 张力换能器与蛙心夹之间的细线应有适当紧张度，张力过大或过小均会影响收缩曲线。

[思考题]

1. 分析期前收缩与代偿间歇现象产生的原理。
2. 分别在心室收缩期和舒张早、中、晚期给心脏单个阈上刺激，能否出现期前收缩，为什么？
3. 期前收缩后是否一定会出现代偿间歇，为什么？
4. 心肌有效不应期较长有何生理意义？

实验 4-3 离体蛙心灌流

[目的要求]

1. 掌握蛙类离体心脏灌流方法。
2. 观察 Na^+、K^+、Ca^{2+}、H^+、肾上腺素、乙酰胆碱等因素对心脏活动的影响。

[实验原理]

心脏有自动节律性收缩的特性，蛙心离体后，若用接近于血浆的任氏液灌流，保持心脏活动的适宜环境，在一定时间内，仍能产生自动的有节律的舒缩活动。但当改变灌流液的理化性质时，心脏的活动也会随之改变，说明内环境理化因素的相对稳定是维持心脏正常节律性活动的必要条件。因此，可通过改变心脏灌流液的理化成分，如 Na^+、K^+、Ca^{2+}、酸、碱以及肾上腺素和乙酰胆碱等，观察其对心脏活动的影响。

[实验动物]

蛙或蟾蜍。

[器材及药品]

生物信号采集处理系统、张力换能器、解剖器械（手术剪、手术镊、手术刀、金冠剪、眼科剪、眼科镊）、探针、蛙板、蛙心插管、蛙心插管夹、蛙心夹、双凹夹、万能支架、玻璃分针、胶头滴管、恒温水浴箱、温度计、结扎线、任氏液、0.4%肝素—任氏液、2% NaCl、2% $CaCl_2$、1% KCl、2.5% $NaHCO_3$、3%乳酸、0.01%肾上腺素、0.01%乙酰胆碱等。

［方法及步骤］

1. 离体蛙心标本制备(斯氏蛙心插管法)

(1) 取一只蛙(或蟾蜍),破坏其脑和脊髓,仰卧固定于蛙板上,参照实验 4－1 暴露蛙心脏。

(2) 在右主动脉下方穿一条线并结扎,用玻璃分针将心尖向上翻转,在心脏背侧找到静脉窦,分离后腔静脉,用备用线在静脉窦以外的地方做 1 个结扎(切勿扎住静脉窦),以阻止血液继续回流心脏。

(3) 在左主动脉下方穿两条线,一条在左主动脉远心端结扎同时作插管时牵引用,另一条在动脉球上方打一个活结备用(用以结扎和固定套管)。左手提起左主动脉上方的结扎线,右手持眼科剪在左主动脉根部(动脉球前端)沿向心方向剪一个斜口,将盛有少许 0.4%肝素—任氏液的蛙心插管由此开口处轻轻插入动脉球。当插管尖端到达动脉球基部时,应将插管稍向后退(因主动脉内有螺旋瓣会阻碍插管前进),并使插管尖端向动脉球的背部后方及心尖方向推进,在心室收缩时经主动脉瓣进入心室。注意插管不可插得过深,以免插管下口被心室壁堵住。若插管中任氏液面随心室的收缩而上下波动,则表明套管进入心室,可将动脉球上已准备好的松结扎紧,并固定于插管侧面的钩上,以免蛙心插管滑出心室。

(4) 剪断结扎线上方的血管,轻轻提起插管和心脏,在左右肺静脉和前后腔静脉下引一条细线并结扎,于结扎线外侧剪去所有相连的组织则得到离体蛙心。此步操作中应注意静脉窦不受损伤,并与心脏联结良好。最后,用任氏液反复换洗套管内的任氏液,直到插管中无残留血液为止,保持液面高度为 1～2 cm。至此离体蛙心标本制备完成(图 4－5)。

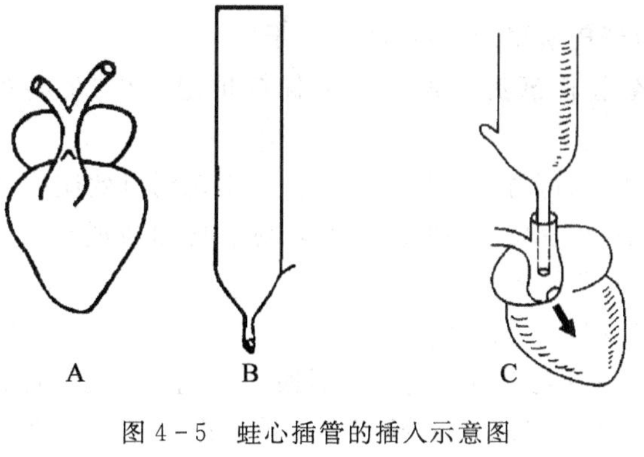

图 4－5 蛙心插管的插入示意图

A. 心脏主动脉上剪口 B. 蛙心插管 C. 插管插入心脏

2. 连接实验装置

将蛙心插管固定于支架上,将连有细线的蛙心夹在心脏舒张时夹住心尖部,并将细线以适宜的紧张度通过滑轮与张力换能器相连(图 4－6)。将张力换能器输出端与生物信号采集处理系统的输入通道连接。

3. 实验项目

(1) 记录正常心搏曲线 打开计算机,启动生物信号采集处理系统,设置实验环境,注意观察心搏频率和心室收缩舒张幅度。在记录状态下，用鼠标左键在其波形上选择两点，确定测量区域，则系统将自动在数据板中给出相应参数值。

(2) Na^{+}的作用 将4～5滴2%NaCl溶液加入灌流液中，观察记录心搏曲线变化。

(3) Ca^{2+}的作用 将1～2滴2%$CaCl_2$溶液加入灌流液中，观察记录心搏曲线变化。

(4) K^{+}的作用 将1～2滴1%KCl溶液加入灌流液中，观察记录心搏曲线变化。

(5) 肾上腺素的作用 将1～2滴0.01%肾上腺素加入灌流液中，观察记录心搏曲线变化。

(6) 乙酰胆碱的作用 将1～2滴0.01%乙酰胆碱加入灌流液中，观察记录心搏曲线变化。

(7) 酸的作用 将1～2滴3%乳酸加入灌流液中，观察记录心搏曲线变化。

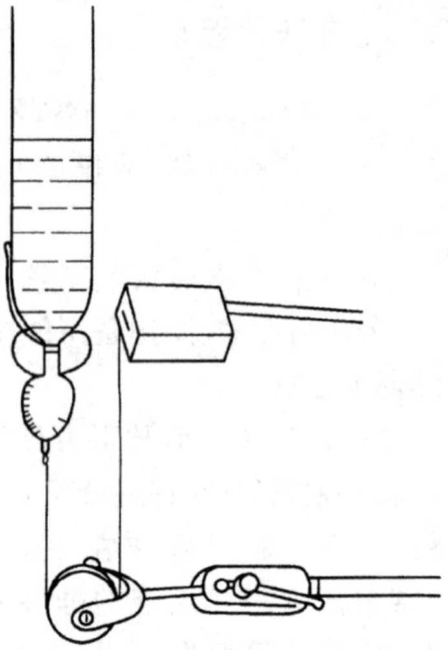

图4-6 离体蛙心灌流实验装置

(8) 碱的影响 将1～2滴2.5%$NaHCO_3$加入灌流液中，观察记录心搏曲线变化。

(9) 温度的作用 将插管内的灌流液吸出，加入4℃任氏液，观察记录心搏曲线变化。

每项有变化出现时应立即以等量任氏液换洗数次，至心跳曲线恢复正常。

[注意事项]

1. 制备离体心脏标本时，切勿伤及静脉窦。插管时要特别小心，应逐渐试探插入，以免损伤心肌。

2. 实验期间，经常以任氏液湿润心脏，防止其干燥。

3. 在实验过程中，套管内灌流液面高度应保持恒定；仪器的各种参数一经调好，应不再变动。

4. 给药后若效果不明显，可再适当增加药量。当出现明显效应后，应立即吸出全部灌流液。

5. 每一个观察项目都应先描记一段正常曲线，然后再加药观察记录结果。加药时应及时在心搏曲线上予以标记，以便观察分析。

6. 各种滴管应分开使用，不可混用。

7. 标本制备好后，若心脏功能状态不好（不搏动），可向插管内滴加1～2滴2% $CaCl_2$或0.01%肾上腺素，以促进心脏搏动。在实验程序安排上也可考虑促进和抑制心脏搏动的药物交换使用。

[思考题]

1. 为什么常用两栖类动物做离体心脏灌流，而不用哺乳类动物离体心脏？

2. 根据心肌生理特性分析Na^{+}、K^{+}、Ca^{2+}、酸、碱以及肾上腺素和乙酰胆碱对心肌活动的影响及其机制。

3. 机体酸中毒时，心肌功能有什么变化？

4. 临床上静脉注射钙剂、钾盐时为什么必须缓慢滴注？

实验 4-4　蛙肠系膜血流观察

[目的要求]

利用显微镜或图像分析系统观察蛙肠系膜微循环内动脉、静脉及毛细血管中血液流动状况，了解微循环各组成部分的结构和血流特点。

[实验原理]

微循环是指微动脉和微静脉之间的血液循环。包括微动脉、后微动脉、毛细血管前括约肌、真毛细血管网、微静脉以及通血毛细血管和动—静脉吻合支。

蛙类的肠系膜很薄，易于透光，在显微镜下或利用图像分析系统可以观察微循环血流状态、微血管的舒缩活动以及不同因素对微循环的影响。

显微镜下观察可见，小动脉、微动脉管壁厚，管腔内径小，血流速度快，血流方向是由主干流向分支，并随心脏的舒缩出现波动，红细胞呈现轴流现象；小静脉、微静脉管壁薄，管腔内径大，血流速度慢，无轴流现象，血流方向是由分支汇合成主干；而毛细血管管径最细，近乎无色，仅允许单个血细胞通过。

[实验动物]

蛙或蟾蜍。

[器材及药品]

显微镜或计算机微循环血流（图像）分析系统、解剖器械（手术剪、手术镊、手术刀、金冠剪、眼科剪、眼科镊）、有孔蛙板、大头针、胶头滴管、20%氨基甲酸乙酯溶液、0.01%肾上腺素溶液、0.01%组织胺、任氏液。

[方法及步骤]

1. 实验准备

取蛙（或蟾蜍）1 只，称重，按每 g 体重 2 mg 剂量，以 20%氨基甲酸乙酯溶液进行皮下淋巴囊注射麻醉，10～15 min 蛙（或蟾蜍）进入麻醉状态。

将蛙（或蟾蜍）固定于蛙板上（背位或腹位），在腹部旁侧做 1 个纵向切口，拉出一段小肠，将一片肠系膜展开，小心覆于蛙板孔上，用大头针将肠襻固定。然后在肠系膜上滴 1 滴任氏液，以免干燥。

将蛙板放于显微镜的载物台上，使置有肠系膜的蛙板孔对准物镜，然后进行观察（图 4-7）。

2. 实验项目

（1）在低倍镜下，分辨动脉、微动脉、静脉、微静脉和毛细血管（图 4-8），观察血管壁厚薄、口径粗细、血流方向和血流速度有何特征。图像经摄像头进入计算机微循环血流（图像）分析系统，对微循环血流做进一步分析。

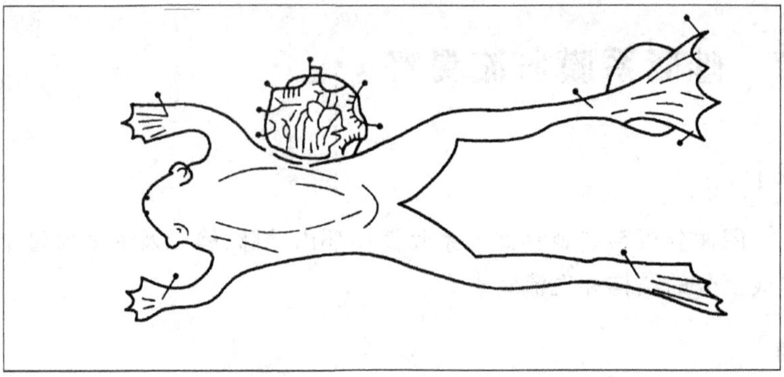

图 4-7 蛙肠系膜固定方法

(2) 用小镊子给肠系膜血管以轻微的机械刺激,此时血管口径及血流有何变化

(3) 用一小片滤纸小心地将肠系膜上的任氏液吸干,再于其上加一滴 0.01% 肾上腺素,观察血管有何变化?出现变化后立即用任氏液冲洗。

(4) 血流恢复正常后,滴加两滴 0.01% 组织胺于肠系膜上,观察血管口径及血流的变化。

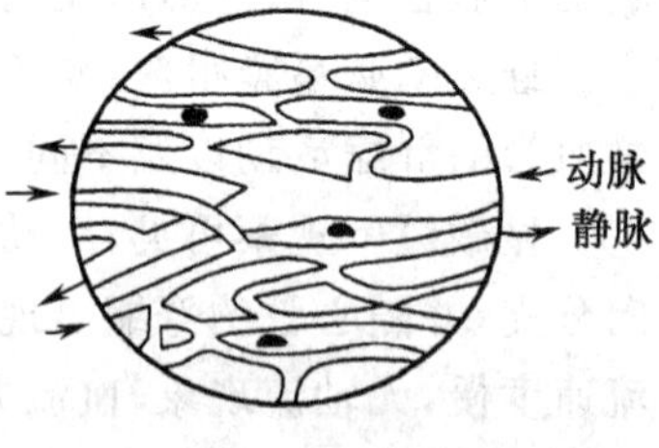

图 4-8 蛙肠系膜微循环观察

[注意事项]

1. 肠系膜要展平,不能扭转,也不能拉得太紧;手术过程中要避免出血,以免影响血液流动。
2. 为防止肠系膜干燥,实验过程中需不断滴加任氏液。

[思考题]

1. 显微镜下如何区分小动脉、小静脉和毛细血管?各种血管内血流有何特点?
2. 机械性刺激、肾上腺素和组织胺对微循环有何影响,为什么?

实验 4-5 蛙类心脏的神经支配

[目的要求]

1. 了解蛙类心脏的神经支配。
2. 观察迷走交感神经干对心脏活动的影响。

[实验原理]

蛙类的心脏受迷走神经和交感神经的双重支配。迷走神经和颈交感神经混合成一个神经干,称迷走交感神经干。在正常情况下,迷走神经兴奋时,心脏搏动减弱;交感神经兴奋时,心脏搏动增强。由于迷走神经的兴奋性较高,因而低频低强度电刺激迷走交感神经干时,多产生迷走效应;高频高强度刺激时,易产生交感效应;中等频率和强度的刺激,往往表现为先迷走后交感的双重效应。若在心脏处滴加阿托品,可封闭迷走神经对心脏的影响,而表现为单纯的交感效应。

[实验动物]

蛙或蟾蜍。

[器材及药品]

生物信号采集处理系统、张力换能器、刺激输出线、保护电极、解剖器械(手术剪、手术镊、手术刀、金冠剪、眼科剪、眼科镊)、探针、蛙板、蛙心夹、铁支架、双凹夹、玻璃分针、乳头滴管、结扎线、任氏液、1%阿托品等。

[方法及步骤]

1. 分离迷走交感神经干

取一只蛙(或蟾蜍),破坏其脑和脊髓,仰卧固定于蛙板上。在一侧下颌角与前肢之间剪开皮肤,分离深部的结缔组织后,可以看到一条长形的提肩肌,切断此肌即能看到一血管神经束,其中含有皮动脉、颈静脉和迷走交感神经干,该神经干中包含出入延髓的迷走神经和从第四交感神经节发出的交感神经。分开血管神经束,在迷走交感神经干下穿线备用。

2. 暴露蛙心

参照实验 4－1 暴露蛙心脏。

3. 连接实验装置

在心室舒张期用蛙心夹夹住心尖部,将系于蛙心夹上的线与张力换能器相连,调整蛙心夹连线,使其与地面及张力换能器均垂直。将张力换能器输出端与生物信号采集处理系统的输入通道连接(参照实验 4－2)。

4. 实验项目

(1) 描记正常心搏曲线　打开计算机,启动生物信号采集处理系统,设置实验环境,观察正常的心搏曲线(参照实验 4－2)。

(2) 用低频低强度电刺激迷走交感神经干,观察和记录心搏活动的变化;再用中等频率和强度的电刺激,观察和记录心搏活动的变化;最后用高频高强度电刺激,观察和记录心搏活动的变化。

(3) 在静脉窦和心房部位滴加 1%阿托品溶液 2～3 滴,5 min 后,再用原刺激强度刺激神经干,观察并记录心搏活动的变化。

[注意事项]

1. 神经周围的组织液需用棉球吸干,以防短路或电流扩散。
2. 每次刺激的时间不能过长,两次刺激之间必须间隔 3～5 min,以防损伤神经。
3. 实验过程中需常用任氏液湿润神经和心脏,以防组织干燥而失去生理机能。

[思考题]

1. 低频低强度电刺激刺激迷走交感神经干时,为什么只显示出迷走效应?在心脏滴加阿托品后再刺激,心搏为什么发生改变?
2. 怎样检验单纯的迷走效应和单纯的交感效应?

实验4-6 交感神经对兔耳血管分布的影响

[目的要求]

了解交感神经对兔耳小动脉管壁平滑肌的作用。

[实验原理]

交感神经中枢经常处于紧张性活动中，其紧张性冲动可通过交感神经传到血管平滑肌，引起血管收缩。如果切断交感神经，则其所支配的血管显著扩张（图4-9）。

[实验动物]

家兔。

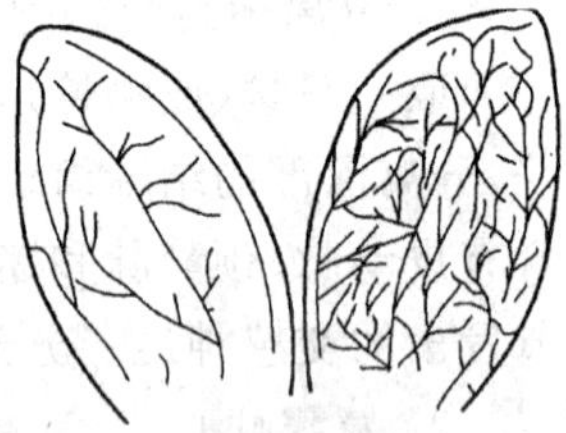

图4-9 兔耳血管的反应

A. 刺激交感神经时的兔耳血管

B. 切断交感神经后的兔耳血管

[器材及药品]

生物信号采集处理系统、刺激输出线、保护电极、解剖器械（手术剪、手术镊、手术刀、眼科剪、眼科镊）、兔手术台、结扎线、0.01%肾上腺素。

[方法及步骤]

1. 实验准备

将兔仰卧固定于手术台上，剪去颈部及耳部被毛。在非麻醉状态下，自颈部正中线纵行切开皮肤，钝性分离颈部肌肉，暴露气管。分离气管一侧交感神经，在其下方穿线备用。手术完毕后将兔松开，经15～20 min后进行实验观察。

2. 连接实验装置

将保护电极与生物信号采集处理系统的刺激输出线连接。

3. 实验项目

(1) 在光亮处比较两耳血管的粗细，并用手触摸其温度有无差别。

(2) 结扎一侧交感神经，并在近中端将其切断，比较两耳血管粗细有何变化，用手触摸其温度有无差异，并解释原因。

(3) 用中等强度的电刺激刺激已切断的交感神经外周端，观察同侧兔耳小动脉有何变化。

(4) 静脉注射0.01%肾上腺素0.2～0.3 mL，观察两侧兔耳血管有何变化。

[思考题]

1. 切断一侧交感神经后，两耳血管、耳温有何变化，为什么？
2. 电刺激交感神经外周端，同侧兔耳小动脉有何变化，为什么？
3. 注射肾上腺素后，两侧兔耳血管有何变化，为什么？

[注意事项]

1. 进行每项实验时，应注意控制实验室温度。

2. 进行每一实验项目前，应有对照。

实验 4－7　蛙心容积导体与心电描记

[目的要求]

了解容积导体的概念，观察心脏位置对心电波形的影响，掌握心电记录的方法。

[实验原理]

凡是具有一定体积的整块导电体，均称为“容积导体”，这个导体的导电方式在电学上叫做“容积导电”。心脏活动所产生的变化之所以能从机体表面记录出来，是因为心脏周围组织和体液含有大量电解质，具有一定的导电性能。因此，可以说人体和动物体也是一个容积导体。这个导体可将心电传导到体表面，所以把引导电极置于体表的不同部位，可通过心电图机记录到心脏活动所产生的周期性变化。本实验就是要验证心电的容积导电原理。在动物进化过程中，虽然心脏的结构和功能不断变化，逐渐完善，但心肌细胞的基本电活动却大同小异。动物的心电图与人的心电图相似，基本包括 P 波、QRS 波群和 T 波。但由于某些动物(如鳝鱼、乌龟等)心电活动的电压偏低，在Ⅰ导联上常常描记不出明显的波形。另外，在一些动物心电图的 QRS 波群中，Q 波较小或缺失。在变温动物中，心率受温度或其他方面的影响较大。

[实验动物]

蟾蜍或蛙。

[器材及药品]

生物信号采集处理系统、心电测量线、手术器械、探针、培养皿、烧杯、大头针、蛙板、任氏液。

[方法与步骤]

1. 取蟾蜍一只，捣毁脑和脊髓后，用大头针将其背位固定于蛙板上，暴露心脏。

2. 开启计算机，进入生物信号采集处理系统，将心电测量线的插头接放大器面板的输入通道 3 或 1(第 3 或第 1 通道记录)。设定参数：

显示模式：连续记录；输入方式：AC；放大倍数：1 000～2 000 倍；采样间隔：1 ms，滤波：低通滤波(选上限 40 Hz)；通道采样内容设为“心电”。

3. 模拟标准导联Ⅱ，将心电测量线上的鳄鱼夹夹到固定蛙四肢的大头针上(将大头针作为引导心电的肢体电极)，右后肢接地(黑线)，右前肢接负输入极导线(红线)，左后肢接正输入极导线(绿线)，如图 4－10 所示。

4. 调整放大倍数及 X、Y 轴压缩、扩展比，待曲线合适后，进入“写盘”状态，观察正常心电波形。需要打标记时点击“标记”按钮逐一添加即可。注意其主波的方向及每一个心动周期出现的心电次数以及每次心电波形是否相同。

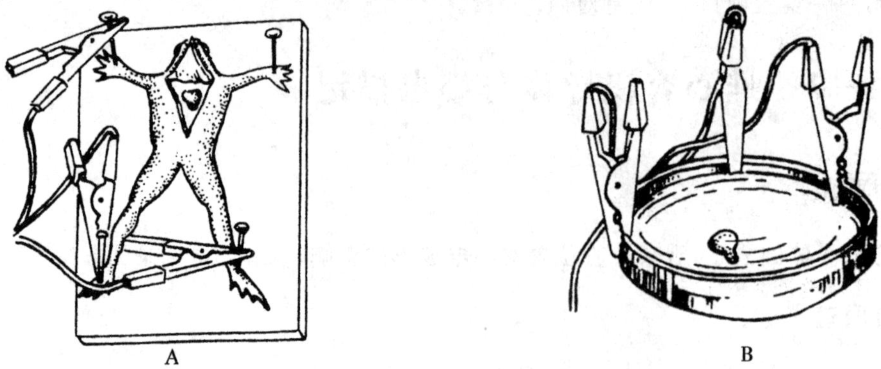

图 4-10 蛙心电及离体蛙心容积导体心电描记(黄敏,2002)
A. 蛙心电引导法 B. 心电容积导体引导法

5. 将蛙心连同静脉窦一同快速剪下,放入盛有任氏液的培养皿中,观察体表心电图是否仍然存在。

6. 从培养皿中取出蛙心立即放回蛙心原来位置,观察是否又出现心电图。再将蛙心倒放,即心尖朝向头端,心电方波方向是否改变。

7. 将心脏位置复原后,改变肢体电极输入导联方式(如模拟标准导联Ⅰ:左前肢接正输入极导线,右前肢接负输入极导线,右后肢接地),观察是否出现心电图,并注意其波形和波幅是否有改变。

8. 取下鳄鱼夹,按顺序夹住盛有任氏液的培养皿边缘,并使鳄鱼夹接触到皿中任氏液。将蛙心放入培养皿中部,观察此时是否有心电波形出现。改变蛙心位置,观察心电波形发生什么变化(图 4-10)。

9. 采样结束按"停止"键,将文件换名存盘,并对结果进行观察测量、编辑,打印输出结果。

[注意事项]

1. 剪取心脏时,勿伤及静脉窦,且动作迅速以免心脏损伤过大。

2. 用鳄鱼夹夹住培养皿边缘时,可垫一点脱脂棉,既避免滑脱,又利于良好接触任氏液。

3. 换导联方式时应重新调节显速、增益等。

4. 培养皿内任氏液不宜太多,以防止心脏随心搏漂移。

5. 蛙板、仪器应良好接地,导线不要互相缠绕以避免干扰。

[注意事项]

1. 如果按上述方法连接出现干扰,则可将左前肢也与心电图机左前肢导线连接起来,以克服干扰。

2. 培养皿中的任氏液温度最好保持在 30℃左右。

3. 与心电测量线上的鳄鱼夹相连的蛙钉不能刺入肌肉内,以防肌电干扰。

[思考题]

1. 各项实验结果分别说明了什么问题?
2. 比较心肌细胞动作电位各期与心电图各波及间期的对应关系。
3. 心电图在临床诊断中有什么作用?

实验 4-8 几种动物的心电图描记

[目的要求]

学习描记几种动物心电图的方法。熟悉各类动物正常心电图的波形,并了解其生理意义。

[实验原理]

心肌在兴奋时首先出现电位变化,并且已兴奋部位和未兴奋部位的细胞膜表面存在着电位差,当兴奋在心脏传导时,这种电位变化可通过心肌周围的组织和体液等容积导体传至体表。将测量电极放在体表规定的两点即可记录到由心脏电活动所致的综合性电位变化。该电位变化的曲线称为心电图。

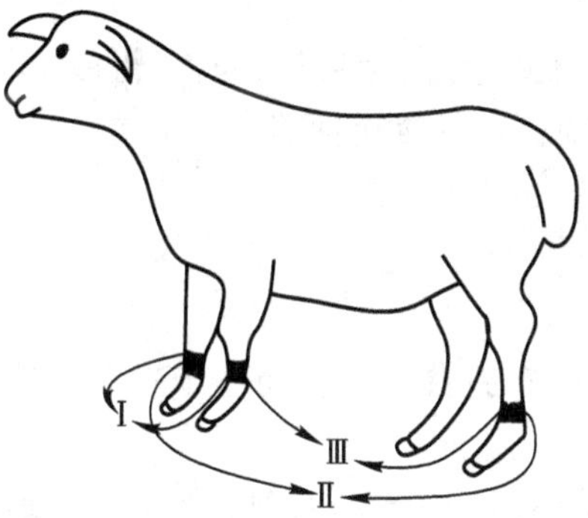

图 4-11 羊标Ⅰ、Ⅱ、Ⅲ心电导联图

体表两记录点间的连线称导联轴,心电图是心电向量在相应的导联轴上的投影。心电图波形的大小与导联轴的方向有关,与心脏的舒缩活动无直接关系。导联的选择有 3 种:①标准的肢体导联,是身体两点间的电位差,简称标Ⅰ(左、右前肢间,左正右负)、Ⅱ(右前肢,左后肢,左正右负)、Ⅲ(左前后肢,前负后正)导联(图 4-11);②单极加压导联,左、右前肢及左后肢 3 个肢体导联上各串联一个 5 kΩ的电阻,共接于中心站,此中心站的电位为 0,以此作为参考电极。另一个电极分别置于左、右前肢和左后肢,分别称为 aVR(右前肢)、aVL(左前肢)、aVF(左后肢);③单极胸导联,仍以上述的中心电站为参考电极,探测电极置于胸前。常规的有 V1~V6 共 6 个部位。

当心脏的兴奋自窦房结(或静脉窦)产生后,沿心房扩布时在心电图上表现为"P"波;兴奋继续沿房室束浦肯野纤维向整个心室扩布,则在心电图上出现"QRS"波群,此后整个心室处于去极化状态没有电位差,然后当心脏开始复极化时,产生"T"波,见图 4-12。

心电图是心脏电变化的客观反应,在心搏起点的分析、传导功能的判断、房室肥大以及心肌损伤等诊断上具有很大价值。

[实验动物]

鳝鱼、蟾蜍、乌龟、家鸽(禽)、家兔、羊等。

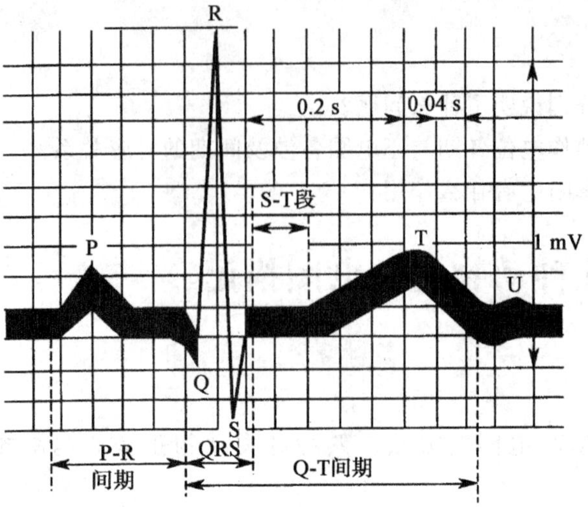

图 4-12 正常体表心电图

[器材及药品]

生物信号采集处理系统、动物手术台或保定架、剪毛剪、心电测量线、大头针、蛙板、粗砂纸、记录针形电极(或注射针头)、棉花、纱布、分规、橡皮垫、药棉、乙醚、10%氯化钠等。

[方法及步骤]

1. 动物的保定与电极的安放

(1) 鳝鱼 将体表的黏液用纱布擦去,置于用粗砂纸铺垫的实验台上。动物由于失去了体表的黏液,又被置于粗糙的表面上而丧失运动能力。

以 4 个针形电极刺入鳝鱼两侧中线皮下,其部位约在心脏的上下 5 cm 的两侧侧线上。距离愈远,电压愈低。如欲描记胸前导联心电图,可把电极插入心尖部皮下。

(2) 蟾蜍 将动物背位固定于蛙板上。开始时出现挣扎,故在固定后需安静 20 min 左右方可进行描记。

用针形电极刺入蟾蜍四肢皮下。描记胸前导联时,可将电极刺入心尖部皮下。

(3) 乌龟 将乌龟背位放置于实验台的棉垫上,即可描记清醒状态下的心电图。但由于乌龟在安静情况下,头部和四肢易于自发运动而出现肌电干扰,故在每次描记之前,需轻度刺激腹甲,以保证在安静情况下进行心电图描记。

以针形电极自前肢肩部皮肤和后肢腋前部皮肤刺入皮下。

(4) 鸽(家禽) 将鸽子背位放置于解剖台上,用单夹型鸟头固定器固定其头部,用缚带将两肢固定于解剖台的侧柱上,对两翼和后肢进行剪毛、消毒。

取两个针形电极分别插入左右两翼相当于肩部的皮下,两后肢的电极则需插入股部外侧皮下,切勿插入蹠部。胸前导联电极安放顺序如下:以胸前龙骨突正中线最顶端的上缘向下 1.5 cm 处为起点,由起点向左侧外侧 1.5 cm 处为 V_1;V_1再向外侧 1.5 cm 为 V_3。根据鸟类的心脏胸骨面几乎全部为右心室外壁的解剖特点,V_5应在左翼的腋后线外下部 1.5 cm 处。以针形电极分别插入以上各点的皮下,可得到 V_1、V_3、V_5的心电图。

(5) 家兔 将清醒家兔背位固定于解剖台上，底下垫以橡皮毯以排除干扰，常规固定其头部和 4 肢，但需拉紧缚带。对 4 肢进行剪毛、消毒。

前肢两针形电极分别插入肘关节上部的前臂皮下，后肢两针形电极分别插入膝关节上部的大腿皮下。动物在开始固定时会出现较大的挣扎，通常需安静 20 min 左右方可进行心电图描记。胸前导联可参照人的相应部位安放，即 V_1：胸骨右缘第 4 肋间；V_2：胸骨左缘第 4 肋间；V_3：V_2与 V_4连线的中点；V_4：左锁骨中线与第 5 肋间之中点；V_5：左腋前线与 V_4同一水平；V_6：左腋中线与 V_4同一水平。

(6) 羊 预先训练羊，使其在实验期间能保持安静站立。4 个电极分别装于四肢的掌部和跗部(图 4－11)。在装电极前，先将该部分的毛剃去，用乙醚棉球擦拭后，涂上导电糊(或覆盖一浸透 10% NaCl 溶液的棉花)，然后将电极扎紧并连导线。待动物安静 20 min 后，即可测定心电图。

2. 仪器连接

(1) 心电图机描记

① 安装导联电极：用 5 种不同颜色的导联线插头分别与动物体的相应部位的针形电极连接。前肢：左黄、右红(鸡两翼的两电极相当于上肢部位，亦为左黄、右红)；后肢：左绿、右黑；胸前为白。

② 确定走纸速度：一般为 25 $mm \cdot s^{-1}$。但某些动物心率过快时(如兔、鼠、鸡等)，可将走纸变速开关调至 50 $mm \cdot s^{-1}$。

③ 定标：重复按动 1 mV 定标电压按钮，使描记笔向下移动 10 mm，记录标准电压曲线。

④ 记录心电图：旋动导联选择开关，依次记录Ⅰ、Ⅱ、Ⅲ、aVR、aVL 和 aVF 6 个导联的心电图。

⑤ 测量Ⅱ导联 P 波、QPS 波群、T 波群和 P－Q 间期、Q－T 间期，心脏活动每一个心动周期的记录正好是心电图的 5 个波形。

(2) 使用生物信号采集处理系统进行描记，具体操作步骤如下：

① 安装导联电极：方法同上。

② 心电图波形观察与描记：打开微机，点击开始/程序/打开生物信号采集处理系统—点击菜单栏/实验/常用生理实验/动物心电容积导体，开动导联转换器，以基本导联Ⅰ、Ⅱ、Ⅲ、V 依次观察并记录心电图。

③ 实验参数配置：参考附录八。

[注意事项]

1. 在清醒动物上进行心电图描记必须保证动物处于安静状态，否则动物挣扎，肌电干扰极大。应在固定动物后稳定一定时间再进行描记心电图。

2. 针形电极与导线应紧密连接，防止因出现松动产生 50 Hz 干扰波。

3. 在每次变换导联时必须先切断输入开关，然后再开启。每换一次导联，均须观察基线是否平稳及有无干扰，如有干扰，须调整或排除后再作记录。

4. 描记心电图时，应尽量使动物保持安静，电极要紧贴皮肤，防止记录过程中电极脱落。

5. 仪器使用完毕后，应擦净并将各操作钮恢复原位，最后切断电源。

[思考题]

1. 正常心电图有哪三个波和哪两个间期？它们各表示什么生理意义？
2. 为什么不同导联引导出来的心电图波形有所不同？
3. 为什么正常心电图中 T 波方向和 QRS 波群主波方向一致？
4. 试述心室肌细胞动作电位与心电图的 QRST 波的时间关系。

附：几种动物的心电图（图 4－13）

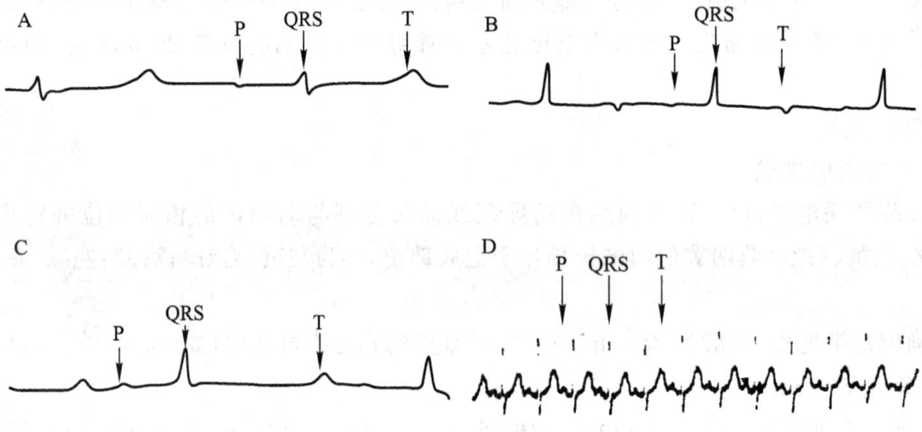

图 4－13　4 种动物的心电图（Ⅱ导）

A. 鳝鱼（1 mv＝20 mm）　B. 蟾蜍（1 mv＝10 mm）；

C. 乌龟（1 mv＝20 mm）　D. 家兔（1 mv＝10 mm）

附：心电图机

1. 心电图机的基本结构　心电图机的型号繁多、样式各异，但基本结构大同小异，有 3 个主要部件。

（1）电流计　最重要的部件，可以反映心脏不断变化的电流。

（2）放大器　可把心脏的微弱电流加以放大，再引入电流计，以便记录或观察。

（3）记录装置　一般采用热笔直接描记或其他记录装置，可将电流计中测出的电流在心电图纸上记录出来。

2. 心电图的主要控制旋钮及其作用

（1）导联选择开关　作为选择导联用。一般有 O、Ⅰ、Ⅱ、Ⅲ、αVR、αVL、αVF、V 等 8 个位置。使用前后此开关应置于“O”位。

（2）记录开关　一般分为三挡：“准备”、“观察”和“记录”。在“准备”位时，热笔电源切断，放大器输入封闭，热笔不偏转。在“观察”位时，热笔接通电源，放大器开放，热笔偏转。在“记录”位时，开始走纸。使用前后及变换导联时，应置于“准备”位。

（3）灵敏度（增益）调节钮　作为调节放大倍数用，一般顺时针旋转为增加。在实验中，调节适当后不宜再行转动。

（4）定标电压钮　按压此钮可得到方形标准电压。

(5) 衰减开关　分"1"和"1/2"两挡。按下"1/2"挡时，灵敏度减小一半，一般将"1"挡按下。如心电图形电压过大，可按下"1/2"挡，但需再记录定标电压，1 mV 偏转 5 mm。

(6) 走纸变速开关　一般有 25 $mm \cdot s^{-1}$ 和 50 $mm \cdot s^{-1}$ 2 挡。常规走纸速度为 25 $mm \cdot s^{-1}$。

(7) 基线调节钮　旋动此钮时，基线上、下移动，可将描笔置于中间位置。

(8) 热笔温度调节　可调节热笔的温度，一般顺时针转动使温度升高。

(9) 地线插孔　供机器接地使用。地线可接至专用地线或自来水管上，但必须接触良好，否则不仅会产生严重干扰，甚至会影响人身安全。

附：心电图的基本测量法

1. 心电图纸　目前国内通用的心电图纸有黑色和红色两种，其上涂有遇热熔化的白色化学浆，在热笔尖接触的地方即描记出黑色或红色的图形。心电图纸上有水平线和垂直线划成的大、小方格，细线小方格每边为 1 mm，粗线大方格每边为 5 mm，用以计算心电图波形的时间和波幅电压的大小。垂直线之间的距离代表时间，水平线之间的距离代表电压(图 4－14)。

(1) 时间标准　心电图机的走纸速度有两种，25 $mm \cdot s^{-1}$ 与 50 $mm \cdot s^{-1}$。其常规速度为 25 $mm \cdot s^{-1}$，故每小格为 0.04 s，每大格为 0.2 s。

(2) 电压标准　一般情况下，在记录心电图之前需外加一个定标电压，把这个定标电压调节为 1 mV＝10 mm(10 小格)，即 1 mm＝0.1 mV。有时因为心电图电压太低，所以有目的把定标电压调节为 1 mV＝20 mm。反之，心电图电压过高，可调节为 1 mV＝5 mm。在测量心电图时，应注意心电图上定标电压的标准，并按此折算。

2. 各波振幅与时间的测量

(1) 振幅　测量某波的高度，即电压的大小，如为向上的波，其高度应从等电线(基线)的上缘垂直量到波的顶点(图 4－15A)；而向下波形的深度，则应从等电线下缘垂直地量到波的最低处(图 4－15B)。

(2) 时间　向上波形的时间，应从等电线的下缘开始上升处量到终点(图 4－15C)，而向下的波，则应从等电线上缘开始下降处量到终点(图 4－15D)。

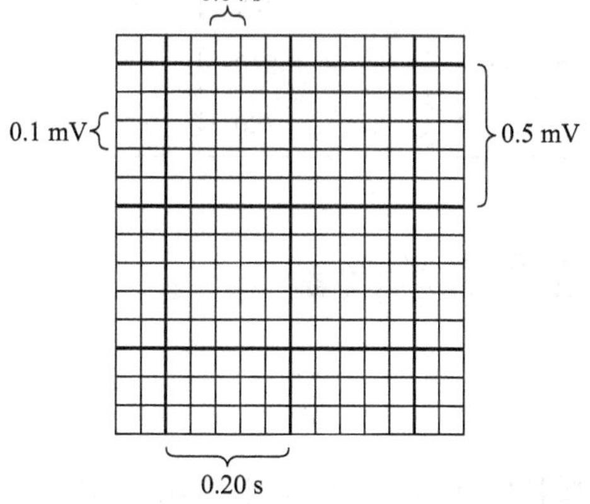

图 4－14　心电图纸纵横线的含义图解

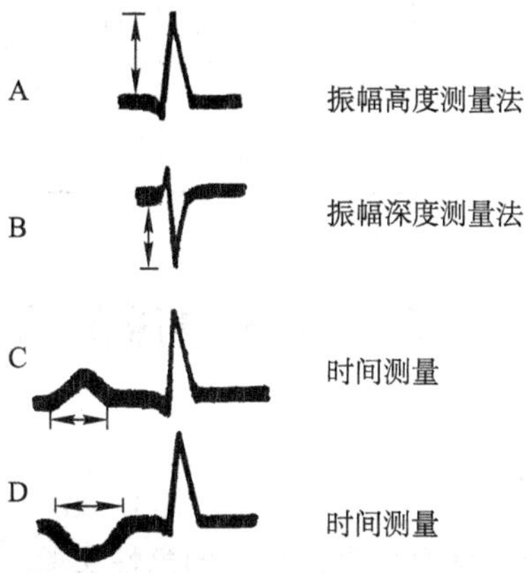

图 4－15　各波振幅高度，深度与时间测量

A、B、C、D 图含义详解见正文

3. 心率的测量与心律的确定

(1) 心率的测量 有两种方法:①数 30 个大方格(每大格 0.2 s,共 6 s)中 R 波或 P 波的数目,乘以 10,即得每分钟的心率数(心室率或心房率);②测量若干个(5 个以上)R－R 间期(或 P－P间期),求其平均值,此数值就是一个心动周期的时间(s)。每分钟的心率可按下式计算:

$$心率=\frac{60}{平均\ R-R(或\ P-P)间期(s)}$$

为了节省时间,在求得 R－R(或 P－P)间期的平均值以后,可查心率推算表得出心率(表 4－2)。表内排列着互相对应的两行数字,如果 R－R 间期的数值在第一列中找到,则第二列中与之相对应的数值就是心率,反之也适用。

(2) 心律的确定 在分析一份心电图时,首先要确定心脏的兴奋起源于何处,也就是心脏的起搏点在什么部位。如果起源于窦房结,称为窦性心律,如果起源于房室结,则称为结性心律,其确定标准如下:

窦性心律:$P_{Ⅰ、Ⅱ}$正向,P_{aVR}负向;P－R 间期>0.12 s。

结性心律:$P_{Ⅰ、Ⅱ}$负向,P_{aVR}正向;P－R 间期<0.12 s。

表 4－2 心率推算表(自 R－R 间期推算)

1	2	1	2	1	2	1	2	1	2	1	2
77.5	77.5	67	89.5	56	107	45	133	34	176	23	261
77	78	66	91	55	109	44	136	33	182	22	273
76	79	65	92.5	54	111	43	139	32	187	21	286
75	80	64	94	53	113	42	143	31	193	20	300
74	81	63	95	52	115	41	146	30	200	19	316
73	82	62	97	51	117.5	40	150	29	207	18	333
72	83	61	98.5	50	120	39	154	28	214	17	353
71	84.5	60	100	49	122.5	38	158	27	222	16	375
70	86	59	101.5	48	125	37	162	26	230	15	400
69	87	58	103	47	127.5	36	166.5	25	240	14	428
68	88	57	105	46	130	35	171.5	24	250	13	461

实验 4－9 动脉血压的直接测定及其影响因素

[目的要求]

学习动脉血压直接测定的急性实验方法,观察某些神经、体液因素对动脉血压的影响。

[实验原理]

动脉血压是心脏和血管功能的综合指标,通常是相对稳定的,这种相对稳定性是靠神经、体液的调节实现的。神经调节是指中枢神经系统通过反射调节心血管的活动。各种内外感受器的传入信息进入心血管中枢，经整合处理后，改变支配心脏和血管的交感及副交感神经的紧张性活动，进而使动脉血压得到调节。如交感神经兴奋，末梢释放去甲肾上腺素，作用于心肌细胞膜上的 β_1 受体，使心率加快，传导加速，收缩力增强，从而心输出量增加，动脉血压升高；迷走神经兴奋，末梢释放乙酰胆碱，作用于心肌细胞膜上 M 受体，引起心率减慢，兴奋传导减慢，收缩力减弱，从而心输出量减少，动脉血压降低。

支配血管的植物性神经主要是交感缩血管神经，兴奋时末梢释放去甲肾上腺素，作用于血管平滑肌细胞膜上的 α 受体，使平滑肌收缩，血管口径变小，外周阻力增大，血压升高；若释放的去甲肾上腺素作用于血管平滑肌的 β_2 受体，则使平滑肌舒张，血管口径变大，外周阻力减小，血压降低。体液调节也是影响心血管活动的重要因素，以肾上腺髓质释放的肾上腺素和去甲肾上腺素为主。肾上腺素作用于 α、β 受体，使心跳加速，兴奋传导加速，心肌收缩力加强，心输出量增加，血压升高。对血管作用则取决于哪种受体占优势。一般在整体情况下，小剂量肾上腺素主要引起体内血液重新分配，对总外周阻力影响不大；但超生理剂量可使外周阻力明显升高。体液中的去甲肾上腺素主要作用于 α 受体，引起外周血管广泛收缩，增大外周阻力，使动脉血压升高。对心脏作用较小，强心作用不如肾上腺素。外源性给予时常由于明显的血压升高而反射性地引起心率减慢。

[实验动物]

家兔。

[器材及药品]

生物信号采集处理系统、压力换能器（血压传感器）、保护电极、动脉导管、三通管、注射器、动脉夹、试管夹、铁支架、小动物手术台、手术器械、玻璃分针、有色丝线、脱脂棉、20%氨基甲酸乙酯溶液、3.8%柠檬酸钠溶液（或 0.5%肝素生理盐水）、生理盐水、0.01%肾上腺素溶液、0.001%乙酰胆碱溶液。

[方法及步骤]

1. 仪器装置

(1) 将压力换能器插头连到相应通道的输入插座（1、2、3 或 4 通道均可），压力腔内充满抗凝液体，排除气泡，经三通管（或直接）与动脉导管相连。

(2) 开机启动生物信号采集处理系统操作界面。设定参数：

显示模式：连续记录；输入方式：DC；触发方式：刺激器触发；刺激模式：单刺激或串刺激（中等强度）；放大倍数：200～500 倍；采样间隔：1 ms。

2. 手术操作

(1) 麻醉　称重后，按每千克体重 1g 的剂量，耳缘静脉注射 20%氨基甲酸乙酯溶液麻醉家兔（5 mL/kg 体重），麻醉后，背位固定于手术台上。注射过程中注意观察动物肌张力、呼吸频率及角膜反射变化，防止麻醉过深，并遵循“先快后慢”的注射原则。

(2) 分离颈部神经和血管　剪去颈部被毛，沿正中线作 5～7 cm 切口，再沿气管钝性分离皮下组织和肌肉，将胸锁乳突肌向外侧分开，即可见到位于气管两侧的血管神经束（见图 1－31），轻轻分离右侧减压神经、交感神经及双侧的迷走神经、颈动脉，分别下穿不同颜色丝线备用。

(3) 动脉插管　分离左侧颈动脉 2～3 cm(尽量向头端分离)，动脉夹夹闭其近心端，穿线结扎其头端，血管下穿线备用。在头端结扎线的近端剪一斜口，将充满抗凝液的动脉导管由切口处向心脏方向插入动脉内，用线扎紧动脉套管，打开三通管和动脉夹，待血压稳定后，开始实验。调节放大倍数及 X、Y 轴压缩、扩展比，直至图形合适为止。

3. 观察项目(需要时请按“标记”按钮逐一作标记)

(1) 记录正常血压曲线　识别心搏波、呼吸波和梅耶氏波。动脉血压随心室的收缩和舒张而变化。心室收缩时血压上升，心室舒张时血压下降，这种血压随心动周期的波动称为“一级波”(心搏波)，其频率与心率一致；此外动脉血压也随呼吸而变化，吸气时血压先是下降，继而上升，呼气时血压先是上升，继而下降，这种波动叫“二级波”(呼吸波)，其频率与呼吸频率一致；有时可见到一种低频率(几次到几十次呼吸为一周期)的缓慢波动称为“三级波”(梅耶氏波)，可能与心血管运动中枢紧张性的周期性变化有关(图 4－16)。

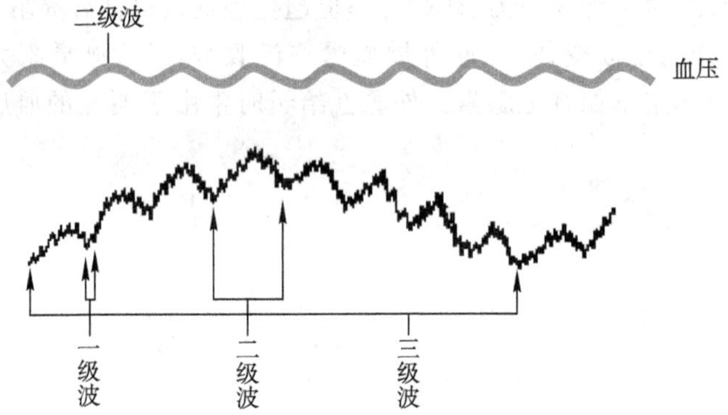

图 4－16　兔颈总动脉的血压曲线(示波器记录)

(2) 地心引力的影响　松开后肢固定绳，并迅速抬起后肢使之高于心脏位置(保持心脏水平位)，观察此时血压变化。

(3) 夹闭颈动脉　夹闭对侧颈动脉，阻断血流 15 s，观察血压变化。

(4) 用薄橡皮手套将动物的鼻子和嘴套起，使其中有少量空气，一段时间后手套内 CO_2 浓度逐渐升高，观察此时血压变化。

(5) 刺激减压神经　用中等强度电刺激减压神经，观察血压变化。血压恢复后，用两根丝线分别结扎减压神经，并在两结间剪断，观察血压变化。分别用电刺激向中端和离中端，观察血压变化。

(6) 刺激迷走神经　用中等强度电刺激迷走神经，观察血压变化。结扎，并于结的向中端剪断一侧迷走神经，观察血压变化。刺激迷走神经离中端，观察血压变化。剪断另一侧迷走神经，观察血压变化。再刺激减压神经向中端，观察血压变化。

(7) 耳缘静脉注射 0.01％肾上腺素 0.2～0.3 mL，观察血压变化。

(8) 耳缘静脉注射 0.001％乙酰胆碱 0.1～0.2 mL，观察血压变化。

(9) 血容量改变对血压的影响　自对侧颈动脉放血 10 mL，观察血压变化。然后自耳缘静脉注入 20 mL 38℃生理盐水，观察血压变化。

(10) 点击“停止”按钮，结束采样，换名存盘，并编辑、打印输出实验结果。

[注意事项]

1. 每项实验后须待血压基本恢复正常后再进行下一项。
2. 动脉套管与颈动脉保持平行位置,防止刺破动脉或堵塞管口。压力传导系统应严格密封。
3. 注意动物保暖及麻醉深度,若实验时间较长,麻醉变浅可酌量补加。

[思考题]

1. 为什么换能器应与动物心脏保持同一水平位置?
2. 支配心血管的神经有哪些?参与血压调节的主要反射有哪些?如何进行调节?
3. 肾上腺素和去甲肾上腺素的作用有何不同?为什么?
4. 动脉血压是如何保持相对稳定的?
5. 解释失血或输血后的血压及心搏变化。

附:动脉血压的间接测定

间接测定动脉血压的部位,在人的上臂肱动脉,在马、牛、驴、骡等大家畜的尾根部尾动脉,在猪、羊等小家畜的股部股动脉。测定收缩压与舒张压时一般用听诊法,即根据从外表压住动脉所必需的压力来测定该动脉的血压。通常血液在血管内流动时并没有声音,如果血流经过狭窄处形成涡流,则可发出声音。当用橡皮气球将空气打入缠缚于上臂的袖带内使其压力超过收缩压时,完全阻断了动脉内的血流,此时以听诊器胸器按于被压的动脉远端听不到任何声音,也触不到远离动脉的脉搏。如果徐徐放气减低袖带内压,当其压力低于动脉的收缩压高于舒张压时,血液将断续地流过受压的血管形成涡流而发出声音,此时即可在被压的动脉远端听到声音,亦可触到脉搏。如果继续放气以致外加压力等于舒张压时,则血管内血流便由断续变为连续,声音突然由强变弱或消失。因此,动脉内血流刚能发出声音时的最大外加压力相当于收缩压,而动脉内血流声音突变时的外加压力则相当于舒张压。

测定步骤

1. 熟悉血压计的结构:血压计有两种类型,常用的是汞柱式血压计,另一种是弹簧式血压计。两种血压计均由检压计(或压力表)、袖带和气球三部分组成。汞柱式血压计的检压计是一个标有 0～40 kPa(0～300 mmHg)(1 mmHg=0.133 kPa,1 kPa=7.5 mmHg)刻度的玻璃管,上端与大气相通,下端与水银储槽相通。袖带是一个外包布套的长方形橡皮囊,借橡皮管分别和检压计的水银槽及橡皮球相通。橡皮球是一个带有螺丝帽的球状橡皮囊,供充气和放气之用。近年来又有一种新型的电子血压计在临床上应用。

2. 测量动脉血压的方法(图 4-17)

(1) 人或保定动物处于安静状态。

(2) 松开血压计的橡皮气球螺丝帽,驱出袖带内的残留气体后将螺丝帽旋紧。

(3) 将袖带平整、松紧适宜地缠绕,并开启水银槽开关。

(4) 将听诊器的两个耳器塞入外耳道,务必使耳器弯曲方向与外耳道一致。

(5) 在袖带内侧先用手触及尾动脉搏动所在部位,再将听诊器胸器不留缝隙地轻轻贴在上面。

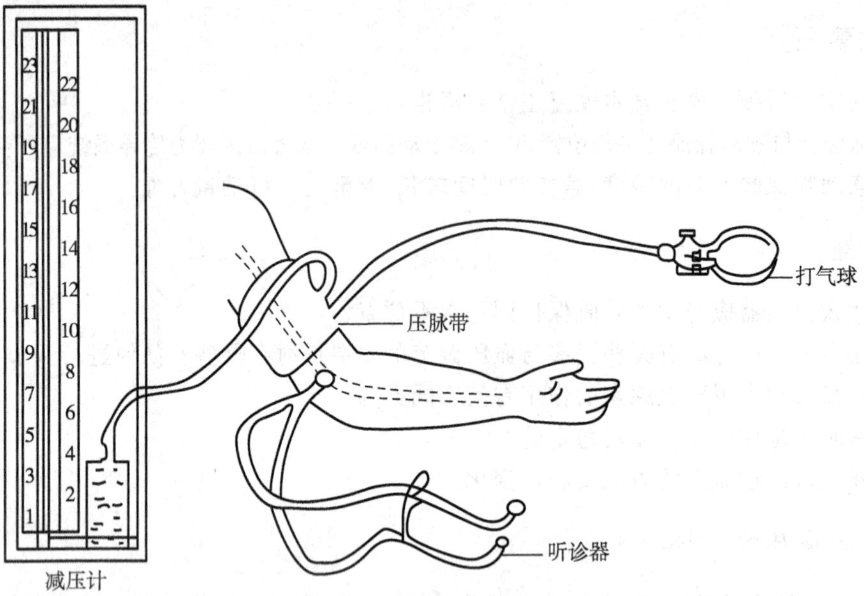

图 4-17 人体动脉血压测定

(6) 测量收缩压：挤压橡皮球将空气打入袖带内，使血压表上水银柱逐渐上升到听诊器听不到脉搏音为止，再继续打气使水银柱再升(20～30 mmHg)。随即慢慢松开气球螺丝帽，徐徐放气，在观察水银柱缓缓下降的同时仔细听诊，在听到"崩"的第一声清晰而短促脉搏音时，血压表上所示水银柱高度即代表收缩压。

(7) 测量舒张压：使袖带继续徐徐放气，这时声音先依次增强，后又逐渐减弱，最后完全消失。在声音突然由强变弱(或声音变调)的这一瞬间，血压表上所示水银柱高度代表舒张压。

(8) 血压记录常以收缩压/舒张压(kPa 或 mmHg)表示，如收缩压、舒张压分别为 14.70 kPa (110 mmHg)和 9.33 kPa(70 mmHg)，记为 14.70/9.33 kPa(110/70 mmHg)。

实验 4-10 家兔减压神经放电

[目的要求]

用电生理方法，观察家兔减压神经传入冲动的发放，以加深对减压反射的理解。

[实验原理]

当主动脉弓管壁压力升高时，其压力感受器所发放的神经冲动增多，并通过主动脉神经进入脑干心血管中枢。一方面提高迷走中枢活动，另一方面抑制交感中枢活动。因此，促使心脏活动减弱，外周阻力不致过高，从而维持血压在一定水平。所以，当心缩期血压上升时，发放冲动增多；反之，发放冲动减少，故其冲动的放电节律与心率和血压相一致。

[实验动物]

家兔。

[器材及药品]

生物信号采集处理系统、手术器械、兔手术台、玻璃分针、神经干动作电位引导电极及支架、监听器、医用石蜡油(加温至 38～40℃)、生理盐水、丝线、气管插管、注射器(20 mL、5 mL 各一只,1 mL 两只)、针头、玻璃分针、20%氨基甲酸乙酯溶液、0.01%肾上腺素溶液、0.01%毛果芸香碱、纱布。

[方法及步骤]

1. 仪器安装

将减压神经放电引导电极接生物信号采集处理系统放大器通道 1,并将引导电极在支架上固定好,监听器接系统监听插孔。

2. 手术

(1) 按每千克体重 1 g 的剂量,耳缘静脉注射 20%氨基甲酸乙酯溶液麻醉兔(5 mL/kg 体重),麻醉后,仰卧固定于手术台上,颈部剪毛,沿颈部正中切开皮肤,分离软组织露出气管,于气管一侧找出减压神经。

(2) 用玻璃分针仔细分离神经,并去净神经上附着的结缔组织,于其下穿线备用。分离另一侧颈总动脉,插入动脉套管,描记血压。用细针由胸壁肋间处插入心室壁,观察心搏。在手术过程中应随时以温热生理盐水润湿神经。

(3) 用玻璃分针轻轻提起神经放在引导电极上,电极的接地线(黑色)夹动物颈部切口皮下,若使用金属支架应该接地。在电极与组织之间衬一小片用石蜡油浸过的硫酸纸以绝缘。在神经上面盖一小片浸过石蜡油的棉花,以防止神经干燥和温度降低(或用止血钳将神经周围皮肤提起,做成皮兜,向皮兜内滴入石蜡油,浸泡神经。如观察时间短,环境不是十分干燥,该步骤可免)。

3. 实验项目

(1) 记录正常减压神经放电:打开计算机,进入生物信号采集处理系统操作界面,选择实验项目“兔减压神经放电”的测量界面,点击“开始记录”,进入示波状态,调节系统监听器音量,达到刚能听见类似火车开动的声音,在屏幕上观察减压神经群集放电的节律、波形和幅度(幅度的大小可调节放大器灵敏度),注意减压神经群集放电和监听器音响之间的关系。显示波形正常即可开始记录。

(2) 从耳缘静脉注射 0.01%毛果芸香碱 0.5 mL 并做好标记,开始注药的同时,观察减压神经放电的变化。

(3) 从耳缘静脉注射 0.01%肾上腺素 0.5 mL 并做好标记,开始注药的同时,观察减压神经放电的变化。

(4) 双重结扎减压神经,在结扎线间剪断减压神经,分别记录中枢端及外周端神经放电。

4. 试验结束,打印实验结果(图 4－18,图 4－19)。

[注意事项]

1. 在体纪录神经干动作电位时,外来干扰较离体记录时大得多,仪器与动物应接地良好。若在屏蔽条件下进行,效果更好。若听到类似火车开动的放电声,但看不到图形,可用少量生理

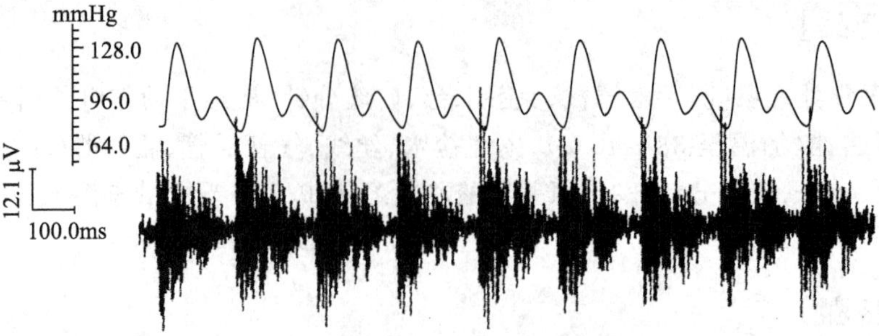

图 4-18 减压神经放电与血压同步纪录(生物信号采集处理系统采集)(解景田,2002)

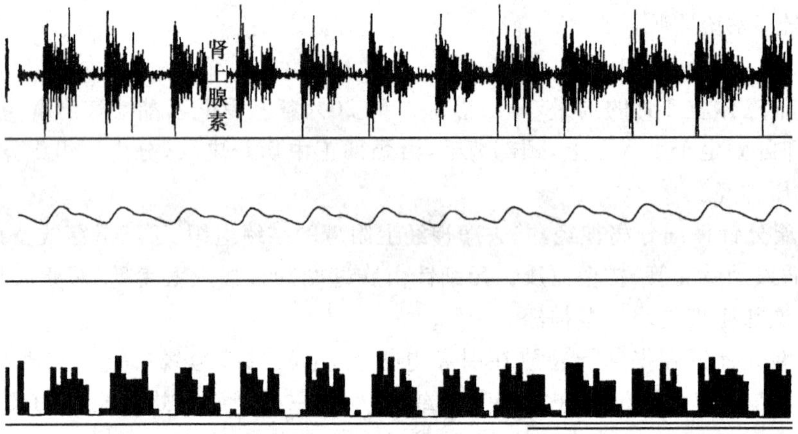

图 4-19 注射 NE 对血压和减压神经放电的影响(胡还忠,2002)

盐水冲洗神经,然后吸干肌体上的生理盐水即可,也可将电极在近心端附近移动一下位置。

2. 神经不能分离的太长,若分离的太长易被其周围的组织覆盖;挂神经时最好直接用玻璃分针把神经轻轻提起放至引导电极上,不要用线。

3. 注意神经的保温和防止干燥,如放电电压降低,可将引导电极向外周端移动。

[思考题]

1. 减压神经有什么作用?
2. 减压神经的放电活动与动脉血压之间有何关系?

第五章

呼吸生理

实验5-1　呼吸运动的调节

［目的要求］

1. 学会气管插管术和颈部神经、血管分离术。
2. 掌握测定动物呼吸运动的方法。
3. 观察血液中化学因素的改变对动物呼吸运动（呼吸频率、节律、幅度）的影响，并分析机制。
4. 观察迷走神经在动物呼吸运动调节中的作用，并分析其机理。

［实验原理］

呼吸运动是高等动物重要的生理活动，动物通过呼吸运动实现与外界环境间的气体交换过程即肺通气。呼吸运动是呼吸中枢节律性活动的反映。

高等动物的呼吸运动之所以能持续地节律性地进行，是由于体内调节机制的存在。呼吸中枢的活动受内、外环境各种因素刺激的影响，这些因素或直接刺激呼吸中枢或通过外周感受器间接引起呼吸中枢的变化，借以调节呼吸运动，实现机体对各种环境的适应。肺牵张反射是保证呼吸运动节律的机制之一。肺的扩张可通过迷走神经传到呼吸中枢，反射性引起吸气运动的抑制并向呼气运动转变。切断迷走神经导致吸气幅度加强，时间延长，呼气不规则，不及时。血液中 P_{O_2} 降低主要通过刺激外周化学感受器造成呼吸加深加快，低氧对呼吸中枢起到直接抑制的作用，因而重度缺氧会造成呼吸停止。血液中 P_{CO_2} 的改变，通过对中枢性与外周性化学感受器的刺激及反射性调节，是保证血液中气体分压稳定的重要机制。血液中 P_{CO_2} 轻微的升高就可刺激中枢化学感受器而使通气加强，所以中枢化学感受器在 CO_2 通气中起主要作用；只有当动脉血中 P_{CO_2} 突然升高时，因中枢化学感受器受到抑制对 CO_2 的敏感性下降，外周化学感受器的作用才显得重要起来。H^+ 对外周化学感受器的刺激主要通过窦神经和迷走神经传入延髓呼吸中枢，反射性引起呼吸加深、加快、肺通气增加。中枢化学感受器主要对脑脊液中的 H^+ 敏感，然而外周血液中的 H^+ 通过血-脑屏障十分缓慢，限制了它对中枢化学感受器的作用，外周血液中的 H^+ 只能通过碳酸酐酶作用，转换成为 CO_2 扩散到脑脊液中，通过碳酸酐酶再转换为 H^+ 和 HCO_3^-，由 H^+ 对中枢化学感受器发挥作用。

［实验动物］

家兔。

[器材及药品]

小动物手术台、常用手术器械 1 套、铁支架、双凹夹、生物信号采集处理系统、呼吸换能器(或张力换能器)、刺激电极、保护电极、气管插管、注射器(20 mL 和 1 mL)、玻璃分针、橡皮管(长 0.5 m,内径 0.7 cm)、CO_2球胆(或选用含 $CaCO_3$ 的广口瓶、浓 HCl)、空气球胆、钠石灰瓶、纱布、药棉、棉线、20%氨基甲酸乙酯溶液、3%乳酸溶液、生理盐水等。

[方法及步骤]

1. 麻醉及固定

取家兔 1 只,称重,按每 kg 体重 1 g 的剂量,耳缘静脉注射 20%氨基甲酸乙酯溶液麻醉家兔(5 mL/kg 体重),待其麻醉后,仰卧固定在手术台上,先后固定 4 肢及兔头。

2. 颈部手术及气管插管

剪去颈部与剑突腹面的被毛,沿颈部正中纵行做 3~4 cm 长的切口,分离气管并插入气管插管(图 1-32)。再分离出一侧颈总动脉与双侧迷走神经,穿线备用。

3. 呼吸运动的描记

急性实验时,记录呼吸运动的方法有两种,一种为通过与气管插管相连的呼吸换能器记录呼吸运动(图 5-1);另一种是通过张力换能器记录膈肌的运动(图 5-2)。

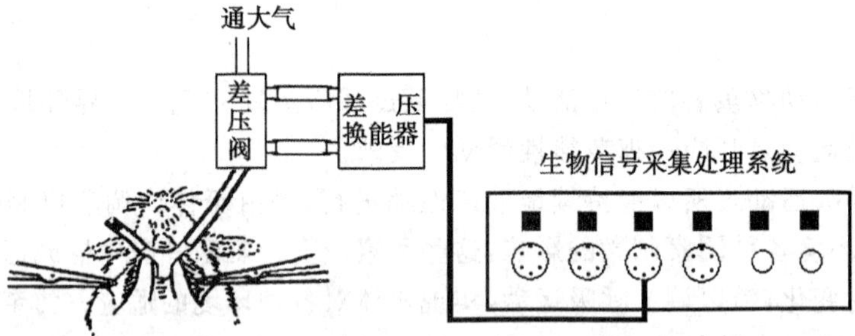

图 5-1 呼吸流量法记录呼吸运动示意图(沈岳良,2002)

(1) 通过与气管插管相连的呼吸换能器记录呼吸运动

将呼吸流量换能器与气管插管相连接,然后接入生物信号采集处理系统,以描记呼吸运动曲线。

(2) 通过张力换能器记录膈肌运动

方法 1:切开胸骨下端剑突部位的皮肤,沿腹白线剪开约 2 cm 的切口,打开腹腔。细心分离剑突表面的组织,并暴露剑突软骨与骨柄。暴露出剑突内侧面附着的两块膈小肌,仔细分离剑突与膈小肌之间的组织,并剪断剑突软骨柄(注意止血),使剑突完全游离(图 5-3)。注意:不能剪得过深,以免伤及其下附着的膈肌,此时剑突软骨与胸骨完全分离。提起剑突,可观察到剑突软骨完全跟随膈肌收缩而上下自由运动。用 1 个缚有长线的金属弯钩勾于剑突中间部位,线的另一端与张力换能器相连,换能器接入生物信号采集处理系统。调节换能器和线的紧张度,由换能器将信息输入生物信号采集处理系统,以描记呼吸运动曲线。

方法 2:用带线的夹子夹住(或用线拴住)胸廓运动最高点的皮肤或毛,将线的另一端连接到

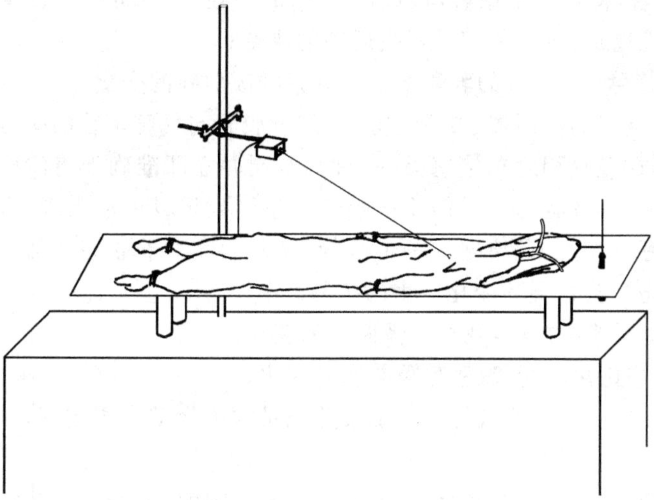

图 5-2 膈肌法记录呼吸运动

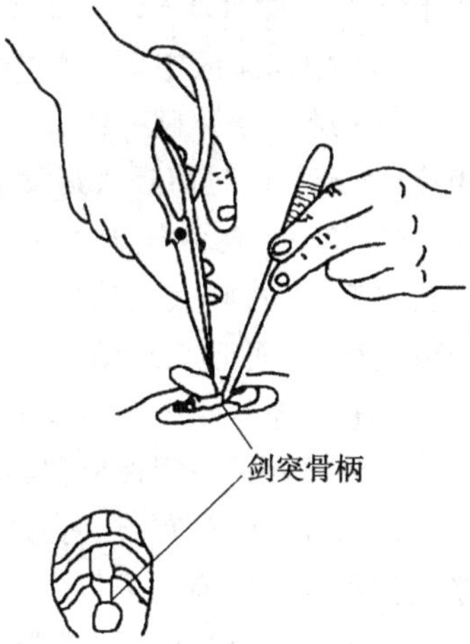

图 5-3 游离剑突软骨的方法

张力换能器上，换能器接入生物信号采集处理系统。调节换能器和线的紧张度，将呼吸运动的变化的信息输入生物信号采集处理系统，以描记呼吸运动曲线。

方法 3：将呼吸（张力）换能器的感应器部位放在随呼吸运动起伏最大的部位，固定换能器，并接入生物信号采集处理系统。由换能器将信息输入生物信号采集处理系统，以描记呼吸运动曲线。

4. 观察项目

（1）启动“记录”按钮，描记一段正常呼吸波曲线，观察正常呼吸运动与曲线的关系，并区分心搏波、呼吸波和梅耶氏波（图 5-4）。

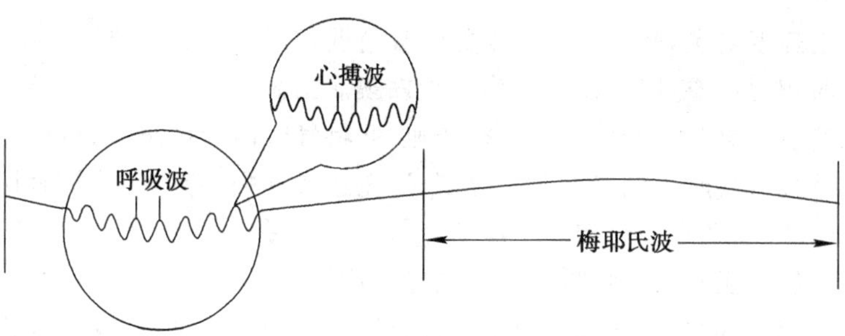

图 5-4 呼吸曲线

（2）窒息 将气管插管的两个侧管同时夹闭约 10～20 s，观察并记录呼吸运动的变化。

（3）增加吸入气中 CO_2 浓度 夹闭气管套管一端的侧管，待呼吸平稳后，将充满 CO_2 的球胆出口对准气管套管的另一端侧管口，松开球胆夹子，缓慢增加吸入气中 CO_2 浓度，观察呼吸曲线的变化，待呼吸变化明显时夹闭球胆。

（4）缺 O_2 夹闭一侧气管套管，待呼吸平稳后，将另一侧气管套管通过 1 只钠石灰瓶与盛有空气的球胆相连，使动物呼吸球胆中的空气。经过一段时间后，球胆中的 O_2 明显减少，但 CO_2 并不增多（钠石灰将呼出气中的 CO_2 吸收），观察此时呼吸运动的变化。

(5) 增加无效腔 夹闭一侧气管套管，待呼吸平稳后，将长约 0.5 m、内径 0.7 cm 的橡皮管连于气管插管的另一个侧管上，使无效腔增加，观察并记录呼吸运动的改变。

(6) 增加血液中 H^+ 浓度 从耳缘静脉注入 3%的乳酸 2 mL，观察呼吸曲线的变化。

(7) 肺牵张反射 将装有约 20 mL 空气的注射器(或洗耳球)经细乳胶管与气管套管的一侧相连，记录一段对照呼吸运动曲线之后，在吸气相之末堵塞另一个侧管，同时立即准确地将注射器内约 20 mL 的空气迅速注入肺内，可见呼吸运动暂时停止于呼气状态。当呼吸运动出现后，开放堵塞口，待呼吸运动平稳之后再于呼气相之末，堵塞另一个侧管，同时用注射器立即由肺内抽取气体，可见呼吸运动暂停于吸气状态。分析上述变化产生的机制。

(8) 提起一侧迷走神经的备用线，剪断迷走神经，观察呼吸曲线的变化。

(9) 再将另一侧迷走神经的备用线结扎并剪断，观察呼吸曲线的变化。

(10) 重复(7)实验(向肺内注入空气与由肺内抽取气体)，观察并记录呼吸运动是否改变，与迷走神经完整时有何异同?

注意:分析哪些是肺牵张反射的效应，哪些属于机械因素引起的后果。如膈肌呼吸运动曲线的变化，除了由于膈肌的收缩和舒张所造成外，尚有向肺内推注空气与抽取气体所引起的膈肌的被动位移变化。

(11) 分别刺激迷走神经中枢端与外周端，观察并记录呼吸运动。注意是否都有变化并阐述原因。

(12) 自腹中线剖开腹腔，推开腹腔的脏器，露出膈肌，注意膈肌收缩及其位置变化与呼吸运动的关系。

(13) 打开胸腔，找到膈神经(在心基部)，观察当电刺激膈神经时，可引起膈肌收缩，产生吸气动作。

[注意事项]

1. 麻醉剂注射速度要慢，密切注意动物的呼吸情况及对刺激的反应。
2. 气管插管时用力不要过猛，以免损伤气管黏膜而出血。
3. 气管插管前应注意对气管剪口处进行止血，并将气管内清理干净，再行插管。
4. 分离剑突下膈肌角时不能向上分离过多，避免造成气胸，剪断胸骨柄时切勿伤及膈肌角。
5. 气流不易过急，以免直接影响呼吸运动，干扰实验结果。
6. 每项实验前后均应有正常呼吸运动曲线作为比较。
7. 当增大无效腔出现明显变化后，应立即打开橡皮管的夹子，以恢复正常通气。
8. 注射乳酸时切忌乳酸从静脉中漏出，以免家兔因疼痛而挣扎，影响实验结果。

[思考题]

1. 血液中 CO_2 增多或缺少 O_2 时，呼吸运动有何改变，通过哪些途径进行调节?
2. 增加吸入气中的 CO_2 浓度、缺 O_2 刺激和血液 pH 下降均使呼吸运动加强，机制有何不同?
3. 如果将双侧颈动脉体麻醉，分别增加吸入气中的 CO_2 浓度和给予缺 O_2 刺激，结果有何不同?
4. 根据实验结果分析肺牵张反射，包括迷走神经吸气抑制反射与迷走神经吸气兴奋反射的反射途径以及对维持正常呼吸节律的意义。
5. 切断双侧迷走神经以后，呼吸运动的变化说明了什么问题?

6. 迷走神经在节律性呼吸运动中起何作用?

实验5-2 胸膜腔内负压的观察

[目的要求]

1. 学习胸内负压的测定方法。
2. 直接观察胸内压在呼吸过程中的周期性变化及影响其变化的因素。
3. 通过制造气胸,加深对胸内负压生理意义的理解。

[实验原理]

在呼吸过程中肺能随胸廓扩张,是因为在肺和胸廓之间有一个密闭的胸膜腔。胸膜腔是由胸膜脏层与壁层所构成的密闭而潜在的间隙。胸膜腔内的压力通常低于大气压,称为胸内负压。胸内负压是由肺的弹性回缩力所产生,其大小随呼吸深度和呼吸周期的变化而改变。吸气时,肺扩张,回缩力增强,胸内负压加大;呼气时,肺缩小,回缩力减小,负压降低。如果破坏胸膜腔的密闭性,使胸膜腔与外界相通造成开放性气胸,则胸内负压消失,结果造成肺不张,引起呼吸困难。

[实验动物]

家兔。

[器材及药品]

小动物手术台、常用手术器械、止血钳、气管插管、胸内套管(或带橡皮管的粗穿刺针头或尖端磨钝带输液管的粗针头)、水检压计、20%氨基甲酸乙酯溶液。

[方法及步骤]

1. 麻醉与固定

取家兔1只,称重,按每千克体重1 g的剂量,耳缘静脉注射20%氨基甲酸乙酯溶液麻醉家兔(5 mL/kg体重),待其麻醉后,仰卧固定在手术台上,先后固定四肢及兔头。

2. 颈部手术及气管插管

剪去颈部与右前胸部的被毛,沿颈部正中纵行做3～4 cm长的切口,分离气管并插入气管插管。

3. 插胸内套管

将胸内套管(或带橡皮管的粗穿刺针头或尖端磨钝带输液管的粗针头)与高灵敏度的压力感受器相连(套管内不充水),若仅做定性观察可直接与水检压计连接。

在右侧胸部腋前线第4、5肋骨之间(图5-5),沿肋骨上缘做一个长约2 cm的皮肤切口,用止血钳稍稍分离表层肌肉,将胸内套管的箭头形尖端从肋间插入胸膜腔(如果另一端与高灵敏度的压力感受器相连,则此时可记录到零位线下移,并随呼吸运动上下移动,说明已插入胸膜腔内;如果另一端与水检压计相连接,则可见水检压计与胸膜腔相通的一侧液面上升,而与空气相通的一侧液面下降,且水检压计内的水柱随呼吸运动而上下移动,说明针头已进入胸膜腔内)。旋转胸内套管的螺旋，将套管固定于胸壁(图 5－6)。

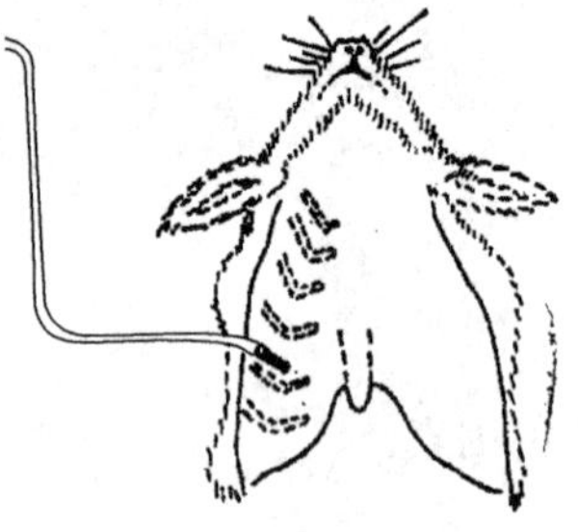

图 5－5 胸内套管插管部位示意图

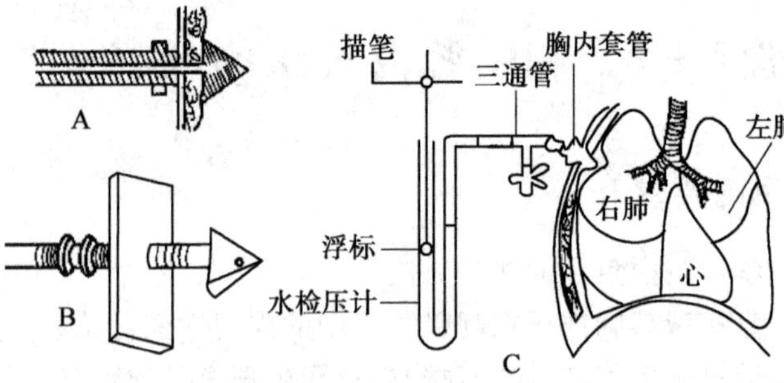

图 5－6 胸内负压的测定

A. 胸内套管剖面(已固定于胸壁上) B. 胸内套管外形 C. 用水减压计测量胸腔内压

用粗穿刺针头代替胸内套管时，则沿肋骨上缘顺肋骨方向将其斜插入胸膜腔，看到变化后，说明针头已进入胸膜腔内，应停止进针，用胶布将针的尾部固定在胸部皮肤上，以防滑脱。此法容易产生凝血块或组织堵塞，应加以注意。

4. 观察项目

(1) 胸内负压的观察。

(2) 胸内负压随呼吸运动的变化 观察吸气与呼气时胸内负压的变化，记下平静呼吸时胸内负压的数值。此时吸气与呼气均为负值。

(3) 增大无效腔对胸内负压的影响 将气管套管的一个侧管上接 1 个长约 0.5 m，内径为 0.7 cm的橡皮管，并夹闭另一个侧管，使无效腔增大，造成呼吸运动加强，观察呼气和吸气时胸内负压的变化，记下其胸内负压之数值。

(4) 气胸对胸内负压的影响 剪开前胸皮肤，切断肋骨，打开右侧胸腔，造成人工开放性气胸，或者用 1 支粗的套管针穿透胸腔，使胸膜腔与大气直接相通，形成气胸，观察胸内负压和呼吸运动的变化。

(5) 迅速关闭创口，用注射针头刺入胸膜腔内抽出气体，观察胸膜腔内压力的变化，可见胸内负压又重新出现，呼吸运动也逐渐恢复正常。

[注意事项]

1. 作气管插管时，插管前应注意对气管剪口处进行止血，并将气管内清理干净，再行插管。

2. 如用粗针头代替胸内套管，则在插入胸膜腔之前，需将针头尖部磨钝，并检查针孔是否通畅，连接处是否漏气。

3. 如用粗针头代替胸内套管，穿刺时，针头斜面应朝向头侧，首先用较大的力量穿透皮肤，然后控制进针力量，用手指抵住胸壁，以防刺入过深，刺破肺组织和血管，形成气胸或出血过多。

4. 形成气胸后，可迅速封闭漏气的创口，并用注射器抽出胸膜腔内空气，此时胸内压可重新呈现负压。

[思考题]

1. 胸内负压是怎样形成的？为什么在呼气和吸气时胸内负压的数值会发生变化？

2. 平静呼吸时胸内压为什么始终低于大气压？

3. 用长橡皮管增大无效腔时，呼吸运动有何变化？为什么？

4. 在什么情况下，胸内压高于大气压？

5. 胸内负压的生理意义是什么？

6. 人工气胸后，将胸壁切口严密缝合，再将胸膜腔内的空气抽出，胸内负压能否恢复？为什么？

实验5-3 膈神经放电

[目的要求]

1. 学习家兔在体膈神经放电的电生理学实验方法。
2. 观察膈神经自发放电与呼吸运动的关系，以加深理解呼吸节律来源于中枢的认识。
3. 理解某些因素对膈神经放电的影响机制。

[实验原理]

神经元活动出现脉冲性的电位变化称为放电。平静呼吸运动是由包括膈肌和肋间外肌在内的呼吸肌的收缩和舒张活动所引起的胸廓的扩大和缩小的运动，为自动节律性活动。当延髓吸气中枢兴奋时，传出冲动到达脊髓，引起支配吸气的运动神经元兴奋，发出神经冲动，经膈神经和肋间神经传到膈肌和肋间外肌，引起膈肌和肋间外肌收缩，胸廓扩大产生吸气。延髓吸气中枢活动暂停，膈神经和肋间神经放电停止，膈肌和肋间外肌舒张，胸廓缩小产生呼气。这种起源于延髓呼吸中枢的节律性呼吸运动，受到来自中枢和外周的各种感受器，特别是化学感受器和机械感受器传入信息的反射调节。当动脉血中P_{O_2}、P_{CO_2}或$[H^+]$发生变化时，通过延髓腹外侧浅表的中枢化学感受器和外周化学感受器来影响呼吸运动。当肺过度扩张或过度萎陷时，通过气道平滑肌中的牵张感受器发出冲动经迷走神经到达延髓，反射性抑制或兴奋吸气。家兔的肺牵张反射在其呼吸调节中起着重要作用。膈神经放电活动和膈肌收缩代表吸气运动的开始，而膈神经放电活动停止和膈肌舒张与呼气运动同步。此外，膈神经的放电活动状态的变化，反映了呼吸中枢神经系统机能活动的变化。

[实验动物]

家兔。

[器材及药品]

小动物手术台、常用手术器械1套、气管插管、生物信号采集处理系统、引导电极、刺激电极、保护电极、注射器(10 mL及20 mL)及针头、玻璃分针、橡皮管(长0.5 m，内径0.7 cm)、CO_2球胆、空气球胆、钠石灰瓶、纱布、药棉、棉线、20%氨基甲酸乙酯溶液、3%乳酸溶液、生理盐水等。

[方法及步骤]

1. 麻醉固定

取家兔 1 只，称重，按每千克体重 1 g 的剂量，耳缘静脉注射 20%氨基甲酸乙酯溶液麻醉家兔(5 mL/kg 体重)，待其麻醉后，仰卧固定在手术台上，先后固定四肢及兔头。

2. 颈部手术

(1) 气管插管 剪去颈部与右前胸部的被毛，沿颈部正中纵行做 3～4 cm 长的切口，分离气管并插入气管插管。

(2) 分离两侧迷走神经 在两侧颈总动脉鞘内分离出迷走神经，在其下方穿线备用。

(3) 分离颈部膈神经 用止血钳在颈外静脉(在外侧皮下)和胸锁乳突肌之间向深处分离，直到气管边上，可看到较粗的臂丛神经向后外行走。家兔的膈神经主要是由 C4、C5、C6 脊神经腹支的分支构成，较细，于臂丛神经的内侧横过臂丛神经并与其交叉，由颈部前上方斜向胸部后下方(在喉头下方约 1 cm 的部位，可见向下、向内侧走行的膈神经)，用玻璃分针在尽可能靠近锁骨的部位，小心、仔细地分离出一小段神经，并除去神经上附着的结缔组织，于其下穿线备用(图 5-7)。

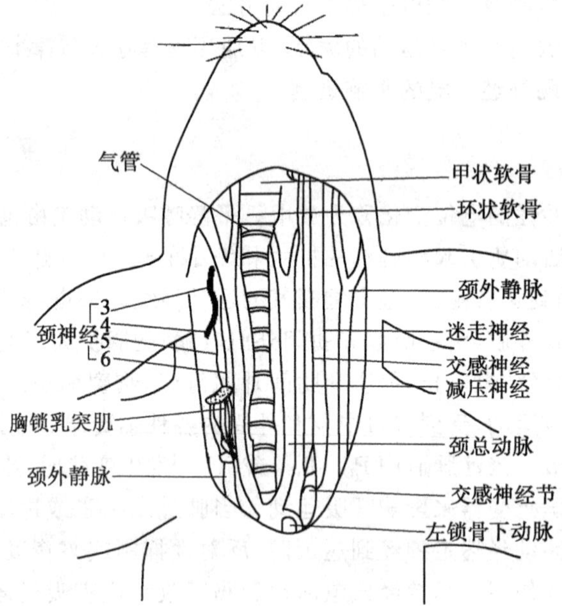

图 5-7 家兔头部主要血管、神经示意图

最后用温热生理盐水纱布覆盖手术野。

3. 膈神经放电的引导

将膈神经钩在悬空的引导电极上，为避免触及周围组织，最好在放电极之前，将神经周围的液体吸干，神经下垫 1 个绝缘薄膜，电极内加 1 滴石蜡油。同时将接地电极夹在颈部皮肤上，以减少干扰。将引导电极的输入端与生物信号采集处理系统通道 1 的输入接口连接后启动。依据记录的神经放电波形的大小、形状，适当调节实验参数，如扫描速度、增益大小。以便获得最佳的实验效果。打开监听器开关，将音量调整到合适大小，即可听到膈神经放电的声音。

4. 观察项目

(1) 描记一段正常的膈神经电活动变化曲线。

(2) 增加无效腔 将气管插管一侧的橡胶套管夹闭，描记一段膈神经放电曲线。然后在气管插管的另一侧管上连接 1 个长 50 cm 的橡皮管，使无效腔增大，观察记录膈神经电活动的变化。

(3) 增加吸入气中 CO_2 浓度　将气管插管的一侧管夹闭，然后将装有 CO_2 的球胆管口靠近气管插管的另一侧管开口，逐渐打开 CO_2 球胆管上的螺旋，让动物吸入含 CO_2 的气体，观察记录膈神经电活动的变化。

(4) 窒息　同时将气管插管的两侧管夹闭 10～20 s，观察记录膈神经电活动的变化。

(5) 缺 O_2　夹闭一侧气管套管，待呼吸平稳后，将另一侧气管套管通过 1 只钠石灰瓶与盛有空气的球胆相连，使动物呼吸球胆中的空气。经过一段时间后，球胆中的 O_2 明显减少，但 CO_2 并不增多(钠石灰将呼出气中的 CO_2 吸收)，观察记录膈神经电活动的变化。

(6) 血液酸碱度的改变　由耳缘静脉注入 3%的乳酸溶液 2 mL，观察记录膈神经电活动的变化。

(7) 肺牵张反射对膈神经放电的影响

① 肺扩张反射　将 20 mL 注射器连于气管插管一侧的橡皮管上，抽气 20 mL 备用，在动物吸气之末(膈神经放电之末)用手指堵住气管插管另一侧的同时，向肺内注入 20 mL 空气，并维持肺扩张状态 10 余秒钟，观察并记录膈神经电活动的变化。

② 肺缩小反射　在呼气之末(膈神经放电开始之前)用手指堵住气管插管另一侧的同时，抽出肺内空气，并维持肺缩小状态几秒钟，观察并记录膈神经电活动的变化。

(8) 迷走神经在呼吸运动中的作用　描记一段正常膈神经放电后(记录每分钟膈神经放电的次数)，先切断一侧迷走神经，观察每分钟膈神经放电次数的改变；再切断另一侧迷走神经，观察每分钟膈神经放电次数的改变。

(9) 重复肺牵张反射对呼吸运动的影响(第(7)项)处理，观察并记录膈神经电活动的变化。

[注意事项]

1. 分离膈神经的操作很关键，直接关系到本实验的成败，所以动作要轻柔，分离要干净、不要让凝血块或组织块黏着在神经上。

2. 引导电极尽量放在膈神经向中端，以便神经有损伤时可将电极移到向心端。注意动物和仪器的接地要可靠，以避免电磁干扰对实验结果的影响。

3. 每项实验做完，待膈神经放电和呼吸运动恢复后，方可继续下一项实验，以便前后对照。自肺内抽气时，切勿使抽气过多或使抽气时间过长，以免引起家兔死亡。

4. 膈神经放电的观察系指群集放电的频率、振幅。呼吸运动的观察是指它的频率和深度。

5. 其他注意事项参考实验 5－1 呼吸运动的调节。

[思考题]

1. 本实验结果说明膈神经放电与呼吸运动有何关系？

2. 膈神经与迷走神经在肺牵张反射中各起什么作用？为什么？

第六章

消化生理

实验6-1　胃肠运动的直接观察

［目的要求］

观察动物在麻醉状态下胃肠的运动情况及其影响因素。

［实验原理］

胃肠肌肉属于平滑肌，所以胃肠道具有平滑肌运动的特性，由于胃肠道平滑肌结构不同，因此胃运动呈蠕动及紧张性收缩；而小肠壁的平滑肌由外层的纵行肌与内层的环形肌构成。小肠运动的主要形式有紧张性收缩、蠕动、分节运动等。小肠运动受到体内神经因素、体液因素及一些化学性刺激的影响。

［实验动物］

家兔。

［器材及药品］

恒温箱或恒温水浴锅、电子刺激器、保护电极、手术台、手术器械、玻璃分针、线、注射器、注射针头、滴管、20％氨基甲酸乙酯溶液、0.01％肾上腺素、新斯的明、生理盐水、0.01％乙酰胆碱、1％阿托品等。

［方法及步骤］

1. 麻醉固定

取家兔1只，称重，按每kg体重1 g的剂量，耳缘静脉注射20％氨基甲酸乙酯溶液麻醉家兔(5 mL/kg体重)，待其麻醉后，仰卧固定在手术台上，先后固定四肢及兔头。

2. 颈部手术

用剪毛剪剪去颈前部兔毛于水盆中，颈前正中切开皮肤6～8 cm，直至下颌角上1.5～2 cm，用玻璃分针钝性分离软组织及颈部肌肉，暴露气管及与气管平行的左、右血管神经鞘。细心分离两侧鞘膜内的颈总动脉和迷走神经，在迷走神经下穿线备用。

3. 腹部手术

剪去腹部被毛，用手术刀自剑突沿腹中线(即腹白线)切开腹壁，打开腹腔(勿刺破胃肠)。亦可用手术剪沿腹中线先将腹腔剖开一小段，然后将左手食指和中指(手指背面朝下)伸入切口内压住肠管，右手用手术剪沿腹中线剪开腹壁，打开腹腔，并将腹腔脏器推至右侧，然后在左侧肾上腺附近分离内脏神经，其下也穿1根提线。

4. 观察项目

(1) 观察正常情况下小肠的运动。

(2) 提起穿过迷走神经的备用线，用保护电极钩住迷走神经，以中等强度的电流连续刺激之，观察小肠运动有何变化。

(3) 刺激内脏神经，观察胃肠运动有何变化。

(4) 在小肠壁上直接滴加0.01%乙酰胆碱2～3滴，观察小肠运动有何变化。

(5) 在小肠壁上直接滴加0.01%肾上腺素2～3滴，观察小肠运动有何变化。

(6) 由耳缘静脉注入新斯的明0.2～0.3 mg，观察小肠运动有何变化。

(7) 在新斯的明作用的基础上，由耳缘静脉注入1%阿托品0.5 mL，观察小肠运动有何变化。

(8) 切断内脏神经，观察胃肠运动有何变化。

(9) 机械性因素的影响(肠肌反射)：以镊子轻夹肠的任何一处，观察有何现象发生。

[注意事项]

1. 在整个实验过程中，为防止腹腔内温度下降和小肠表面干燥，必须经常用温热的生理盐水湿润。

2. 实验动物须在实验前1 h喂饱，或服用5%硫酸钠10 mL。

[思考题]

1. 胃肠有哪些运动形式，其生理作用怎样？

2. 神经和体液因素如何调节胃肠的运动？

实验6-2 胃液分泌及其成分分析

[目的要求]

1. 观察神经与体液因素对胃液分泌的影响。

2. 学习胃液成分的分析方法，并验证胃蛋白酶和盐酸对蛋白质的消化作用。

[实验原理]

本实验采用巴氏分胃狗做实验动物，通过胃瘘管从小胃获得纯净的胃液样品作分析测定，以反映大胃的消化状况。胃液的分泌受神经和体液因素的影响，其主要成分为胃蛋白酶、盐酸和黏液。

[实验动物]

分胃狗。

［器材及药品］

试管、试管架、三角瓶、恒温水浴锅、移液管、纤维蛋白（卡红染色）、1%$NaHCO_3$、0.1%胃蛋白酶（用 0.2%HCl 配成）、0.2%HCl、1%阿新蓝、柠檬酸磷酸缓冲液（pH5.8）、瘦肉、鸡蛋、毛细玻璃管、pH 试纸、1%酚酞、0.01 mol·L^{-1} NaOH 溶液、滴定管、卡尺、离心机、分光光度计。

［方法及步骤］

1. 实验动物（分胃狗）四肢吊绑，自然站立在动物固定架中，用脱脂棉沾 $NaHCO_3$溶液擦洗瘘管四周黏附的污垢，并清理瘘管中可能附着的堵塞物，以保证胃液通畅流出。在瘘管下方悬挂 1 个三角瓶（吊线跨越动物腰背部），在空腹安静状态下收集 1 h 流出的胃液作为基础分泌。

2. 给动物看和嗅食物 5 min，记录胃液分泌的潜伏期和 15 min 内的分泌量。

3. 用 100 g 瘦肉饲喂，连续收集 2 h 内的胃液，每隔 15 min 测定分泌量，并用 pH 试纸测定胃液的 pH。胃液过滤后分别盛于烧杯中进行成分分析。

4. 胃液中游离酸和总酸的测定

(1) 游离酸测定　吸取 10 mL 胃液于小三角瓶中，加入 1 滴 1%酚酞作为指示剂，用 0.1 mol·L^{-1} NaOH 滴定，当出现红橙色时（pH 为 7.0）所消耗的碱量（mL）乘以 10，即为胃液中游离酸的含量。

(2) 总酸测定　继续以 0.01 mol·L^{-1}的 NaOH 滴定，使溶液呈现完全的柠檬黄色后，再滴定至淡粉红色为止，所耗用的碱的总量（包括滴定游离酸耗用的量）×10，即为胃液的总酸量。

5. 胃液中胃蛋白酶的测定

取 5 支干净试管，分别编号，并加入下列物质：

A：加 0.2%HCl 1 mL；

B：加 0.1%胃蛋白酶 1 mL；

C：加 0.1%胃蛋白酶 1 mL 与 1%$NaHCO_3$ 1 mL；

D：加 0.1%胃蛋白酶 1 mL，煮沸冷却；

E：加胃液 1 mL。

各管再加入一小块纤维蛋白，然后放入 37 ℃的恒温水浴中，0.5～1 h 后取出试管，观察有何变化。

胃蛋白酶也可用美特氏法测定，方法为：

取新鲜鸡蛋的蛋清部分，缓慢搅匀，选择内径均匀（1～2 mm）的毛细玻璃管，将蛋清吸入管中，然后置入水浴锅中加热，待毛细管内蛋白凝固后取出，将毛细玻璃管掰成 2 cm 长的若干小段，选择其中蛋白柱完整不断而且不含气泡的几段，即制成美特氏蛋白管。

按下列方法测定：取 5 个培养皿，第 1 个培养皿加入经煮沸处理的胃液 2 mL；第 2 个培养皿加入基础分泌的胃液 2 mL；第 3～6 个培养皿分别加入饲喂后不同时间收集的胃液 2 mL，每个培养皿再放进两个蛋白管，然后在 37 ℃温箱中保温 24 h，用卡尺测量每个蛋白管两端被消化的量（mm），以两个蛋白管（共 4 个端）被消化的总毫米数表达消化力的大小。比较饲喂后不同时间从分胃收集胃液的消化力。

6. 胃液中黏液的测定：取 2 支试管，一管加入胃液 1 mL，另一管加入 0.2%HCl 1 mL，两管均加 1%阿新蓝 0.1 mL、柠檬酸磷酸缓冲液（pH5.8）3.3 mL、加蒸馏水至 5 mL，混匀后室温放置24 h,以 2 500 r • min^{-1}离心 10 min,取上清测定 615 nm 波长的吸光度。两管的吸光度差值即为阿新蓝与胃液中黏液的结合量,用阿新蓝的毫克数表示黏液的含量。

[注意事项]

1. 实验狗进入实验前要饥饿 12 h 以上,以保证实验时有良好的食欲。
2. 加入纤维蛋白块的大小要基本一致。

[思考题]

1. 报告各项实验结果,即不同食物刺激下胃液分泌潜伏期、持续期的分泌量、酸度以及酶的活力。
2. 胃液中各主要成分有何作用,其分泌受哪些因素的调节?

实验6-3 小肠吸收和渗透压的关系

[目的要求]

验证并掌握小肠吸收与肠内容物渗透压间的关系。

[实验原理]

肠内容物的渗透压是制约肠吸收的重要因素。同种溶液在一定浓度范围内,浓度愈大,吸收愈慢;浓度过高(高渗溶液)时,出现反渗透现象,水分由血液进入肠腔,使内容物的渗透压降低至等渗时,才被吸收。饱和硫酸镁溶液对肠壁具有反渗透作用,并且较难吸收,肠腔水分大量增加,具有轻泻作用。

[实验动物]

家兔。

[器材及药品]

兔手术台、手术器械、注射器、20%氨基甲酸乙酯溶液、0.7%氯化钠溶液、饱和硫酸镁溶液。

[方法及步骤]

1. 取家兔 1 只,称重,按每千克体重 1 g 的剂量,耳缘静脉注射 20%氨基甲酸乙酯溶液麻醉家兔(5 mL/kg 体重),待其麻醉后,仰卧固定在手术台上,先后固定四肢及兔头。
2. 剖开腹腔,拉出约 16 cm 长的一段空肠,中间环线结扎,另在距中点上下各 8 cm 处分别结扎,分为两段等长的肠腔(设为 A 段、B 段)。
3. 在 A 段中注入 5 mL 饱和硫酸镁溶液,B 段中注入 30 mL 0.7%氯化钠溶液,并将空肠放回腹腔,30 min 后检查和记录 2 段空肠内容物体积的变化。

[注意事项]

1. 结扎肠段时应防止把血管结扎,以免影响实验效果。

2. 注意实验动物的保温。

3. 肠管的结扎以不使肠管内液体相互流通为准。

[思考题]

服用大量难以吸收的盐类(如硫酸钠、硫酸镁等)可以起轻泻作用,分析其机制。

实验6-4 胆汁和胰液的分泌

[目的要求]

观察胰液和胆汁的分泌,了解影响胰液和胆汁分泌的神经、体液因素。

[实验原理]

动物的胰液和胆汁分泌都受神经、体液两种因素的调节。分泌纤维主要存在于迷走神经内,内脏神经也含有少量这类纤维。与神经调节相比较,体液调节更为重要。在稀盐酸、蛋白质分解产物及脂肪的刺激作用下,小肠黏膜可产生促胰液素和胆囊收缩素。促胰液素主要作用于胰腺导管的上皮细胞,引导水和碳酸盐的分泌,对肝胆汁的分泌也有一定的刺激作用;而胆囊收缩素主要引起胆汁的排出和促进胰酶的分泌。此外,胆盐(或胆酸)亦可促进肝脏分泌胆汁,称为利胆剂。在正常情况下,狗的胆汁连续不断的由肝脏生成,不过仅在进食等条件下胆汁和胰液才输入十二指肠;而家畜(猪、牛、羊)的胆汁和胰液不断生成并输入肠内。

[实验动物]

狗、猪或家兔。

[器材及药品]

手术台、手术器械1套、注射器及针头、生物信号采集处理系统、记滴器、保护电极、各种粗细的塑料管(或玻璃套管)、纱布、丝线、秒表、3%戊巴比妥钠溶液、粗制促胰液素(制备方法见附录三)、0.5%盐酸溶液、胆囊胆汁等。

[方法及步骤]

1. 麻醉与固定

绑缚狗的嘴部和四肢,在前肢的皮静脉或后肢的隐静脉注射3%戊巴比妥钠(30~50 mg/kg 体重),将狗麻醉后仰卧固定在手术台上。

2. 手术操作

(1) 气管插管及颈部神经分离　剪去其颈部被毛,纵行切开颈部皮肤,然后按常规分离肌肉组织,找出并切开气管,装上气管套管;分离两侧迷走交感神经干(狗迷走神经和交感神经合在一起),穿以生理盐水浸湿的丝线,以备以后切断和刺激迷走神经用。颈部手术完毕后,以温湿纱布覆盖。

(2) 股静脉插管　在狗的后肢大腿侧面,切开皮肤,找出股静脉,插入动静脉插管,并连以输液装置，以备输液和注射药物用。

（3）胰管插管　于狗的剑突下沿腹部中线切开皮肤和腹壁10 cm，翻开网膜，找出十二指肠，其旁即为胰腺。从十二指肠末端找出胰尾，沿胰尾向上将附着于十二指肠的胰液组织用生理盐水纱布轻轻剥离（注意此处血管较多，易出血），在胰尾部之上2～3 cm处可看到一条白色小管从胰腺传入十二指肠，此为胰主导管（图6－1）。分离胰主导管，并于其下穿线后，尽量在靠近十二指肠处切开，插入充满生理盐水的胰管套管，用线缚结固定，将胰管套管游离端引置于腹外，流出的胰液由记滴器记录。

（4）胆管插管　拉出胃，双结扎肝胃韧带后从中间剪断。将肝上翻找到胆囊及胆囊管，将胆囊管结扎（图6－1）。用注射器抽取胆囊胆汁数毫升备用。通过胆囊及胆囊管的位置找到胆总管，将胆管套管插入胆总管，并同时将胆总管十二指肠端结扎，将胆管套管游离端引置于腹外，流出的胆汁由记滴器记录。

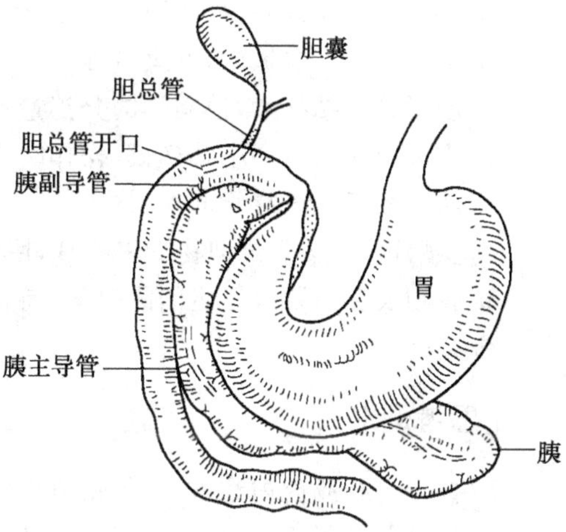

图6－1　狗胰主导管、胆总管解剖位置示意图

做完腹部手术后，应以止血钳夹拢创口皮肤。上覆湿纱布，以避免实验动物大量散热，引起不良后果。

如用猪作为实验动物，切开颈部皮肤，沿气管两侧找出最粗的神经即为迷走神经。引出胰导管的手术也有改变：使猪左侧卧，剪去右侧腹部被毛。在倒数第三肋骨处切开皮肤，分离肌肉。将倒数第三肋骨下端用骨剪截除一段，长约3 cm。然后剖开腹膜，找出十二指肠。在胰尾与十二指肠相连处就可找到胰导管。插入套管的方法与狗相同。胆总管紧靠幽门处，也以同样方法插入玻璃套管。

如用兔实验，可用氨基甲酸乙酯静脉注射麻醉。剖开腹腔找出十二指肠后，在距幽门约30～40 cm处提起小肠对着光线可以找到胰导管。在胰导管入十二指肠处细心分离胰导管约0.6～0.8 cm，于其下穿1根丝线；在靠近十二指肠端剪1个小孔，插入充满生理盐水的医用细塑料管，丝线结扎固定。然后在十二指肠起始部找出胆总管，也同样插入塑料管（或玻璃管）用丝线结扎，固定后可进行实验。

3. 连接记录装置

打开计算机，启动生物信号采集处理系统，将记录胰液和胆汁的受滴换能器分别连接到系统的两个通道上，并选择“影响尿生成因素”的模块，即可开始实验。

4. 实验项目

（1）胰液和胆汁的自动分泌　记录胰液和胆汁在不予刺激情况下每分钟分泌滴数，连续5～10 min，并计算其每分钟平均滴数。胆汁为不间断地少量分泌，而胰液分泌极少或不分泌。

（2）酸化十二指肠的作用　将十二指肠上端和空肠上段的两端用粗棉线扎紧，而后向十二指肠内注入25～40 mL（兔为20 mL）0.5%盐酸（37 ℃），记录潜伏期，观察胰液和胆汁分泌的变化，并计数每分钟胰液和胆汁的滴数，直至恢复正常为止（约10～20 min）。

（3）促胰液素的作用　股静脉注入已粗制好的促胰液素溶液5～10 mL，记录潜伏期，观察胰液和胆汁分泌的变化，并记录每分钟胰液和胆汁的滴数，直至恢复正常为止。

(4) 胆汁的作用　股静脉注入胆囊胆汁 1 mL(胆囊胆汁稀释 10 倍),缓缓注入静脉,观察胰液和胆汁分泌的变化,并记录每分钟胰液和胆汁的滴数。

(5) 迷走神经的作用　首先注射小剂量的阿托品(1 mg)以麻痹迷走神经至心脏的神经末梢后,中等强度刺激迷走神经离中端,观察胰液和胆汁分泌的变化。

[注意事项]

1. 术前应充分熟悉手术部位的解剖结构。
2. 手术操作应细心,尽量防止出血,若遇大量出血需完全止血后再行分离手术。
3. 电刺激强度要适中,不宜过强。
4. 胆囊管要结扎紧,使胆汁的分泌量不受胆囊舒缩的影响。
5. 剥离胰液管时要小心谨慎,操作时应轻巧仔细。
6. 防止插管误入导管的夹层中。
7. 实验前 2～3 h 给动物少量喂食,用以提高胰液和胆汁的分泌量。
8. 每项实验后要有一定间隔时间,待前一项反应基本消失后(即接近恢复正常时),再进行下一项实验。

[思考题]

1. 向十二指肠腔内注入 37 ℃的 0.5%HCl 溶液,胰液和胆汁分泌有何变化?为什么?
2. 股静脉注射粗制促胰液素后,胰液和胆汁的分泌有何变化?为什么?
3. 股静脉注射胆囊胆汁,胰液和胆汁的分泌有何变化?为什么?

实验 6-5　大白鼠胃液分泌的调节

[目的要求]

1. 学习测定胃液分泌的实验方法。
2. 观察胃的泌酸机能及迷走神经和组织胺对胃液分泌的调节作用。

[实验原理]

胃黏膜有许多腺体。胃底和胃体黏膜的腺体分泌胃蛋白酶和盐酸,一般所称的胃液,就是指这部分液体。胃液中的盐酸是由胃腺的壁细胞分泌,其分泌速率通常用单位时间内排出的盐酸毫摩尔数(mmol)或微摩尔数(μmol)表示。按感受食物刺激的部位可将消化期的胃液分泌分为头期、胃期和肠期。头期胃液分泌具有量大、酸度高和消化酶多的特点,主要受神经调节;胃期胃液分泌的量最大(占进食后分泌量的 60%),酸多,但酶少于头期;肠期胃液分泌的量最少,胃期和肠期主要受体液调节。迷走神经、胃肠激素(促胃液素)、组织胺及拟胆碱药物促进胃液的分泌,阿托品和甲氰咪胍分别能阻断迷走神经和组织胺的促胃液分泌的作用而抑制胃液的分泌。

[实验动物]

大白鼠。

[器材及药品]

常用手术器械1套、刺激器、保护电极、直径2～3 mm、长约15 cm细塑料管、纱布垫、碱式滴定管和支架、2 mL及5 mL注射器、100 mL锥形瓶、棉线、0.01 mol·L^{-1} NaOH、1%酚酞、3%戊巴比妥钠溶液、0.5 mg·mL^{-1}阿托品、0.01%磷酸组织胺、1 mg·mL^{-1}毛果芸香碱、甲氰咪胍(组胺拮抗剂)、生理盐水等。

[方法及步骤]

1. 麻醉与固定

取350 g以上大白鼠2只(雌雄均可),预先禁食18～24 h,任其自由饮水。实验时,用3%戊巴比妥钠溶液腹腔注射麻醉,剂量为40～50 mg/kg体重。背位固定于手术台上。

2. 气管插管

将颈中部被毛剪去,作长约1.5 cm的皮肤切口,分离肌肉,找出气管,插入气管插管。

3. 食管插管

将上腹部被毛剪去,在剑突下腹部正中剪1个长约3 cm的切口,沿腹白线剖开腹腔,在左上腹内找到食管、胃和十二指肠。将胃移至腹腔外沾有生理盐水的纱布垫上,于贲门处分离食管表面的迷走神经,穿线备用。用另一根线穿绕贲门一周,在颈部食管剪一小口,向胃端插入一根游离端连用8号针头的塑料套管,套管插入胃内约2 cm,用手指在胃表面触到胃内的细塑料管后,即将贲门处的线结扎,以免套管滑脱。此插管用来向胃内注入生理盐水。

4. 幽门管插管

在胃和十二指肠交界处穿两根线,两线相距约1 cm。先把十二指肠远端的线结扎,然后在十二指肠近幽门端的肠壁上剪一小口,把细塑料管向幽门方向插入胃内,深约1 cm,将事先准备好的线结扎,以固定此塑料管。此插管用来收集胃液。

用注射器将大量温热的生理盐水从食管插管注入,用手指轻压胃体,观察幽门插管出口是否通畅,流出液有无食物残渣和血液,如出口通畅说明手术成功。为使胃灌流液流出通畅,可将大鼠体位改为侧卧位。

用温热的生理盐水冲洗胃腔,使残留食物由胃插管流出体外,直至流出的盐水澄清时即表示胃被洗净。然后将胃送入腹腔,用蘸有温热生理盐水的纱布垫覆盖,避免体温下降,或用灯泡照射,以维持动物体温。

5. 胃液样品的收集和胃酸的测定

术后30 min后开始测定胃酸分泌的情况。

(1) 胃酸的基础分泌 用5 mL生理盐水冲洗胃,用锥形瓶收集由幽门端流出的液体2 min,连续冲洗3次,共收集3个胃液样品,以此作为正常对照。每个样品中加入1～2滴酚酞为指示剂,用0.01 mol·L^{-1} NaOH溶液滴定每次所收集的胃液样品,将中和胃酸所用去的NaOH量(L)×NaOH的浓度(mol·L^{-1}),即为2 mL胃酸排出量,换算成μmol·(L·2 min)$^{-1}$来表示。

(2) 迷走神经对胃液分泌的影响 刺激迷走神经,每次持续5 s,间隔20 s,重复刺激多次。30 min后按上法收集样品和测定胃酸排出量。切断迷走神经,30 min后同法收集胃洗出液,应用滴定法测定每一个样品中的胃酸含量。

(3) 阿托品对胃液分泌的作用 另取1只大白鼠,手术同前。按实验项目(2)的方法刺激两侧迷走神经，收集两次胃液样品及测定胃酸含量，并以此胃酸含量作为对照。然后以 1 mg/kg 体重的剂量给大白鼠皮下注射阿托品，5 min 后再重复实验项目(2)的方法刺激两侧迷走神经，30 min 后收集 2 次胃液，测定胃酸含量。比较结果有何不同？

(4) 组织胺对胃液分泌的作用　收集对照样品后，立即从皮下注射磷酸组织胺(1 mg/kg 体重)，再连续收集 3 个样品，应用滴定法测定每 1 个样品中的胃酸含量。

(5) 组织胺拮抗剂对胃液分泌的影响　肌肉注射甲氰咪胍(250 mg・kg^{-1})，收集 3 个样品后，再皮下注射磷酸组织胺(1 mg・kg^{-1})，连续收集 3 个样品，应用滴定法测定每一个样品中的胃酸含量。

(6) 五肽促胃液素的泌酸作用　收集对照样品后，立即皮下注射五肽促胃液素(100 μg/kg 体重)，收集胃洗出液，连续收集 3 个样品，用滴定法测定每一个样品中的胃酸含量。

(7) 毛果芸香碱的泌酸作用　收集对照样品后，立即皮下注射毛果芸香碱 0.5 mL，收集胃洗出液，连续收集 3 个样品，用滴定法测定每一个样品中的胃酸含量。

皮下注射阿托品(1 mg)收集对照样品后，再皮下注射毛果芸香碱 0.5 mL，收集胃洗出液，连续收集 3 个样品，用滴定法测定每一个样品中的胃酸含量。

[注意事项]

1. 为保证胃液分泌，大白鼠不宜麻醉太深。
2. 因大白鼠的迷走神经很细，容易拉断，分离时要非常细心。
3. 用手指轻轻触摸胃，检查胃内是否有食物残渣，若胃内有固体物则要在胃大弯侧切开胃体，取出胃内食物团，并用蘸有温热生理盐水的棉签将胃内的食物残渣清除干净，然后缝合胃的切口。

[思考题]

1. 影响胃酸分泌的因素有哪些？
2. 组织胺、阿托品和毛果芸香碱对胃酸分泌有何影响？试说明其作用机制。

实验 6-6　离体小肠平滑肌的生理特性

[目的要求]

通过观察化学物质、温度变化对离体小肠平滑肌收缩的影响，使学生掌握离体小肠平滑肌收缩的记录方法，加深对平滑肌某些基本特性的理解。

[实验原理]

平滑肌除具有肌肉的一般生理特性外，还具有自动节律性收缩的特性，并且受肠壁内神经丛与外来植物性神经的支配。离体肠段虽然失去外来神经的支配，但肠壁神经丛仍存在，在适宜的条件下，仍能保持平滑肌收缩的特性及肠壁神经丛的作用。离体小肠实验不仅在理论上可以证明平滑肌的生理特性，而且还可用来研究各种因素对平滑肌的影响。

[实验动物]

家兔。

[器材及药品]

手术刀、手术剪、眼科剪、中镊子、眼科镊、恒温平滑肌浴槽、生物机能采集处理系统、张力换能器、5 mL 注射器、棉线、丝线、铁架台、细塑料管(或橡胶管)、氧气袋、长滴管、台氏液、0.01%肾上腺素、0.01%乙酰胆碱、1%$CaCl_2$溶液、1 mol · L^{-1} HCl 溶液、1 mol · L^{-1} NaOH。

[方法及步骤]

1. 实验准备

(1) 恒温平滑肌浴槽装置

向中央标本槽内加入台氏液至浴槽高度的 2/3 处。外部容器为水浴锅加自来水。启开电源,恒温工作点定在 38℃(图 6-2)。

(2) 标本制备

向兔耳缘静脉注射空气(或用木棒猛击兔的后脑部)使其致死,背位固定于手术台上,腹部剪毛后,沿正中线切开皮肤和腹壁,找到胃,以胃幽门与十二指肠交界处为起点,快速沿肠缘剪去肠系膜,然后再剪取 20～30 cm 长的十二指肠,置于 4℃左右的台氏液中轻轻漂洗,可用注射器向肠腔内注入台氏液冲洗肠腔内壁,并置于 4～6℃台氏液中备用。实验时将肠管剪成 2～3 cm 的肠段,用棉线结扎肠段两端,将一端结扎线连于浴槽内的标本固定钩上,另一端连于张力换能器,适当调节换能器的高度,使其与标本之间松紧度合适。此相连的线必需垂直,并且不能与浴槽壁接触,避免摩擦。用塑料管将充满气体的球胆或增氧泵与浴槽底部的通气管相连,调节塑料管上的螺旋夹,让通气管的气泡 1 个 1 个的溢出,为台氏液供氧。

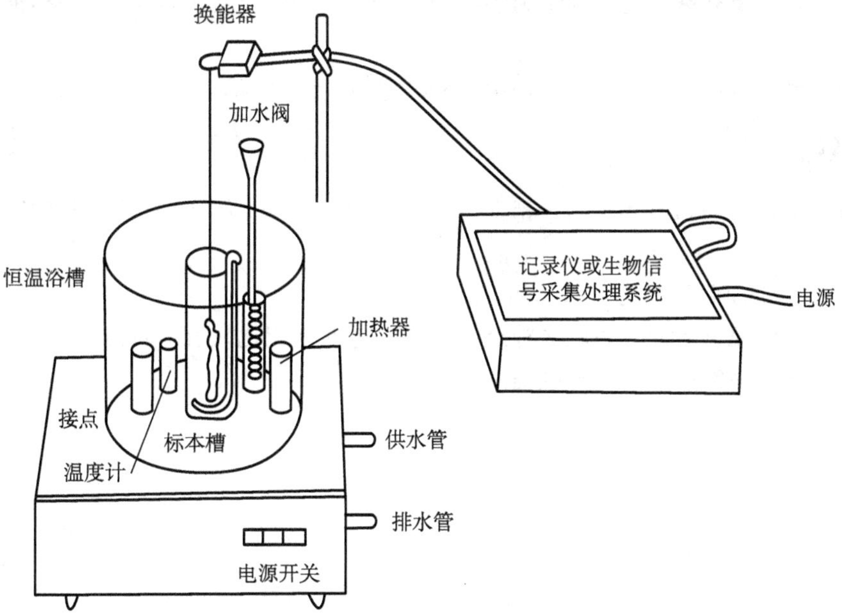

图 6-2 离体小肠平滑肌灌流装置

(3) 仪器连接与调试

将张力换能器输入端与系统的通道相连,进入生物信号采集处理系统,选择离体小肠平滑肌的生理特性实验项目。

2. 实验项目

(1) 观察、记录38℃台氏液中的肠段节律性收缩曲线。

(2) 观察、记录25℃台氏液中的肠段节律性收缩曲线。

(3) 待中央标本槽内的台氏液的温度稳定在38℃后,加0.01%肾上腺素1～2滴于中央标本槽中,观察肠段收缩曲线的改变。在观察到明显的作用后,用预先准备好的新鲜38℃台氏液冲洗3次。

(4) 待肠段活动恢复正常后,再加0.01%乙酰胆碱1～2滴于中央标本槽中,观察肠段收缩曲线的改变,作用出现后同上法冲洗肠段。

(5) 向中央标本槽内加入1 mol·L^{-1}NaOH溶液1～2滴,观察肠段收缩曲线的改变。作用出现后同上法冲洗肠段。

(6) 向中央标本槽内加入1 mol·L^{-1}HCl溶液1～2滴,观察肠段收缩曲线的改变。待作用出现后同上法冲洗肠段。

(7) 向中央标本槽内加入1%$CaCl_2$溶液2～3滴,观察肠段收缩曲线的改变。

[注意事项]

1. 实验动物先禁食24 h,于实验前1 h喂食,然后处死,取出标本,肠运动效果更好。

2. 标本安装好后,应在新鲜38℃台氏液中稳定5～10 min,有收缩活动时即可开始实验。

3. 注意控制温度。加药前,要先准备好更换用的新鲜38℃台氏液,每个实验项目结束后,应立即用38℃台氏液冲洗,待肠段活动恢复正常后,再进行下一个实验项目。

4. 实验项目中所列举的药物剂量为参考剂量,若效果不明显,可以增补剂量,但要防止一次性加药过量。

5. 出现明显现象后立刻用台氏液冲洗,不要等待进一步现象。

[思考题]

1. 比较维持哺乳动物离体小肠平滑肌活动和维持离体蛙心活动所需的条件有何不同?为什么?

2. Ca^{2+}在平滑肌收缩中起什么作用?

3. 胃肠道平滑肌电活动与心肌或神经纤维生物电活动相比较有何特点?

4. 分析胃肠道平滑肌电活动与收缩的关系。

第七章

体温与能量代谢生理

实验 7－1　鼠类耗氧量的测定

［目的要求］

学习测定小动物耗氧量的一种简单方法。

［实验原理］

通过测定动物在一定时间内的耗 O_2 量，可以计算其代谢率。动物的生长、体温的维持、运动和做功等所需的能量都是由体内储存的蛋白质、糖、脂肪氧化分解而产生。该过程需要吸收 O_2，产生 CO_2、H_2O 和能量（热量）。物质在体内氧化分解和在体外氧化分解（燃烧）的规律是一致的，即物质在分解氧化时消耗 1 L 氧所释放的热量是一致的，称为该物质的氧热价。根据氧热价，如果知道单位时间内用于氧化分解某种物质所消耗的氧量，就可以计算出某物质释放的能量。而某物质的氧热价因其性质和它的组成比例而异。因此若能测出动物在某段时间内的耗 O_2 量和排出的 CO_2 的量，计算该动物的呼吸商，并按呼吸商算出氧热价，就可推算出该动物在该段时间内的能量消耗，以了解该动物当时体内营养物质分解代谢的情况。

［实验动物］

小白鼠或大白鼠。

［器材及药品］

鼠笼、鼠饮水器、500 mL 广口瓶、胶塞、温度计、水检压计、10 mL 注射器、铁丝篮、秒表、橡皮管、钠石灰、液体石蜡、甲基蓝溶液。

［方法及步骤］

1. 按图 7－1 安装测定小动物耗氧量的简单装置。然后将注射器内涂抹少许液体石蜡，往返抽送数次，使液体石蜡在注射器内壁形成均匀薄层，以防止气体逸出。水检压计的水柱应放至“0”刻度，水中可加少量甲基蓝溶液，以便读数。

2. 检查大（小）白鼠代谢器是否漏气　以注射器推进一定量（5 mL）的气体，使水检压计一侧水柱液面上升到一定高度，然后夹闭进气管或保持注射器在一定位置。静置数分钟后，如水柱液面稳定，表示装置密封良好，可以进行实验。

3. 把大白鼠（或小白鼠）放入广口瓶内，塞紧胶塞，等待 3～5 min，让动物适应测定环境和使

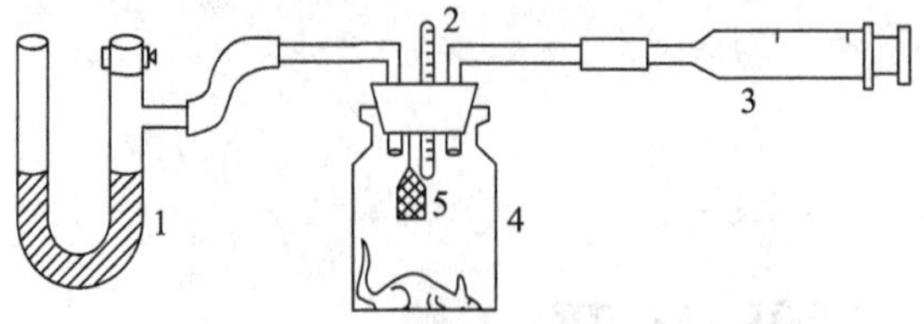

图 7-1 测定动物耗氧量的简单装置

1. 水检压计 2. 温度计 3. 注射器 4. 广口瓶 5. 铁丝篮(钠石灰)

瓶内的温度稳定,记录瓶内的温度。

4. 注射器内先装有 10 mL 空气,然后将注射器向前推进 2～3 mL,则见水检压计与大气相通的水柱液面升高,同时记下时间。因为大白鼠(小白鼠)代谢过程中消耗了 O_2,而所产生的 CO_2 又被广口瓶内的钠石灰吸收,所以广口瓶内气体逐渐减少,水柱液面也随之回降。待液面降至原来水平时,再将注射器向前推进 2～3 mL,如此重复进行,直至推入 10 mL 为止。待水检压计两边的水柱液面降到同一水平时,记下时间。从开始至此时即为消耗 10 mL O_2 所需的时间。

假定大(小)白鼠所食为混合食物,其呼吸商为 0.82,每消耗 1 L O_2 所产生的热量为 4.825 千卡,计算大(小)白鼠能量代谢。

大(小)白鼠能量代谢的量为:

$$\frac{1\ \text{L}\ O_2\ \text{的热价} \times \text{耗}\ O_2\ \text{量/h}}{\text{大(小)白鼠的体表面积}} = \text{产热量(千卡)/mm}^2 \cdot \text{h}$$

附: $A(\text{动物体表面积,以 m}^2\ \text{计算}) = K \times W(\text{体重,g})^{2/3}/10\ 000$

式中,K 为一常数,随动物种类而不同:小白鼠和大白鼠为 9.1、豚鼠为 9.8、家兔为 10.1、猫为 9.8、狗为 11.2、猴为 11.8、人为 10.6(各家报导 K 值略有出入)。W 为以 g 为单位体重的 2/3 次方。应当指出,这样计算出来的表面积是一种粗略的估计值,不一定完全符合于每个动物的实测值。

或 体表面积(mm^2)= 体重 0.425(kg)× 体长 0.725(cm)× 0.007184

$$\log \text{面积}(\text{mm}^2) = 0.425\log(\text{kg}) + 0.725\log(\text{cm}) + \log 0.007184$$

大(小)白鼠体长:从鼻尖至尾根的长度。

[注意事项]

1. 整个系统的活塞要塞紧,确保不漏气。

2. 注射 5 mL 空气入广口瓶内时,压力计中上升的液面要维持恒定,如果液面自动迅速下降,则是漏气,并非大(小)白鼠呼吸造成的。

3. 本实验所求得的数值为近似值。如通入 O_2 以代替空气,并按标准状况校正气体容积,则可获得较准确的数值。

4. 钠石灰要新鲜干燥。

5. 开始实验和消耗 10 mL O_2 所观察的水柱液面一定要水平,记下准确的时间,计算时才能缩小误差。为了便于观察可将水检压计内的水染成红色。

[思考题]

1. 能量代谢受哪些因素影响?

2. 利用耗 O_2 量怎样计算代谢率?

实验 7－2 甲状腺激素对机体代谢的影响

[目的要求]

观察甲状腺激素对机体的作用。

[实验原理]

甲状腺激素能使动物的基础代谢率增高,需氧量增多。应用甲状腺激素制剂的动物放入密闭器时,对缺氧敏感性提高,与对照组动物比较,容易因缺氧窒息而死亡。

[实验动物]

小白鼠。

[器材及药品]

鼠笼、鼠饮水器、注射器或灌胃管、1 000 mL 广口瓶、测量耗氧量装置、甲状腺激素制剂。

[方法及步骤]

1. 将 20 只健康小白鼠按性别、体重(18～22 g)随机分为对照组与给药组,每组 10 只。
2. 给药组动物可采用灌胃法饲给甲状腺激素制剂,每日 5 mg,连续用药 2 周。对照组动物给予等容积生理盐水。
3. 试验方法有两种,可选择进行。

(1) 将每只小白鼠分别放入容积 1 000 mL 的广口瓶中,把瓶口密封后,立即观察动物的活动,并记录其存活时间。最后汇总全组动物的实验结果,计算平均存活时间,并与对照组结果进行比较。

(2) 按实验 7－1 的方法将每只小白鼠分别放入测量耗氧量装置的广口瓶中,分别测定它们的耗氧量,最后汇总全组动物的实验结果,计算平均耗氧量,实验组与对照组进行比较。

[注意事项]

1. 室温升高能增加动物对缺氧的敏感性,故实验室温度应保持在 23 ℃左右为宜。
2. 据报道,本实验选用雄性动物结果较稳定。

[思考题]

1. 影响代谢率的因素有哪些?
2. 甲状腺素怎样调节机体的代谢?

实验 7-3 几种常用实验动物体温的测定

[目的要求]

熟悉家畜体温的测定方法，了解健康家畜的体温状况。

[实验原理]

机体各部分之间存在着温度的差异，体表温度一般较体内温度为低，健康动物体表各部分皮肤温度的分布也是不均匀的，它取决于局部血管的分布情况，皮肤的裸露程度以及被毛的厚度。而且皮肤温度与环境温度有密切的关系。这不仅是由于环境温度能直接影响皮肤的物理性散热，而且还由于环境温度可通过刺激皮肤的温度感受器，反射性的改变皮肤血管的口径和影响竖毛肌的舒缩，使体温的散失增加或减少。因此，测定动物的体温有助于了解其健康状况和皮肤温度分布的一般规律以及机体当时体热散失的状况。

[实验动物]

小白鼠、大白鼠、家兔等。

[器材及药品]

普通体温计(肛表、口表)、半导体点温计(图 7-2)、数字体温计。

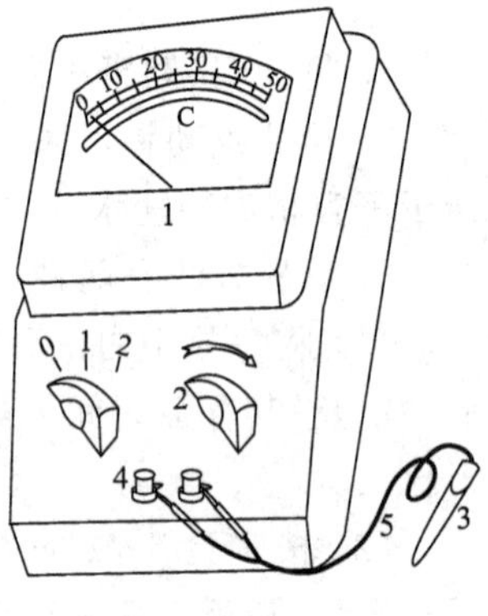

图 7-2 半导体点温计
1. 电表 2. 旋钮 3. 测定管 4. 接线柱 5. 导线

[方法及步骤]

动物体温测定可采用普通体温计(肛表、口表)法、半导体温度计法或数字体温计法。为防止测定过程中动物挣扎，以至于挫伤肠壁或折断体温计，在测定前应先固定好动物。

1. 普通体温计法

一般采用肛表测温法。实验动物固定好后，将肛表体温计慢慢插入实验动物的直肠，并由实验者右手固定体温计，使肛表体温计在直肠保留 3 min 后取出读数。插入直肠的深度取决于动物的大小，犬、猫、兔 3.5～5 cm，豚鼠 3.5 cm，大鼠、小鼠 1.5～2.0 cm。为了使插入深度一致，可用胶皮管套在温度计上，作为“限止环”。

2. 半导体点温计法

(1) 测定时，先将左边的旋钮拨到“1”，此时指针应指在电表刻度的最后 1 格的线上，如果不到，则轻轻地转动右边的旋钮予以调整，再将左边旋钮拨到“2”处，此时指针所指的温度为外界环境温度，然后即可进行测定。

(2) 在动物身体的不同部位(如鼻、额、背、腹侧、腹下、上臂、腋部、大腿、肋部、前蹄、后蹄等处)选择数点，作测定部位。将测定管的尖端接触测定部位，约 6～7 s，待电表指针稳定后，指针所指的度数，即为该部位的温度数值。

3. 数字体温计法

(1) 数字体温计采用热敏电阻作为测温元件，测温准确、迅速，测温结果以数字形式直接显示出来。它适用于连续和同时测量动物机体各部位，如口腔、肛门以及皮肤各部分的温度。

(2) 接通电源插座，打开电源开关，将传感器贴紧被测动物的某一部位，数字管便将测温的结果准确清楚地显示出来。

(3) 最后将所测得的结果填于下表并分析其结果。

表 7-1 各部位的温度 /℃

环境温度	直肠	皮肤温度									
		鼻	额	背	侧腹	腋下	上臂	大腿	肋部	前蹄	后蹄

[注意事项]

1. 一般注意事项：

(1) 检查肛表水银柱是否已甩下来，半导体点温度计的指针是否指在零位。

(2) 环境温度对动物体温的测定有一定的影响，一般环境温度应控制在 18～28 ℃。

(3) 测量温度时应连续测定 2～3 次，取平均值。

(4) 为了使插入深度一致，可用胶皮管套在温度计上，作为“限止环”。

(5) 每次测定时间要一致。一般体温计放入直肠内固定时间为 3 min，而每天测定的时间也大致一样，如第一次在上午测定，以后均应在上午测定。

(6) 防止有大便阻塞和动物挣扎造成直肠损伤及出血现象。

(7) 测定时尽可能使动物处于自然状态，勿使其过于紧张、恐惧。

2. 数字体温计测温时还应注意以下事项：

(1) 热敏电阻传感器在测温和保存中应避免与硬物碰撞，否则将损坏元件。

(2) 传感器消毒方式：采用无毒聚乙烯薄膜套在传感器头部，膜套使用前已经过严格消毒，每次测温完毕应立即取下，下次测温使用时另换新套。

[思考题]

恒温动物的体温是如何维持的？

第八章

泌尿生理

实验8-1　尿生成的影响因素

［目的要求］

学习用膀胱套管或输尿管套管引流的方法，观察不同生理因素对动物尿量的影响，加深对尿生成调节的理解。

［实验原理］

尿是血液流过肾单位时经过肾小球滤过，肾小管和集合管重吸收与分泌而形成的。影响肾小球滤过作用的主要因素是有效滤过压，有效滤过压的大小取决于肾小球毛细血管内的血压，以及血液的胶体渗透压和囊内压。影响肾小管重吸收机能的主要因素是小管液渗透压的高低和肾小管上皮细胞的重吸收能力，后者又为多种激素所调节。

［实验动物］

家兔。

［器材及药品］

生物信号采集处理系统、压力换能器、注射器、小动物手术台、手术器械、膀胱套管、记滴与刺激两用电极、烧杯、缝合针、丝线、试管、试管夹、培养皿、酒精灯、纱布、20％氨基甲酸乙酯溶液、20％葡萄糖溶液、0.01％肾上腺素、生理盐水、速尿（呋塞米）、抗利尿激素（垂体后叶素）、0.6％酚红、10％NaOH、班氏试剂等。

［方法及步骤］

1. 标本的制备

(1) 实验兔在实验前应给予足够的菜和饮水。

(2) 称重动物，按每 kg 体重 1 g 的剂量，耳缘静脉注射 20％氨基甲酸乙酯溶液麻醉兔（5 mL/kg 体重），待其麻醉后仰卧固定于手术台上。

(3) 颈部手术　剪去颈前部兔毛，沿颈正中线切开皮肤 5～6 cm，用止血钳纵向分离软组织及颈部肌肉，暴露气管及与气管平行的右血管神经鞘，细心分离出右侧鞘膜内的迷走神经，在神经下穿线备用，用温生理盐水纱布覆盖创面。

(4) 颈动脉插管术，记录血压　颈动脉插管术具体方法参见第一章第二节（见图 1-33）。血压记录方法参见实验 4－9。

（5）尿液的收集

可选用膀胱套管法或输尿管插管法（图 8－1）。

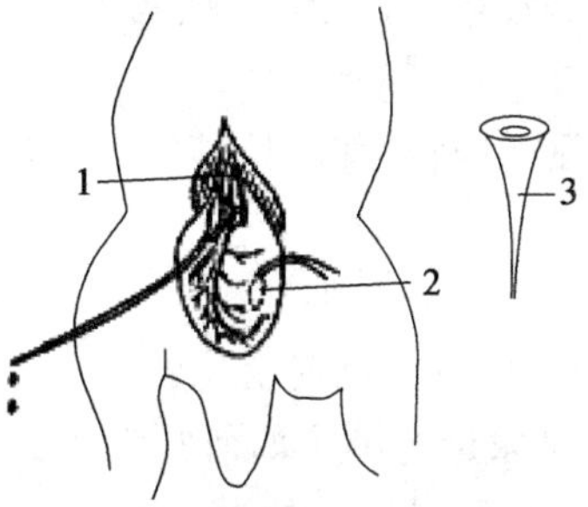

图 8－1 兔输尿管及膀胱导尿法

1. 输尿管 2. 插膀胱导管部位 3. 膀胱导管

2. 仪器连接

将压力换能器接在计算机生物信号采集处理系统的 2 通道，尿滴记录线接在记滴器上，通过记滴器与生物信号采集处理系统的 4 通道连接，描记尿的滴数。刺激电极与系统的刺激输出相连。手术和实验装置连接完成后，放开动脉夹，记录血压和尿量，进行项目观察。

3. 项目观察

（1）连续记录动脉血压。

（2）记录正常尿流量（滴/min），可连续计数 5～10 min，求其平均数并观察动态变化。

（3）自耳缘静脉快速注射 38 ℃的 0.9%氯化钠溶液 20 mL，观察血压和尿量的变化。

（4）结扎并切断右侧迷走神经，连续刺激迷走神经的外周端 20～30 s，使血压降至 6.67 kPa（50 mmHg）左右，观察血压和尿量的变化。

（5）取尿液 2 滴作 1 次尿糖定性试验。静脉注射 20%葡萄糖 5 mL，观察尿量的变化。当尿量显著变化时，取流出的尿液 2 滴作一次尿糖定性试验，观察有无尿糖。

（6）自耳缘静脉注射 38 ℃的 20%葡萄糖溶液 10 mL，计数每分钟尿分泌的滴数。

（7）自耳缘静脉注射 0.01%肾上腺素 0.5～1 mL，观察血压和尿量的变化。

（8）静脉注射速尿 5 mg/kg 体重，观察尿量的变化。

（9）静脉注射 0.6%酚红 0.5 mL，用盛有 10%NaOH 溶液的培养皿收集尿液，计算从注射酚红起到尿中刚出现酚红所需的时间（酚红在碱性液中呈红色，可在培养皿下垫 1 张白纸以及时察觉）。

（10）静脉注射抗利尿激素 1～2 IU（0.2 mL），观察血压和尿量的变化。

［注意事项］

1. 选择家兔体重在 2.5～3.0 kg，实验前给兔多喂菜叶，或用橡皮导尿管向兔胃内灌入 40～50 mL 清水，以增加基础尿量。

2. 手术动作要轻揉，腹部切口不宜过大，以免造成损伤性闭尿。剪开腹壁避免伤及内脏。

3. 因实验中要多次进行耳缘静脉注射，因此要注意保护好兔的耳缘静脉。应从耳缘静脉的远端开始注射，逐渐向耳根部推进。

4. 输尿管插管时，注意避免插入管壁和周围的结缔组织中；插管要妥善固定，不能扭曲，否则会阻碍尿的排出。

5. 实验顺序的安排是：在尿量增加的基础上进行减少尿生成的实验项目，在尿量少的基础上进行促进尿生成的实验项目。一项实验需在上一项实验作用消失，尿量基本恢复正常水平时再开始。

6. 刺激迷走神经强度不宜过强，时间不宜过长，以免血压过低，心跳停止。

[思考题]

1. 静脉快速滴注大量生理盐水时，尿量有何变化？
2. 静脉注射20％葡萄糖溶液对尿量的影响如何？为什么会出现尿糖？
3. 静脉注射速尿和抗利尿激素分别对尿量的影响如何？
4. 静脉注入的酚红经什么方式进入尿液？

第九章

中枢神经生理

实验9-1　反射时的测定与反射弧的分析

[目的要求]

1. 学习反射时的测定方法。
2. 了解反射弧的组成。

[实验原理]

反射是机体在中枢神经系统的参与下，对内外环境刺激所发生的规律性应答反应。反射是神经系统的基本活动方式。较简单的反射只需通过中枢神经系统较低级的部位就能完成，而较复杂的反射需要由中枢神经系统较高级的部位整合才能完成。在脊髓和高位中枢之间横断，仅保留脊髓的动物称为脊动物。此时动物的各种反射活动为单纯的脊髓反射。由于脊髓已失去了高级中枢的正常调控，所以反射活动比较简单，便于观察和分析反射过程的某些特征。

神经反射的结构基础是反射弧。一个完整的反射弧由下列5部分组成：感受器、传入神经、神经中枢、传出神经和效应器。反射弧的完整性是确保反射活动得以发生的物质结构基础，反射弧中任何一个环节的解剖结构或生理完整性受到破坏，反射活动都无法实现。

生理学上把从感受器接受刺激到效应器发生反应所经历的时间称为反射时。反射时包括感受器兴奋的潜伏期，冲动在传入神经上传导的时间，中枢延搁时间，冲动在传出神经上传导的时间，神经-肌肉接头的延搁及肌肉兴奋和收缩的潜伏期等。反射时的长短与刺激强度有关，在一定范围内，反射时随刺激强度的增加而逐渐变短。

[实验动物]

蛙或蟾蜍。

[器材及药品]

蛙类手术器械、万能支架、秒表、蛙板、平皿（或10 mL小烧杯）、烧杯（500 mL或搪瓷杯）、滤纸片、纱布、脱脂棉、细线、大头针、硫酸溶液（0.25%、0.5%、1%）、盐酸溶液（0.5%、1%）。

[方法及步骤]

1. 脊动物的制备

取蛙（或蟾蜍）1只，将毁髓针垂直插入枕骨大孔，向前捣毁脑组织并在脊髓和高位中枢之间

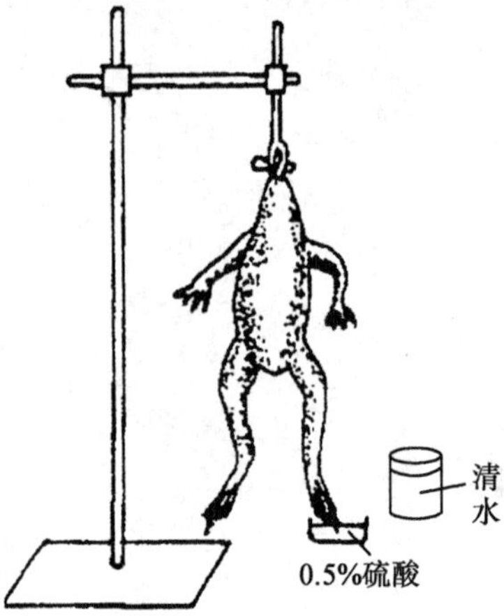

图 9-1 反射弧分析
(陈克敏,2001)

彻底横断,保留脊髓(即制备脊动物)。在毁脑后的短暂时间内,动物的脊髓反射会消失,观察并记录脊髓反射恢复所需要的时间。

用毁髓针在动物的下颌处穿孔,用短线悬挂在万能支架上(图 9-1),待其安静后,进行下面实验。

2. 反射时的测定

(1) 在平皿内盛适量的 0.25%硫酸溶液,将蟾蜍右后肢的最长趾浸入硫酸溶液 2～3 mm,同时按动秒表开始记录时间,当屈肌反射一出现立刻停止计时,并立即将该足趾浸入大烧杯水中浸洗,然后用纱布擦干。记录此次反射的反射时。用上述方法重复 3 次,注意每次浸入趾尖的深度要一致,脚趾浸酸的时间不超过 10 s,每次测定后必须休息 1～2 min 才可以进行下一次测定。如果 3 次测定结果比较平行,可将 3 次所测时间的平均值定为该实验的反射时。

(2) 按步骤(1)所述方法依次测定 0.5%、1%硫酸刺激所引起的屈肌反射的反射时。比较 3 种浓度的硫酸所测得的反射时是否相同。

3. 反射弧的分析

(1) 用培养皿盛 0.5 %HCl 分别刺激左右两后肢最长趾趾端,均出现屈肌反射,实验完毕,将动物浸于盛有清水的大烧杯内洗净脚趾,并用纱布擦干。

(2) 在右后肢最长趾趾关节上作 1 个环形皮肤切口,将切口以下的皮肤全部剥除。再用 0.5%HCl 刺激右脚趾,观察是否出现反射,洗净脚趾,分析原因。

(3) 将浸过 1%HCl 的滤纸片(约 1 cm×2 cm)贴在右后肢的皮肤上,观察是否出现屈肌反射。

(4) 将动物俯卧位固定在蛙板上,于右侧大腿背部纵行剪开皮肤,在股二头肌和半膜肌之间的沟内找到坐骨神经干(位置不能太低,分支尽量剪断),拉出坐骨神经,将其剪断。

(5) 重复上述步骤(3)的操作,观察是否有屈肌反射出现,并分析原因。

(6) 用 1%HCl 滤纸片(约 2 cm×2 cm)刺激蛙背部或腹部的中央部分,可见左后肢出现搔扒反射,右后肢的大腿部分有反射性运动,而小腿和足不动,分析原因。

(7) 将右后肢大腿处的肌肉剪断,重复步骤(6)的操作,可见左后肢出现搔扒反射,右后肢(包括大腿部分)完全不动,分析原因。

(8) 将动物放在蛙板上,用毁髓针将脊髓破坏,重复步骤(6)的操作,观察有无反射出现,说明原因。

[注意事项]

1. 毁脑时要彻底,否则影响实验现象的观察。
2. 毁脑时不可伤及脊髓,以免破坏脊髓反射中枢。
3. 每次实验时要使皮肤接触酸的面积不变,以保持相同的刺激强度。
4. 剥脱脚趾皮肤要完全,若剩留少量皮肤会影响实验结果。
5. 每次刺激后要立即洗去酸液,以免损伤皮肤,影响后续实验。

[思考题]

1. 右侧坐骨神经被剪断后，动物的反射活动发生了什么变化？这是损伤了反射弧的哪一部分？为什么对侧后肢会出现反应？

2. 完全损毁中枢神经以后，用电直接刺激肌肉，还收缩吗？如果收缩，这叫做反射吗？为什么？

实验9-2　脊髓背根与腹根的机能

[目的要求]

1. 学习暴露脊髓和分离脊神经背、腹根的方法。
2. 了解背根和腹根的不同机能。

[实验原理]

利用脊髓蛙标本，分别刺激脊髓的背根和腹根；再剪断背根和腹根，分别刺激其近中枢端和远中枢端，发现背根和腹根是专一特异地分别由传入和传出纤维组成，分别负责感觉的传入和运动指令的传出。若切断背根，则相应部位的刺激不能传入中枢；若切断腹根，不能传出冲动，则其支配的效应器也不再发生反应。

[实验动物]

蛙或蟾蜍。

[器材及药品]

常规手术器械、生物信号采集处理系统（或刺激器）、双针形露丝刺激电极、蛙板、滴管、玻璃分针、脱脂棉、红色和白色细丝线、任氏液。

[方法及步骤]

1. 制备脊动物，并将其俯卧固定在蛙板上。沿背部中线剪开皮肤，向前开口至耳后腺水平，向后开口至尾杆骨中段。用剪刀小心剪去脊椎两侧的纵行肌肉及椎间肌肉，暴露椎骨（图9-2）。

2. 提起尾椎骨，在接近第九椎骨的后缘处，将尾椎剪断。再由后向前剪开3～4节椎弓，暴露灰黑色的硬脊膜。小心挑开硬脊膜，就可看到脊神经根。

3. 用任氏液冲洗马尾部，小心识别第7～10对脊神经背根和腹根（图9-3）。用玻璃分针分离第九对脊神经的背、腹根（背根近椎间孔处有淡黄色、半个小米粒大小的脊神经节）。将同一节的两侧背根分别穿两条白色丝线，腹根分别穿两条红色丝线备用。细丝线提前用任氏液浸湿。

4. 放松两后肢，打开生物信号采集处理系统（或刺激器），调节刺激参数，用适当强度的电流分别刺激背根和腹根，都引起后肢屈曲。

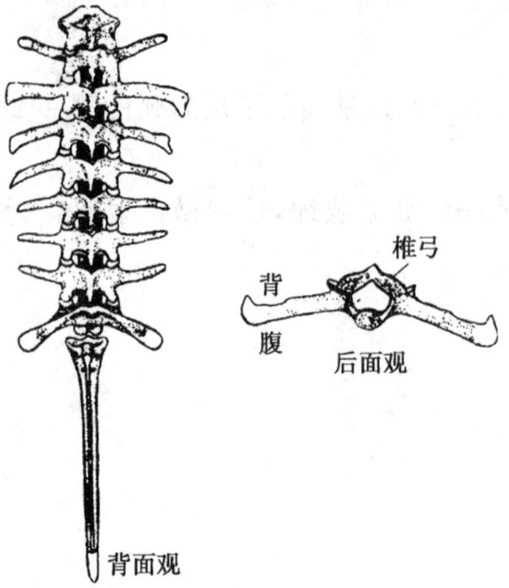

图 9-2 蟾蜍椎骨(解景田,2002)

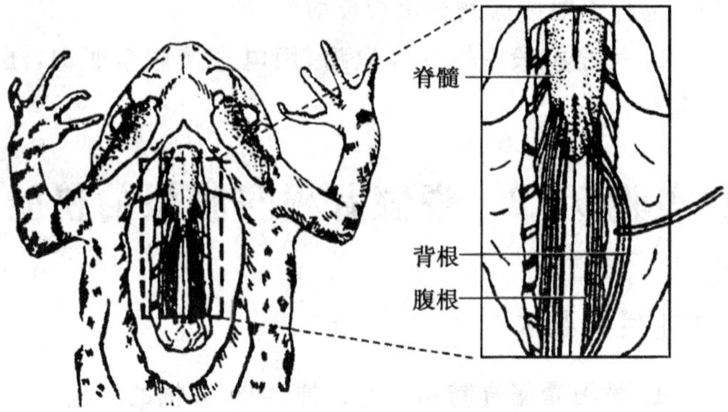

图 9-3 蟾蜍脊髓背、腹根的暴露(解景田,2002)

5. 将左侧背根作双结扎。在两结扎间剪断神经,分别刺激中枢端和外周端,后者应该无反应。

6. 在同侧腹根上作双结扎,并在两结扎间剪断神经。分别刺激中枢端和外周端,前者应无反应。

7. 再刺激同侧背根的中枢端,同侧后肢不再有反应,对侧后肢应仍有反应。

8. 同上法剪断对侧第九对脊神经的腹根。分别刺激中枢端和外周端,前者应无反应。此时再刺激左侧背根的中枢端,对侧后肢也不再有反应。

[注意事项]

1. 脊髓的背根和腹根都很细,容易断,在分离、穿线和刺激时,都必须十分小心。
2. 选用的背、腹根必须是同一脊髓节段的一对,否则不能比较其作用。

[思考题]

1. 如何区别一条神经是传入神经还是传出神经?
2. 操作步骤 4~8 的目的分别是验证脊髓背、腹根的什么机能?

实验 9-3 脊髓反射

[目的要求]

1. 认识脊髓反射的基本特征。
2. 观察反射的抑制现象。

[实验原理]

完成一个反射所需要的时间称为反射时。反射时除与刺激强度有关外,还与反射弧在中枢交换神经元的多少及有无中枢抑制存在有关。由于中间神经元连接的方式不同,反射活动的范围和持续时间，反射形成难易程度都不一样。

由单根传入纤维传入的一次冲动一般不能引起反射性反应，但却能引起中枢产生阈下兴奋。如果由同一传入纤维先后连续传入多个冲动，或许多条传入纤维同时传入冲动至同一神经中枢，则阈下兴奋可以总和起来，达到一定水平就能发放冲动。

[实验动物]

蛙或蟾蜍。

[器材及药品]

蛙类手术器械、万能支架、秒表、生物信号采集处理系统（或刺激器）、双针形露丝刺激电极、鳄鱼夹、平皿（或 10 mL 小烧杯）、烧杯（500 mL 或搪瓷杯）、滤纸片、纱布、细线、大头针、硫酸溶液（0.25%、0.5%、1%）。

[方法及步骤]

1. 按照实验 9－1 所示的方法制备脊动物。用毁髓针在动物的下颌处穿孔，用短线悬挂在万能支架上，待脊休克恢复且动物安静后，进行下面实验。

2. 以浸有 0.5%硫酸的小滤纸片贴于蛙的腹侧部，观察搔扒反射。

3. 按照实验 9－1 所示的方法测定不同浓度硫酸溶液刺激所引起的屈肌反射的反射时。

4. 先用鳄鱼夹夹住蛙大腿根部的皮肤，待蛙不动后，再将后肢用 0.25%（或 1%）的硫酸刺激，测定并记录反射时。比较此时反射时与前项的区别。

5. 用单个电脉冲刺激一侧后肢足背部的皮肤，由大到小调节刺激强度，测定引起屈肌反射的阈刺激。

6. 将电极放在一侧后肢足背的皮肤上，先给予弱的连续阈上刺激观察发生的反应，然后依次增加刺激强度，观察每次增加刺激强度所引起的反应范围是否扩大，同时观察反应持续时间的变化。并以秒表计算自刺激停止起，到反射动作结束之间共持续多长时间。比较弱刺激和强刺激的结果有何不同。

7. 用略低于阈强度的连续电刺激，刺激一侧后肢足背皮肤，观察频率变为多大时，出现屈肌反射。

8. 用两个略低于阈强度的阈下刺激，同时刺激一侧后肢足背相邻两处皮肤（距离不超过 0.5 cm），观察是否出现屈肌反射。

[注意事项]

1. 电刺激时，避免皮肤干燥使电阻增大。

2. 每一个实验项目进行完毕后应使实验动物稍事休息，以免影响反应活性。

[思考题]

1. 用鳄鱼夹夹住蛙大腿部分皮肤的目的是什么？

2. 用两个阈下刺激同时刺激后足背相邻两处皮肤时，为什么距离不能太大？

实验9-4 大脑皮层运动区的机能定位

[目的要求]

1. 学习气管插管操作技术、分离双侧颈总动脉方法、哺乳动物的开颅方法。

2. 通过电刺激兔大脑皮层不同区域，观察相关肌肉收缩的活动，了解皮层运动区与肌肉运动的定位关系及其特点。

[实验原理]

大脑皮层运动区是躯体运动的高级中枢。皮层运动区对肌肉运动的支配呈有序的排列状态，且随动物的进化逐渐精细，鼠和兔的大脑皮层运动区机能定位已具有一定的雏形。电刺激大脑皮层运动区的不同部位，能引起特定的肌肉或肌群的收缩运动。

[实验动物]

家兔。

[器材及药品]

动物体重秤、注射器、6号针头、小动物手术台、绑带、哺乳类动物手术器械、颅骨钻、咬骨钳、气管插管、生物信号采集处理系统（或刺激器）、刺激电极、骨蜡（或明胶海绵）、脱脂棉、棉线、恒温水浴锅、20%氨基甲酸乙酯溶液、生理盐水、液体石蜡。

[方法及步骤]

1. 将兔称重，按每 kg 体重 1 g 的剂量，耳缘静脉注射 20%氨基甲酸乙酯溶液麻醉兔(5 mL/kg 体重)，注意麻醉不宜过深。待动物达到浅麻醉状态后，背位固定于兔手术台上。

2. 颈部剪毛，沿颈正中线切开皮肤，暴露气管，安置气管插管；找出两侧的颈总动脉，穿线结扎，以避免开颅时出血太多。

3. 翻转动物，改为俯位固定。剪去头顶部的毛，从眉间至枕部将头皮和骨膜纵行切开，用刀柄向两侧剥离肌肉和骨膜，暴露额骨和顶骨（图 9-4）。用颅骨钻在一侧的顶骨上开孔，位置为纹状缝后、矢状缝外的骨板上。然后将咬骨钳小心伸入孔内，自孔处向四周咬骨以扩大创口。向前开颅至额骨前部，向后开至顶骨后部及人字缝之前（切勿掀动人字缝前的顶骨，以免出血不止）。按图 9-4 所示的开颅区域，暴露双侧大脑半球。

4. 用注射针头或三角缝针挑起硬脑膜，小心剪去创口部位的硬脑膜，暴露脑组织。将 37 ℃的生理盐水浸湿的薄棉片盖在裸露的大脑皮层上（或滴液体石蜡），以防皮层干燥。术中要随时注意止血，防止伤及大脑皮层和矢状窦。若遇到颅骨出血，可用骨蜡或明胶海绵填塞止血。

5. 放松动物四肢，用棉球吸干脑表面的液体。打开生物信号采集处理系统（或刺激器），选择适宜的刺激参数（波宽 0.1～0.2 ms，频率 20～50 Hz，刺激强度 10～20 V，每次刺激时间约 5～10 s，每次刺激间隔约 1 min）。将刺激电极接触皮肤表面，逐点依次刺激大脑皮层运动区的不同部位，观察躯体运动反应。实验前预先画一张兔大脑半球背面观轮廓图，并将观察到的反应标记在图上（图 9－5）。

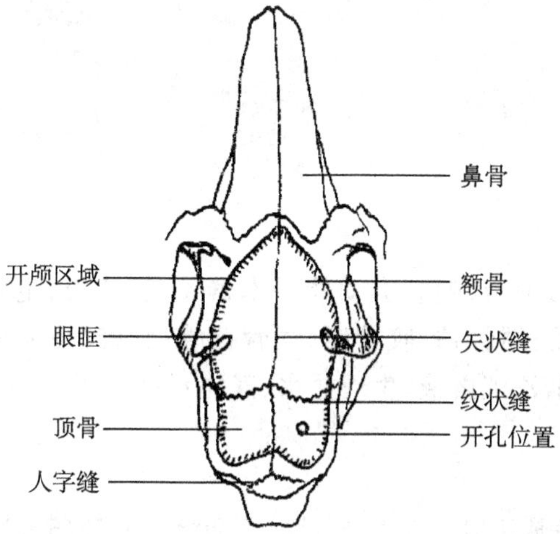

图 9－4　开颅部位

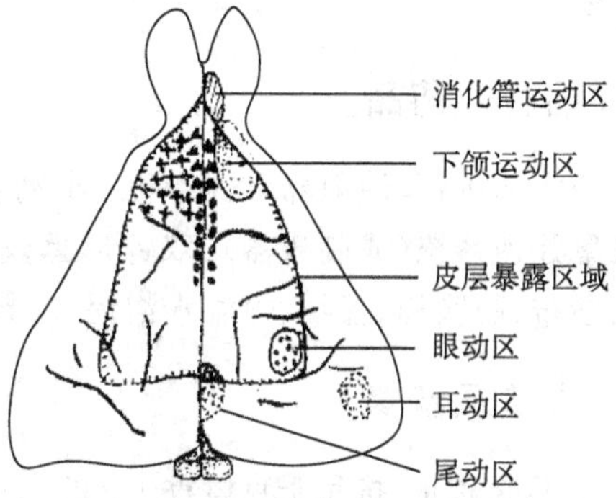

图 9－5　家兔大脑皮层运动区

［注意事项］

1. 麻醉不宜过深。

2. 开颅术中应随时止血，注意勿伤及大脑皮层。

3. 刺激大脑皮层时，刺激不宜过强。刺激的强度应从小到大进行调节，否则影响实验结果。刺激大脑皮层引起的骨骼肌收缩，往往有较长的潜伏期，故每次刺激持续 5～10 s 才能确定有无反应。

［思考题］

1. 为什么在开颅之前要对动物进行气管插管手术？

2. 电极刺激大脑皮层引起肢体运动往往是左右交叉反应，为什么？

实验 9－5　去大脑僵直

［目的要求］

1. 学习去大脑的方法。

2. 观察去大脑僵直现象，证明中枢神经系统有关部位对肌紧张有调控作用。

［实验原理］

中枢神经系统对肌紧张具有易化和抑制作用。这是通过脑干网状结构的易化区和抑制区的活动来实现的。通常情况下，易化区活动较强，抑制区活动相对较弱，正是两者的相互对立作用保持骨骼肌适当的紧张度，以维持机体的正常姿势。如果在动物的中脑上、下丘之间切断脑干，则屈肌的肌紧张作用减弱，而伸肌的肌紧张相对增强，动物会出现四肢伸直、头尾昂起，脊背后弯呈角弓反张等伸肌紧张亢进的特殊姿势，称为去大脑僵直。该现象的产生是由于抑制区的活动需要大脑皮质、尾状核等的下行抑制系统的控制。

［实验动物］

家兔。

［器材及药品］

动物体重秤、注射器、6 号针头、小动物手术台、绑带、哺乳类动物手术器械、切脑刀、生物信号采集处理系统（或刺激器）、双针形露丝刺激电极、颅骨钻、咬骨钳、气管插管、骨蜡（或明胶海绵）、纱布、脱脂棉、棉线、恒温水浴锅、20％氨基甲酸乙酯溶液、生理盐水、液体石蜡。

［方法及步骤］

1. 将兔称重，按每千克体重 1 g 的剂量，耳缘静脉注射 20％氨基甲酸乙酯溶液麻醉（5 mL/kg 体重），注意麻醉不宜过深。待动物达到浅麻醉状态后，背位固定于兔手术台上。

2. 颈部剪毛，沿颈正中线切开皮肤，暴露气管，安置气管插管；找出两侧的颈总动脉，穿线结扎，以避免开颅时出血太多。

3. 翻转动物，改为俯位固定。剪去头顶部的毛，从眉间至枕部将头皮和骨膜纵行切开，用刀柄向两侧剥离肌肉和骨膜，暴露额骨和顶骨。用颅骨钻在一侧的顶骨上开孔，位置为冠状缝后、矢状缝外的骨板上。然后将咬骨钳小心伸入孔内，自孔处向四周咬骨以扩大创口。向前开颅至额骨前部，向后开至顶骨后部及人字缝之前（切勿掀动人字缝前的顶骨，以免出血不止）。按图 9－4 所示的开颅区域，暴露双侧大脑半球（图 9－6）。

4. 用注射针头或三角缝针挑起硬脑膜，小心剪去创口部位的硬脑膜，暴露脑组织。将 37 ℃的生理盐水浸湿的薄棉片盖在裸露的大脑皮层上（或滴液体石蜡），以防皮层干燥。术中要随时注意止血，防止伤及大脑皮层和矢状窦。若遇到颅骨出血，可用骨蜡或明胶海绵填塞止血。

5. 用湿的纱布将大脑推向前方，可清楚地看到小脑蚓部和中脑四叠体（上、下丘各一对）。

6. 松开动物四肢，左手托起下颌，右手用切脑刀在上、下丘之间沿与身体成 45°向前切向颅底，可左右摆动切刀，以便彻底切断脑干。若切断的位置准确，一入刀动物就会强烈挣扎，此时手术者不要松手，应坚持切到颅底。

7. 使兔侧卧，几分钟后，可见兔的四肢伸直，头昂起，尾上翘，脊背后弯，呈角弓反张状态。即出现去大脑僵直现象。初学者对切脑部位往往掌握不准，可自前丘中后部逐渐向后切，直至出现去大脑僵直现象（图 9－7）。

8. 打开生物信号采集处理系统（或刺激器），调节刺激参数：正电压，连续单刺激，波宽 0.5 ms，强度 2～5 V，频率 5～10 Hz。刺激去大脑僵直家兔的小脑蚓部，观察僵直程度有无减轻。

9. 切除去大脑僵直家兔的小脑，观察僵直程度有无增强。

10. 观察去大脑僵直动物的呼吸和心跳现象后，再用切脑刀在延髓部位切断脑干，动物的呼吸和心跳很快停止。

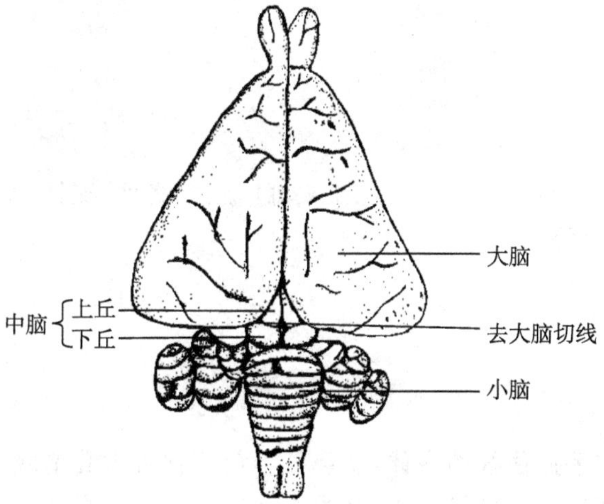

图 9-6 去大脑部位

图 9-7 兔去大脑僵直现象

[注意事项]

1. 麻醉不宜过深。
2. 开颅术中应随时止血，注意勿伤及大脑皮层。
3. 从上、下丘之间下刀切断脑干，动物挣扎时不可松手，可令助手协助。
4. 去大脑时，切断部位要准确，过低会伤及延髓呼吸中枢，导致呼吸停止。

[思考题]

1. 为什么在中脑四叠体的前、后丘之间切断脑干？
2. 操作步骤 10 的目的是什么？

实验 9-6 小脑的生理作用

[目的要求]

1. 学习毁损动物小脑的实验方法。

2. 通过观察一侧或全部小脑损伤动物的行为变化，理解动物小脑在躯体运动调节中的作用。

[实验原理]

小脑是调节姿势和躯体运动的重要调节中枢之一。其通过与前庭系统的联系，维持身体平衡；通过与中脑红核等部位的联系，调节全身的肌紧张；通过与丘脑和大脑皮层的联系，协调与控制躯体的随意运动。小脑损伤后会发生躯体运动障碍，主要表现为身体失衡、肌张力增加或减退及共济失调。

[实验动物]

蛙或蟾蜍、鸽、小白鼠、狗。

[器材及药品]

蛙类解剖器械、哺乳动物常规手术器械(含骨钳)、手术台、狗头夹、蛙板、电烙器、探针、小烧杯、棉球、包布、骨蜡、止血海绵、生理盐水、乙醚等。

[方法及步骤]

(一) 损伤蛙一侧小脑的实验观察

1. 开颅并去一侧小脑

用湿纱布包裹蛙的身体,露出头部。以左手抓住蛙的身体,从鼻孔上部至枕骨大孔前缘(即鼓膜的后缘)沿眼球内缘用剪刀将额顶皮肤划出两条平行裂口,用镊子掀起该条皮肤,剪去,暴露颅骨,细心剪去额顶骨,使脑组织暴露出来,直至延髓为止。辨认蛙脑各部分(图 9-8),蛙的小脑不发达,位于延脑前,呈一条横的皱褶。用小刀切除一半(注意不要伤害对侧小脑和小脑下面的延脑),用棉球止血。5～10 min 后即可开始实验观察。另取一只蛙作切开对照。

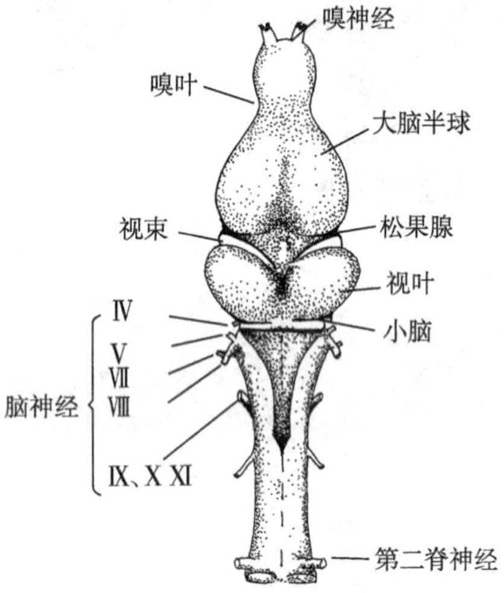

图 9-8 蛙脑背面观

2. 观察一侧小脑损伤蛙的行为

以 1 只正常蛙作对照,观察一侧小脑损伤蛙静止体位与姿势的改变,在运动时(跳跃和游泳)有何异常?

(二) 损伤鸽一侧小脑的实验观察

1. 选择动物

选取大小相近,精神状态、活动机能相近的鸽两只,一只进行去小脑术,另一只作为对照。

2. 麻醉

可不作麻醉进行手术,或以乙醚轻度麻醉后手术。麻醉前用包布包裹鸽体,仅露出头部,使其不能运动。剪去头后部及颈上部的羽毛,然后将浸有乙醚的棉球放入小烧杯,将烧杯罩住鸽头,在鸽头下垂,眼睛微闭时即可。避免麻醉过量死亡。

3. 手术

沿鸽头正中线切开头部和颈上部皮肤后,可见到后头骨及头后部肌肉,用刀将肌肉剥离或用电烙器将一侧后头部肌肉由上至下烫开,暴露头骨,用小剪刀除去骨松质(勿伤及矢状窦和半规管),打开后头骨,剖开硬脑膜,即可见小脑。用小刀(或电烙器)破坏一侧小脑或以小刮匙挖去一侧小脑,然后向挖去小脑的部位放入止血海绵进行止血,待出血停止后,缝合皮肤。另一只鸽做假手术,即削去骨松质,打开后头骨,不挖去小脑,然后缝合皮肤。

4. 观察一侧小脑损伤鸽的行为

手术后约 20 min,观察并比较两只鸽的姿势、活动状态有何不同。

首先可见一侧小脑损伤鸽躯体两侧肌紧张障碍,表现为伤侧肢体紧张性增强、翅膀及爪伸直,运动时向伤侧绕圈,站立不稳,失去平衡。若将鸽双眼蒙住,则运动时不平衡现象更加严重。

几天后，运动失调的现象有所缓和，但笨拙的运动及绕圈的现象仍存在。

（三）损伤小白鼠一侧小脑的实验观察

1. 选择动物

选取两只大小相近，活动状态相近的小白鼠，一只进行去小脑术，另一只作为对照。

2. 麻醉

把浸有乙醚的棉球与小白鼠用烧杯罩住，进行轻度麻醉，待动物呼吸变为深慢且不再有随意运动时，将其取出备用。

3. 手术

将麻醉后的小白鼠俯卧固定在蛙板上。剪去头顶部的毛，沿头部中线切开皮肤直达耳后，暴露顶骨和顶尖骨。用刀背向两侧剥离颈部肌肉及骨膜，以左手拇、食两指捏住头颅，透过透明的顶间骨即可看到小脑的位置，用探针在尽量远离中线处穿透一侧顶间骨（进针约 2 mm）将针伸向前方（切勿深刺，以免损伤脑干），自前向后，将一侧小脑捣毁（图 9－9）。取出探针，以棉球止血，将皮肤复位。其中 1 只小白鼠做假手术。

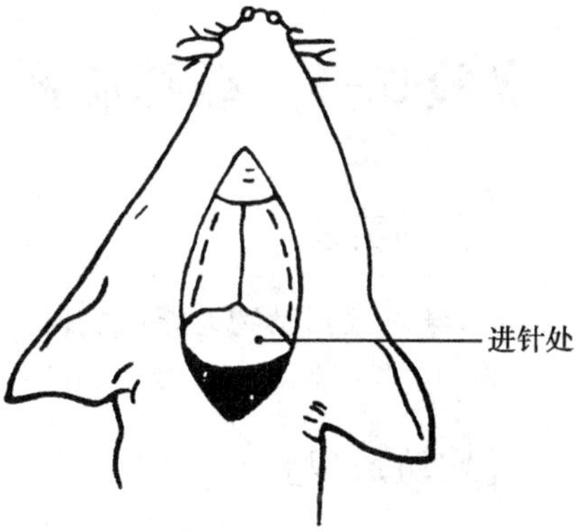

图 9－9　破坏小白鼠小脑位置示意图
（黄敏，2002）

4. 观察一侧小脑损伤小白鼠的行为

待小白鼠清醒后，观察并比较两只小白鼠的活动状态、姿势平衡及肢体的屈曲和肌肉的紧张度的不同。此时可见一侧小脑损伤的小白鼠行走不平衡，向伤侧的方向旋转或翻滚，其站立姿势及肢体肌紧张度也有明显变化。

（四）去小脑狗的行为观察

1. 正常狗行为的观察

观察动物正常时的姿势、平衡能力和运动的表现。

2. 手术准备

手术使用的药品和器械进行常规灭菌处理。术前将狗禁食 24 h，用 3% 的戊巴比妥钠溶液按 30 mg·(kg 体重)$^{-1}$ 静脉注射，麻醉后俯位保定于手术台上，用狗头夹固定狗头并尽量屈曲头部。剪剃后头部及颈部被毛，用酒精棉和碘酒棉消毒后盖上创布。

3. 去小脑手术

用手术刀切开后头部及颈部皮肤，分离肌肉，暴露枕骨大孔，剪破硬脑膜，用骨钳向上谨慎地咬去头骨并扩大枕骨大孔，露出第四脑室和小脑中部。如遇出血，用骨蜡止血，用电烙刀将小脑一块一块地剖掉，直至去除整个小脑为止。用 38 ℃生理盐水纱布清创，缝合肌肉和皮肤。

4. 去小脑狗的行为观察

手术数天后进行观察。初期表现为四肢僵直，头向后仰，有时发生颤抖，大多不能行走，以后逐日改善。约 1～2 周后，肌肉过度紧张逐渐消失，狗能行走但步态不稳，四肢不配合，左右摇晃，容易倾倒，进食时头部左右摇晃，不易对准食钵，不时碰地，完全失去肌肉紧张的协调和平衡能力。

[注意事项]

1. 动物麻醉要浅，手术过程中若动物苏醒，可随时追加麻醉。
2. 在损伤小白鼠一侧小脑手术时，手持动物头部时，力量不能太大，以免将眼球挤出。

3. 捣毁小脑时不可刺入过深，以免伤及中脑、延髓或对侧小脑，也不能过浅，小脑未被损伤，反而成为刺激作用。

4. 术后注意护理和加强饲养管理。

5. 对照动物做假手术，除了不损伤小脑外，其他手术相同。

[思考题]

1. 通过本实验观察到去一侧或全部小脑后动物的哪些异常现象？为什么？

2. 小脑对躯体的运动有何功能？

实验 9-7 破坏动物一侧迷路的效应

[目的要求]

1. 学习毁损动物迷路的实验方法。

2. 观察一侧迷路损毁动物的行为变化，分析迷路在调节肌张力与维持机体姿势中的作用。

[实验原理]

内耳迷路中的前庭器官是感受头部空间位置和运动的感受器装置，其功能在于反射性地调节肌紧张，维持机体的姿势与平衡。如果损坏动物的一侧前庭器官，机体肌紧张的协调就会发生障碍，动物在静止或运动时将失去维持正常姿势与平衡的能力。

[实验动物]

蛙（或蟾蜍）、鸽、豚鼠。

[器材及药品]

常规手术器械、包布、毁髓针、探针、棉球、滴管、水盆、蛙板、纱布、氯仿、乙醚。

[方法及步骤]

（一）破坏蛙类一侧迷路的效应

1. 观察蛙的正常姿势

将蛙放在蛙板上，顺时针或逆时针转动，观察蛙头部及四肢的状态；抬高蛙板的前后左右，使蛙呈各种不同的倾斜角度，观察蛙停止、爬行、跳跃和游泳时的正常姿势。

2. 蛙一侧迷路损毁手术

用纱布包住蛙躯干部，使其腹面向上握于手中，翻开下颌用左手拇指压住。用手术剪沿线剪开黏膜（勿损伤中线两侧的血管），向两侧分离，可看到“十”字形的副蝶骨（图 9-10）。迷路位于副蝶骨横突的左右两旁。用手术刀削去薄薄一层骨质，可看到小米粒大的白点，此处既是内耳囊。将毁髓针刺入一侧内耳囊 2～3 mm，转动针尖，搅毁其中的迷路。

3. 一侧迷路损毁蛙的实验观察

毁迷路 7～10 min 后，参照步骤 1 的方法，观察蛙静止和爬行的姿势及游泳的姿势。可观察到动物头部偏向迷路破坏一侧，游泳时亦偏向迷路破坏一侧。

（二）破坏鸽一侧迷路的效应

1. 观察鸽的正常姿势

将鸽放在笼内（或板上）进行旋转，观察鸽头部及全身的正常情况；将鸽放于高处，让它往下飞，观察正常飞行姿势。

2. 鸽一侧迷路损毁手术

用乙醚对鸽作轻度麻醉，剖开头颅一侧颞部皮肤，用手术刀慢慢削去颞部颅头骨并清除骨片，即可见 3 个半规管。用镊子将半规管全部折断，然后缝好皮肤。

3. 一侧迷路损毁鸽的实验观察

待鸽清醒后（约 20 min），参照步骤 1 的方法，观察鸽的姿势有无变化并分析原因。与正常鸽相比较，有何不同。

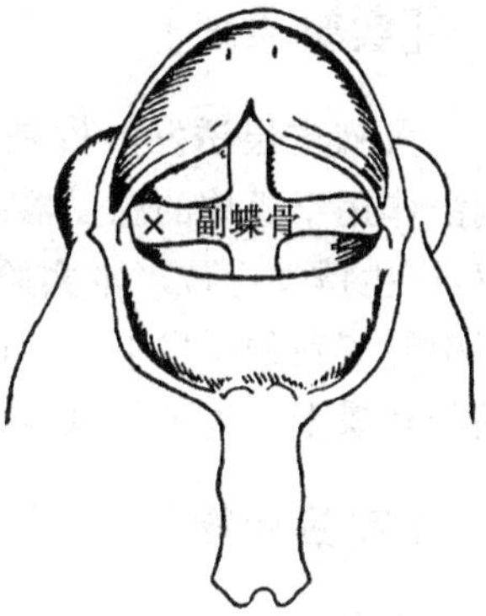

图 9－10　蛙迷路位置示意图
“×”示迷路（解景田，2002）

（三）破坏豚鼠一侧迷路的效应

1. 观察豚鼠的正常姿势

观察豚鼠静止和运动时头与身体的姿势及眼球的运动状况。

2. 豚鼠一侧迷路损毁手术

使动物侧卧，拽住一侧耳廓，用滴管尽可能向外耳道深处滴入氯仿 0.5 mL。握住动物使之不动，以使氯仿通过渗透作用于半规管，消除其感受功能。

3. 一侧迷路损毁豚鼠的实验观察

手术后约 10～15 min 后，观察动物头部位置，颈部、躯干两侧及四肢的肌紧张度，眼球震颤等变化。可见，头偏向被消去迷路机能的那一侧；出现眼球震颤；如将头扶正，颈部肌肉呈现明显抵抗感；将后肢提起，头及躯干皆弯向被消去迷路机能的那一侧；使之运动，可见动物沿躯体纵轴旋转。

[注意事项]

1. 氯仿是一种高脂溶性的全身麻醉剂，其用量要适度，以防动物麻醉过度死亡。
2. 蛙的颅骨板很薄，损伤迷路时要准确了解解剖部位，用力适度，避免损伤脑组织。

[思考题]

1. 依据实验结果说明迷路的功能。
2. 豚鼠一侧迷路麻醉后，为什么会偏向麻醉迷路的那一侧，此时眼球震颤的方向如何？

实验 9－8　大脑皮层的诱发电位

[目的要求]

1. 学习记录大脑皮层诱发电位的方法。
2. 观察大脑皮层诱发电位的波形。

[实验原理]

大脑皮层诱发电位是指感觉传入系统受到刺激时，在皮层上某一区域所引导的电位变化。刺激作用于机体的感受器或感觉器官，经过换能作用，以神经冲动形式沿传入神经纤维进入中枢，产生诱发电位。本实验是以适当的电刺激作用于左前肢的浅桡神经，在右侧大脑皮层的感觉区引导家兔的诱发电位。由于大脑皮层随时都存在自发电活动，诱发电位经常出现在自发电活动的背景上。为了压低自发电活动，使诱发电位清晰地引导出来，实验时常将动物深度麻醉。

[实验动物]

家兔。

[器材及药品]

常用手术器械、骨钻、骨钳、手术台、马蹄形头固定器、生物信号采集处理系统（或刺激器、前置放大器、示波器）、皮层电位引导电极（直径 1 mm 银丝，顶端呈球形）、保护电极、骨蜡、石蜡油、20%氨基甲酸乙酯溶液、生理盐水等。

[方法及步骤]

1. 麻醉动物

按每千克体重 1 g 的剂量，耳缘静脉注射 20%氨基甲酸乙酯溶液麻醉实验兔（5 mL/kg 体重）。实验中可酌情补充用量，麻醉深度以维持呼吸在 20 次 · min^{-1} 左右，使皮层自发电位受到压抑，保证诱发电位能清晰显示。

2. 分离浅桡神经

在左前肢肘部桡侧剪毛，切开皮肤，分离浅桡神经约 3 cm，用沾有温热石蜡油（38 ℃）的药棉包裹保护之，并将皮肤切口关闭备用。

3. 固定动物

在左、右颧骨突处剪毛后作一个小切口，分离骨膜，用骨钻在颧骨突上钻一个小孔。家兔俯卧位固定，将马蹄形头固定器两侧的尖头金属棒分别嵌入左、右两侧颧骨突的小孔内，并将固定器前方的金属棒尖端插在两上门齿的齿缝之间。三点固定稳妥后，旋紧螺旋。此时家兔头部处于水平位置并略高于躯干部。

4. 暴露大脑皮层

头顶部剪毛，沿正中线切开头皮，暴露顶骨。在右侧顶骨矢状缝与冠状缝交界旁 2～4 mm 处用骨钻和骨钳将颅骨打开，露出大脑皮层，如有出血立即用骨蜡止血。

5. 连接仪器及调整参数

根据生物信号采集处理系统说明书，将皮层电位引导电极与生物信号采集处理系统的电信号输入端口相连，并调整参数（也可使用前置放大器、示波器组成的记录系统。前置放大器增益为 100，高频滤波为 100 Hz，时间常数为 1 s。示波器灵敏度为 50～100 mV · cm^{-1}，扫描与刺激器同步外触发，扫描速度为 20～100 ms · cm^{-1}）。刺激电极与刺激输出连接，刺激频率 1 Hz，波宽 0.2 ms。

6. 安置引导电极

将引导电极置于大脑皮层右侧的前肢一感觉区（图 9－11），无关电极夹于头皮切口边缘，动物需另外接地。

7. 观察项目

(1) 将记录仪器调为记录状态，观察大脑皮层的自发电活动。

(2) 以单个脉冲刺激浅桡神经，可见同侧肢体轻微抖动，并在电脑屏幕（或示波器荧光屏）上出现刺激伪迹。逐渐增加刺激强度，可在伪迹后观察到诱发电位。仔细调整引导电极在皮层表面的位置，逐点探测，引导出振幅较大的诱发电位。诱发电位一般由先正后负的主反应电位变化和后发放（指主反应之后出现的一系列正相的周期性电位变化）两部位组成（图 9-12）。本实验主要观察主反应，并测定最大反应点的潜伏期和振幅（在寻找最大反应点时，应固定刺激强度）。

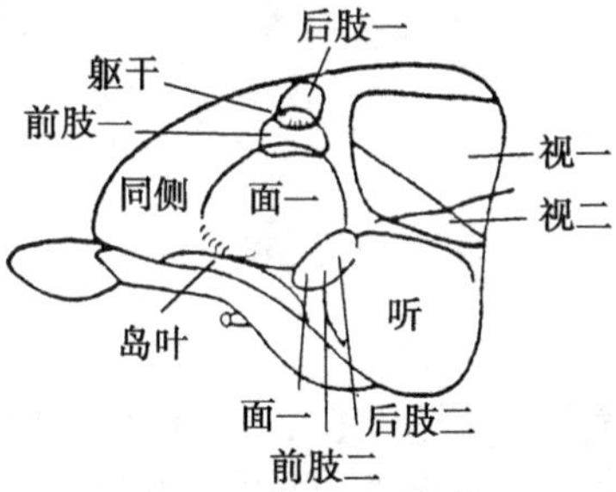

图 9-11　兔大脑皮层感觉代表区（姚运伟，1996）

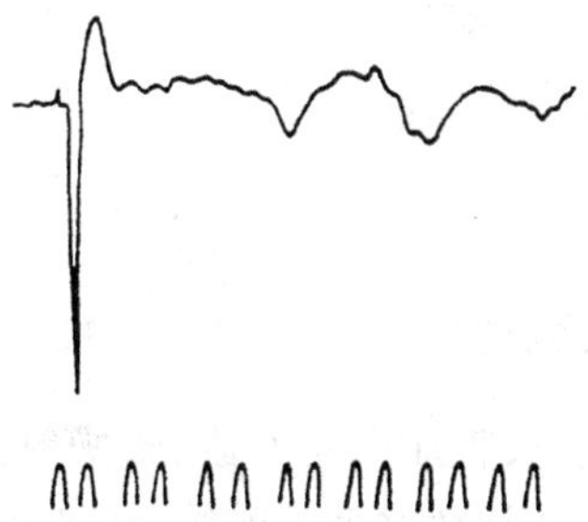

图 9-12　家兔皮层诱发电位（姚运伟，1996）
上线：诱发电位，第 1 个向上的小波为刺激伪迹，间隔 10 ms 后出现先正后负的主反应，再间隔约 100 ms，相继出现正相波动的后发放；
下线：时间标记，50 ms。

[注意事项]

1. 手术过程中尽量减少出血，切勿损伤皮层。
2. 皮层诱发电位对温度十分敏感，在剪开脑膜后，要经常更换温热石蜡油。
3. 皮层引导电极以轻触皮层为佳，不可过分压迫皮层，以免影响观察。
4. 仪器及动物必须良好接地，以减少电流干扰。必要时，动物还需置于屏蔽室内进行实验。

[思考题]

1. 如何区别皮层诱发电位与自发脑电位？
2. 皮层诱发电位是怎样产生的？躯体感觉系统的传入通路如何？

实验 9-9　神经细胞通道电流信号的采集与观察

[目的要求]

1. 学习以膜片钳采集神经细胞通道电流信号的实验方法。
2. 观察记录大鼠海马神经细胞单通道钠电流及全细胞钠通道电流。

[实验原理]

膜片钳技术为动态记录细胞膜离子通道启闭活动提供了直观有效的手段。该方法运用微玻管电极(膜片电极或膜片吸管)接触细胞膜,以千兆欧姆以上的阻抗使之对接,使与电极尖开口处相接的细胞膜小片区域(膜片)与其周围在电学上分隔,此片膜内开放所产生的电流流进玻璃吸管,用一个极为敏感的电流监视器(膜片钳放大器)测量此电流强度,就代表单一离子通道电流。在场效应运算放大器的正负输入端子为等电位。向正输入端子施加指令电位时,由于短路负端子和膜片都可等电位地达到钳制的目的,当膜片微电极尖端与膜片之间形成 10 GΩ 以上封接时,其间的分流电流达到最小,横跨膜片的电流(I)可全部作为来自膜片电极的记录电流(Ip)而被测量出来。

[实验动物]

成年大鼠。

[器材及药品]

倒置显微镜、膜片钳放大器、微操纵器、微电极拉制器、电极抛光仪、玻璃微电极、恒温水浴箱、切片机、哺乳类动物手术器械、氧气瓶、计算机、数据采集分析系统、20%氨基甲酸乙酯溶液、胶原酶、胰蛋白酶、人工脑脊液($mmol \cdot L^{-1}$)(NaCl 124,KCl 3.3,KH_2PO_4 1.2,$NaHCO_3$ 26,$CaCl_2$ 2.5,$MgSO_4$ 2.4,葡萄糖 10,pH 7.2~7.4)、电极内液($mmol \cdot L^{-1}$)(CsF 140,EDTA 10,HEPES 10,TEA 10,pH 7.2~7.4)、河豚毒(或普罗帕酮)。

[方法及步骤]

1. 大鼠海马神经细胞的分离

按每 kg 体重 1 g 的剂量,耳缘静脉注射 20%氨基甲酸乙酯溶液麻醉大鼠(5 mL/kg 体重),麻醉后断头,立即取出脑组织并迅速置入低温人工脑脊液(0 ℃~4 ℃)中 10~20s,然后于大脑半球腹内侧分离出海马,将海马切成 400 μm 的薄片,置于人工脑脊液内孵育 30 min 后,更换为含 1 $g \cdot L^{-1}$ 胰蛋白酶的人工脑脊液酶解 40 min。用人工脑脊液冲洗脑片 3 次后,再将脑片置于人工脑脊液内孵育待用,上述孵育和酶解过程中,溶液需保持在 32 ℃并连续通以混合气(5%CO_2+95%O_2)。最后,将部分脑片移入盛有氧饱和的人工脑脊液的离心管内,先后用尖端经热处理的直径为 400 μm 和 150 μm左右的吸管轻轻吹打,直至单个海马神经元分离。取上部细胞悬液,加入培养皿内,约 20 min后细胞贴壁,即可在倒置显微镜下观察细胞形态,并进行膜片钳记录。

2. 玻璃微电极的制作

用微电极拉制器将玻璃毛细管分两步拉制成尖端直径约为 1 μm 的微电极;为了提高封接的成功率,可将微电极尖端在显微镜下接近抛光仪的热源进行抛光。然后用注射针从电极尾部充灌电极内液到微电极中备用。灌注后的电极电阻一般为 2~5 MΩ,而全细胞记录则最好在 2~3 MΩ。

3. 仪器的连接

按图 9-13 的方法,连接探头、膜片钳放大器、计算机等仪器设备。将充灌好标准电极内液的微电极装入电极探头。用微操纵器将电极移至液面上方,并移动微电极,直至在显微镜下看到电极的阴影,并将其移至视野中央。

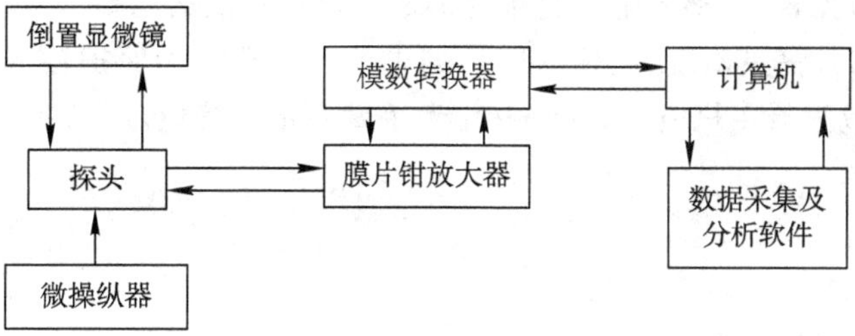

图 9-13　膜片钳实验系统示意图

4. 高阻抗封接的形成

将分离的大鼠海马单个细胞置于倒置显微镜的浴槽中，待细胞贴壁后，在三维液压操纵器推进下，使内充电极内液的微电极尖端进入浴液。由膜片钳放大器向微电极发放一个电压为 10 mV、波宽为 40 ms 的方波脉冲信号，观察封接形成过程。当微电极尖端与细胞表面接触后，可见应答电流减小，再向微电极尖端施以负压，使应答电流进一步减小至零，则形成 G 欧姆封接。

5. 大鼠海马神经细胞单通道钠电流的记录

在微电极与细胞膜封接电阻达到 G 欧姆级后，即形成细胞贴附式记录模式。此时，如给予膜片一个保持电位为 −120 mV、指令电位为 −50 mV 的刺激，即可记录到海马神经细胞的单通道电流（图 9-14）。

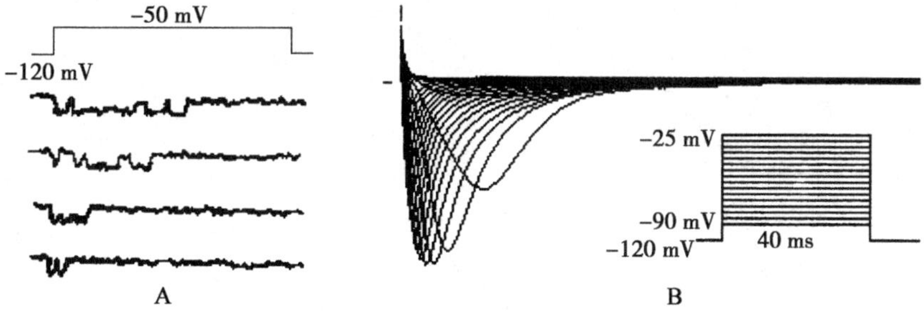

图 9-14　钠电流的记录（杨芳炬，2004）

A. 细胞吸附式记录的单通道钠电流　B. 全细胞模式记录的钠电流

6. 大鼠海马神经细胞全细胞钠电流的记录

在记录到单通道电流后，可经微电极给予负压吸引或电脉冲击破电极尖端的膜片，使电极内液与细胞内液相通，则形成了全细胞记录模式，调节快电容补偿，抵消电容性尖峰，调节放大器的慢电容补偿和串联电阻补偿来抵消瞬态电流。在电压钳制模式下，给细胞以如下参数刺激：保持电位为 −120 mV，指令电压为 −90～−25 mV，脉冲阶跃为 10 mV，刺激频率为 0.5 Hz，持续时间为 40 ms，即可引导出全细胞钠通道电流。全细胞膜片钳记录过程如图 9-14 所示。如在浴液中给予河豚毒（TTX）50 μmol·L^{-1}或给予Ⅰ类抗心律失常药普罗帕酮 20 μmol·L^{-1}，灌流 10 min 后，再给细胞上述刺激，可观察到钠电流幅度的变化。

［注意事项］

1. 在分离细胞时，注意调整胰蛋白酶用量和消化时间，防止过度消化造成细胞损害。
2. 选择贴壁良好、立体感强、折光性好、表面光滑的细胞进行实验。

3. 微电极尖端抛光，将有利高阻抗封接的形成并提高实验成功率。

4. 膜片钳放大器是高灵敏度、高输入阻抗的电流放大器。为保护输入极，每次更换玻璃微电极之前，最好关闭放大器主机电源，并且操作者手臂一定要接地。

[思考题]

1. 何谓膜片钳技术？其基本原理是什么？
2. 本实验过程中最应注意的问题是什么？

第十章

内分泌与生殖生理

实验 10-1 摘除甲状旁腺对机体的影响

[目的要求]

1. 观察血钙水平与肌痉挛的关系,以及甲状旁腺对机体血钙水平的调节作用。
2. 学习甲状(旁)腺摘除术。

[实验原理]

血液中的钙、磷水平主要受甲状旁腺分泌的甲状旁腺素和甲状腺分泌的降钙素共同调节,使其维持在正常水平。血液中钙、磷水平正常,特别是血钙水平正常是维持神经、尤其是神经肌肉接头正常兴奋性的必要条件。若动物的甲状旁腺被摘除,则甲状旁腺素就会下降乃至消失,血钙随之下降,结果引起神经和肌肉的兴奋性升高。当血钙降至一定程度时,动物就会产生阵发性痉挛,最终会因喉头肌和膈肌痉挛导致动物窒息死亡。

因甲状旁腺小而分散,常与甲状腺混合或者埋于甲状腺内,不易做到单独摘除;又因摘除甲状腺后的效应出现较慢,而甲状旁腺的效应出现较早,所以实际中常将二者同时摘除,首先观察到甲状旁腺摘除的效应。

[实验动物]

幼年犬。

[器材及药品]

哺乳动物常规手术器械、创布、手术衣帽、注射器、棉球(将以上物品一起放入高压消毒器内进行高压消毒)、高压消毒器、小动物手术台、碘酒、70%酒精及酒精棉球、体温计、3%戊巴比妥钠溶液(30~50 mg/kg 体重,犬眠宝或10%苯巴比妥钠液)、10%氯化钙溶液。

[方法及步骤]

1. 手术前两天,每日对动物进行检查(体重、体温、呼吸、脉搏、行为状态等),并列表记录其结果。手术前一天晚上开始禁食。
2. 手术当天先将禁食后的动物进行全身麻醉,并将其仰卧固定在手术台上。
3. 按慢性实验手术的要求,对颈部腹侧手术部位进行剃毛、消毒,放好创布。
4. 在喉的下缘,沿正中线切开皮肤约 4~6 cm,分离皮下组织,找到胸骨舌骨肌和胸头肌。

在甲状软骨下方、气管两侧进行分离，在靠近咽喉处向内翻转胸头肌，即可在气管旁看到1个橄榄形的腺体，即甲状腺。狗的甲状旁腺多埋于甲状腺的包膜内，米粒大小，颜色较肌肉略浅，每侧常有两个，多在甲状腺的背面内侧。看清腺体后，用线结扎甲状腺及其所有血管。然后摘除甲状腺（甲状旁腺随之摘除）。最后缝合切口，包扎伤口。术后精心护理动物，尽量不喂含钙的食物。为了防止感染，根据情况注射抗生素。

5. 按术前观察方法，每日定时对动物进行检查并记录。观察并记录动物何时出现痉挛现象（一般在手术36 h以后出现）。出现痉挛现象时，给狗静脉（缓慢）注射10%氯化钙溶液（1 g/kg体重），看痉挛现象有无改变。以后每出现痉挛时，均重复注射氯化钙溶液，直至实验结束为止。

[注意事项]

1. 术后应饲喂无钙饲料，禁止饲喂肉类。
2. 注射氯化钙溶液时应注意，第一，此溶液只能静脉注射，并注意不要漏出血管；第二，注射速度不要太快，注射量也不能太大，以免影响心脏功能。
3. 有条件者，测定术前及术后（直到实验结束为止）动物血清中钙的水平。

[思考题]

1. 甲状旁腺和甲状腺对钙、磷代谢有何影响？
2. 分析切除甲状旁腺后痉挛发生的原因。

实验10-2 肾上腺摘除动物的观察

[目的要求]

1. 了解肾上腺皮质的功能。
2. 学习肾上腺摘除术。

[实验原理]

肾上腺位于肾脏的前（上）端，根据其组织结构和生理功能不同，分为皮质和髓质两部分。皮质部分泌的激素除调节糖、蛋白质、脂肪代谢和水盐代谢外，还能够维持动物的应激功能，增强动物的抗感染、抗休克、抗过敏等机能，是维持正常生命活动不可缺少的激素。肾上腺髓质分泌的激素与交感神经的功能类似。由于肾上腺的髓质能够被交感神经系统（部分）代偿，而皮质功能对维持正常生命活动不可缺少，所以，摘除肾上腺后，动物会迅速出现皮质功能失调现象，甚至危及生命。本实验就是通过观察肾上腺摘除动物的生命活动变化，加深对肾上腺生理机能的认识。

[实验动物]

小白鼠或大白鼠。

[器材及药品]

常规手术器械、碘酊、70%酒精及酒精棉球、鼠笼、体温计、天平、玻璃缸、秒表、饮水瓶、棉球、乙醚、生理盐水、10%NaCl 溶液、4 ℃以下的凉水。

［方法及步骤］

1. 将 20 只同一性别和年龄、体重相近的小(大)白鼠随机分为 4 组，其中 3 组为实验组，第 4 组为对照组。

2. 用烧杯将动物扣住，乙醚麻醉后，俯卧固定，背腰部(第 1 腰椎前缘至最后腰椎)剪毛、消毒。于胸腰椎交界处，沿背部正中向后切开皮肤约 1～2 cm，分离两侧皮下组织。先在一侧背最长肌外缘分离肌肉，在最后肋骨后缘(离中线 2～3 mm 处)将腹壁用眼科剪剪开 1 个小口，扩创，暴露肝，将肝稍向前推，暴露脂肪囊，其中就有深红色的肾脏。在肾脏前方可见 1 个粉色颗粒状肾上腺(小鼠的肾上腺比绿豆还要小些)。用眼科镊将肾上腺的蒂部用力捏紧(有止血作用)，并将其摘除。

将皮肤切口推向另一侧背最长肌外缘，用同样方法摘除另一个肾上腺。缝合肌肉、皮肤切口，消毒。

对照组只做假手术，不摘除肾上腺；三个实验组动物全部摘除肾上腺。手术后以同样条件(除饮水有区别外)进行饲养，环境温度均保持在 20 ℃左右，给予充足的养料。

3. 实验观察

对 4 组动物进行如下处理：对照组和实验 1 组饮清水、实验 2 组饮生理盐水、实验 3 组饮生理盐水的同时每天分两次补充可的松(20 μg/100 g 体重)。连续 3 天观察记录各组动物的体温、体重、采食量、饮水量、肌紧张度等变化。

术后第三天，各组均改喂清水，禁食两天，观察记录动物的各种变化(如前)，然后进行应激实验：每组抽 3 只动物投入 4 ℃以下的凉水中进行游泳，记录每只动物溺水下沉的时间，动物刚下沉时立即捞出，并记录其恢复时间。比较各组动物的游泳能力和恢复能力，分析其原因。比较各组没有参与游泳的动物的姿势、活动情况、肌肉紧张度等(表 10－1)。

表 10－1　肾上腺摘除动物实验记录表

分组	处理	动物编号	体温/℃	体重/g	采食/g	饮水/mL	肌紧张度	溺水下沉时间	恢复时间	死亡数	备注
对照组	饮清水	1									
		2									
		3									
		4									
		5									
实验 1 组	饮清水	1									
		2									
		3									
		4									
		5									

续表

分组	处理	动物编号	体温/℃	体重/g	采食/g	饮水/mL	肌紧张度	溺水下沉时间	恢复时间	死亡数	备注
实验2组	饮生理盐水	1									
		2									
		3									
		4									
		5									
实验3组	饮生理盐水+可的松	1									
		2									
		3									
		4									
		5									

[注意事项]

1. 实际上,小鼠的左右肾脏并非绝对处于同一椎体水平,右侧较左侧稍靠前一点。
2. 实验组和对照组动物除在饮水上有差别外,其他饲养条件均保持一致。
3. 要精细护理动物,给予充足的营养。

[思考题]

1. 从对照组和实验组动物的变化及其结局,阐述肾上腺皮质的生理机能。
2. 摘除肾上腺后,动物死亡的主要原因是什么?
3. 给实验组动物饮食盐水的理由是什么?

实验 10-3 胰岛素和肾上腺素对血糖的调节

[目的要求]

1. 了解胰岛素和肾上腺素对血糖水平的调节。
2. 掌握用药剂量与动物所产生反应之间的关系。

[实验原理]

机体血糖的恒定受到多种因素的影响,血糖含量主要受激素的调节。胰岛素、肾上腺素、胰高血糖素、糖皮质激素等都参与血液中葡萄糖水平的调节。胰岛素由胰岛 B 细胞分泌,通过促进组织(特别骨骼肌和脂肪)对葡萄糖的摄取、储存和利用、抑制糖异生而使血糖浓度降低;肾上腺素通过促进肝糖原分解而使血糖浓度升高。血糖浓度直接影响胰岛素的分泌:当血糖浓度升高时,胰岛素分泌增加,从而使血糖浓度降低;当血糖浓度降低时胰岛素分泌减少,从而维持机体血糖水平的相对稳定。当机体内的胰岛素含量增高时引起血糖降低，血糖的降低导致体内细胞缺乏可利用的葡萄糖，特别是脑组织本身的葡萄糖的储备很少，只靠血糖提供能量，因此动物对低血糖非常敏感。血糖降低到一定程度时动物出现不安、呼吸局促、痉挛、惊厥甚至出现低血糖休克现象。

通过对实验动物注射适量的胰岛素，来观察低血糖症状的出现，然后注射适量肾上腺素，可见低血糖症状消失，从而了解胰岛素和肾上腺素对血糖的影响。

［实验动物］

家兔或小白鼠。

［器材及药品］

注射器、针头、弯头剪、恒温水浴锅、胰岛素、0.1%肾上腺素、20%葡萄糖溶液、生理盐水。

［方法及步骤］

1. 实验动物为家兔时

(1) 实验准备　取禁食 24～36 h 的兔子 4 只，称重后分别编号，1 只为对照兔，3 只为实验兔。

(2) 实验项目

① 给 3 只实验兔分别剪去耳背面边缘的毛，从耳缘静脉按每千克体重 10～20 U 的剂量注射胰岛素，对照兔则从耳缘静脉注射约等量的生理盐水。经 1～2 h，观察并记录各兔有无不安、呼吸急促、痉挛、甚至休克等低血糖反应(表 10-2)。

② 待实验兔出现低血糖症状后，立即给实验兔 2 号耳缘静脉注射温热的 20%葡萄糖溶液 20～30 mL；实验兔 3 号静脉注射 0.1%肾上腺素 0.4 mL/kg 体重，对照兔(1 号)和实验兔(4 号)耳缘静脉注射温热生理盐水 20 mL，仔细观察并记录结果(表 10-2)。

表 10-2　兔实验操作程序

1 号(对照)	2 号	3 号	4 号
注射生理盐水 1 mL	兔耳缘静脉注射胰岛素 30～40 U·kg^{-1}		
1～2 h 后，观察实验动物有无不安、呼吸急促、痉挛，甚至休克等低血糖反应。待低血糖症状出现时，如下操作			
兔：耳缘静脉注射温热生理盐水 20 mL	兔：耳缘静脉注射 20%的温热葡萄糖 20 mL	兔：耳缘静脉注射 0.1%肾上腺素 0.4 mL/kg 体重	兔：耳缘静脉注射温热生理盐水 20 mL
仔细观察实验动物行为的变化并记录结果			

2. 实验动物为小白鼠时

(1) 实验准备　取禁食 24～36 h 的小白鼠 4 只，称重后分别编号，1 只为对照小白鼠，3 只为实验小白鼠。

(2) 实验项目

① 给 4 只实验小白鼠分别按 1～2 U/只的剂量腹腔注射胰岛素，对照小白鼠则腹腔注射约

等量的生理盐水。观察小白鼠的活动，有无不安、呼吸急促、痉挛、甚至休克等低血糖反应，并记录(表 10-3)。

② 待实验小白鼠出现低血糖症状后，立即给实验小白鼠 2 号腹腔注射温热的 20%葡萄糖溶液 1 mL；实验小白鼠 3 号腹腔注射 0.1%肾上腺素 0.1 mL；实验小白鼠 1 号和 4 号腹腔注射温热生理盐水 1 mL，仔细观察并记录结果(表 10-3)。

表 10-3 小白鼠实验操作程序

<table>
<tr><th>1号(对照)</th><th>2号</th><th>3号</th><th>4号</th></tr>
<tr><td>注射生理盐水 1 mL/只</td><td colspan="3">小白鼠皮下注射胰岛素 1～2 U/只</td></tr>
<tr><td colspan="4">1～2 h 后，观察实验动物有无不安、呼吸急促、痉挛，甚至休克等低血糖反应。待低血糖症状出现时，如下操作</td></tr>
<tr><td>鼠：腹腔或尾静脉注射等量温热生理盐水 1 mL</td><td>鼠：腹腔或尾静脉注射 20%的温热葡萄糖 1 mL</td><td>鼠：皮下或尾静脉注射 0.1%肾上腺素 0.1 mL</td><td>鼠：腹腔或尾静脉注射等量温热生理盐水 1 mL</td></tr>
<tr><td colspan="4">仔细观察实验动物行为的变化并记录结果</td></tr>
</table>

[注意事项]

实验动物在实验前必须禁食 24 h 以上。

[思考题]

1. 胰岛素有哪些生理功能？胰岛素的作用机制是什么？

2. 为什么实验动物注射胰岛素后出现不安、抽搐、休克的症状？而及时注射葡萄糖或肾上腺素后很快恢复正常？

3. 分析比较各种处理的现象和结果，并讨论原因。

实验 10-4 甲状腺素对蝌蚪变态的影响

[目的要求]

通过观察甲状腺素对蝌蚪变态发育的作用，了解甲状腺对动物发育的影响。

[实验原理]

甲状腺素参与动物胚胎发育过程的调节，对蝌蚪变态有明显影响。切除甲状腺则蝌蚪不能完成变态发育长成青蛙，而加喂甲状腺素(或加喂少量新鲜甲状腺)则能加速蝌蚪变态成蛙。

[实验动物]

蝌蚪(以同种同时孵化者最好)。

[器材及药品]

甲状腺素片[或鲜牛(猪)甲状腺]、10%碘化钾、3 个玻璃容器(大小约 500 mL)、直径为6～

10 cm 的培养皿、方格纸(格子为 1～2 mm 见方)、尺子等。

[方法及步骤]

准备 3 个容积约 500 mL 的玻璃容器,各装入 300 mL 池塘水和少量水草(如绿藻),编号(1～3)后进行如下处理:

1 号:不加任何其他物质,作为对照组。

2 号:加入 10%碘化钾溶液数滴。

3 号:加入甲状腺素(1～4 μg 甲状腺素/100 mL 池塘水),或新鲜牛(猪)甲状腺 0.5 g(剪成小碎块)。

取大小相同的蝌蚪 30 只(长约 1～1.5 cm),随机平均分成 3 组(10 只/组),分别放入上述 3 个玻璃容器内。

各玻璃容器的水及所加物质隔日换 1 次,同时测量蝌蚪长度,详细观察并记录其变态情况。测量蝌蚪的长度可用羹匙将其舀出,放在小培养皿内,再将小培养皿置于划有方格的白纸上(图 10－1),量出蝌蚪长度并记录(表 10－4)。

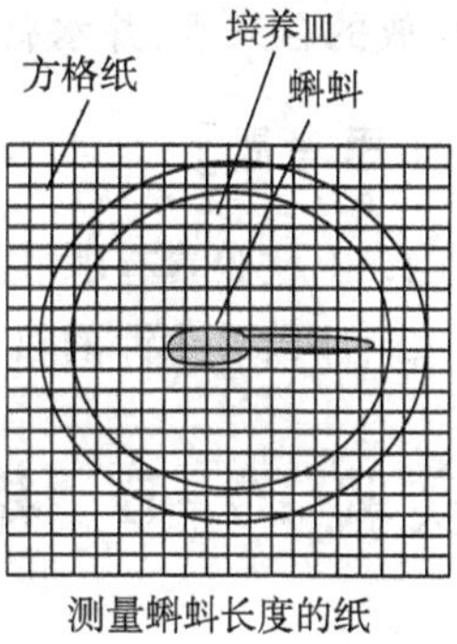

图 10－1　蝌蚪长度的测定

表 10－4　蝌蚪变态发育实验记录表

变化 \ 天数			0	4	8	12	14	16	18	20	22	24	26	
1	体长													
	变态	数量												
		程度												
	死亡													
2	体长													
	变态	数量												
		程度												
	死亡													
3	体长													
	变态	数量												
		程度												
	死亡													

注:变态“程度”的填表符号建议与说明:出现后肢用“┼”,出现后肢膝部用“┼”,出现前肢用“┼”,出现前肢肘部用“┼”,变态完毕用“┼”。

［注意事项］

1. 甲状腺素不宜加入过多，否则会导致蝌蚪死亡。

2. 人工饲养的蝌蚪很易死亡，因此实验用的蝌蚪数量应多些。应经常调换池水，或者用隔天存放的自来水、井水替代。发现蝌蚪身上滋生霉菌时，可用低浓度的高锰酸钾清洗，除去霉菌。

［思考题］

1. 甲状腺素有哪些生理作用？
2. 加入碘化钾的目的是什么？

实验 10－5 雄激素对鸡冠发育的作用

［目的要求］

通过观察雄激素对鸡冠发育的影响，了解其对动物副性征的作用。

［实验原理］

性腺分泌的性激素能促进、维持生殖器官和生殖细胞的生长、发育和成熟，刺激和维持副性生殖器官的生长发育，刺激副性征的形成并维持在成熟状态，刺激骨骼生长和蛋白质的合成。下丘脑和腺垂体分泌的促性腺激素释放激素（GnRH）和促性腺激素（FSH 和 LH）能调节和控制性腺的生殖机能和内分泌机能，而性激素对下丘脑和腺垂体又具有反馈性调节作用。

雄激素主要由睾丸的间质细胞合成和分泌。它具有促进生长、发育的作用，同时对雄性动物附属生殖器的发育及副性征的出现和维持起着非常重要的作用。可以调节和影响动物第二性征的出现。通过对正常幼年小公鸡注射雄激素观察发育情况，可了解雄激素对动物第二性征的影响。

［实验动物］

雄性雏鸡。

［器材及药品］

卡尺、1 mL 注射器、消毒用具及药品、丙酸睾酮。

［方法及步骤］

1. 动物的准备　选择好 20～30 日龄同等大小（同一品种、体重相近）的雄性雏鸡，称重后用卡尺量鸡冠长、高、厚，描述鸡冠色泽，做好记录。把雏鸡分为实验组、对照组，并作好区别标记，分别饲喂于两个鸡笼中。

2. 实验组隔 1 d 皮下或肌肉注射丙酸睾酮 1 次，每次 2.5～5 mg。

3. 7～10 d 后，用卡尺量鸡冠的长、厚、高，注意鸡冠色泽，仔细观察对照组和实验组鸡的区别，并认真记录。

4. 对比实验组与对照组的数据记录，分析实验结果（表 10－5）。

表 10-5　实验结果

组别与编号＼实验动物		体重	鸡冠长度	鸡冠厚度	鸡冠高度	鸡冠色泽
对照组	1					
	2					
	3					
	4					
	5					
实验组	1					
	2					
	3					
	4					
	5					
分析雄激素对鸡冠发育的作用						

[注意事项]

测量时卡尺松紧要适度，最好同一人操作。

[思考题]

1. 雄激素有哪些作用？分析其对鸡冠发育的作用。
2. 雄激素主要作用部位是哪里？

实验 10-6　大、小鼠性周期的观察

[目的要求]

1. 了解雌激素对雌性动物性周期及生殖器官的作用。
2. 通过阴道涂片检查，从阴道上皮细胞周期性变化，来确定大、小鼠发情周期的阶段。
3. 掌握大、小鼠卵巢摘除方法，了解大、小鼠副性器官发育与性激素的关系。

[实验原理]

卵巢分泌的雌激素有促使雌性动物发情，促进子宫内膜增生、子宫腺分泌和阴道上皮增生角化等作用。啮齿类动物在发情周期的不同阶段，阴道黏膜出现比较典型的周期性变化，注射雌激素或摘除卵巢可促进或抑制上述周期性变化过程。孕马血清促性腺激素(PMSG)和大、小鼠垂体分泌的促性腺激素(FSH 和 LH)具有相似作用，注射后也可引起阴道黏膜上皮增生并角质化。通过对不同处理大、小鼠阴道黏液涂片的组织学观察，可以通过本次实验观察雌激素对大、小鼠

的性周期的影响。

[实验动物]

未性成熟的雌性大、小鼠。

[器材及药品]

肾形盘、载玻片、吸管、显微镜、消毒纱布、棉签(或牙签和棉花)、试管、注射器、针头、常规手术器械1套(消毒)、天平、鼠笼、染色架等、己烯雌酚、植物油、孕马血清促性腺激素(PMSG)、注射用水、蒸馏水、生理盐水、瑞氏液、乙醚、75%乙醇棉球、碘酒、医用凡士林等。

[方法及步骤]

1. 实验的分组与处理

选择1月龄,体重8～10 g的未性成熟的雌性大鼠或小鼠30只,随机分成6组,每组5只,分别在相同条件下分笼饲养。实验处理见表10-6。

表10-6 实验处理

第1组(对照组)	第2组(注射己烯雌酚组)	第3组(注射孕马血清促性腺激素组)	第4组(假手术组)	第5组(卵巢摘除组)	第6组(卵巢摘除+己烯雌酚组)
皮下注射生理盐水0.1 mL/只	皮下注射己烯雌酚20 μg/只,连续2 d	皮下注射孕马血清促性腺激素20 U/只,连续2 d	手术但不摘除卵巢	通过手术摘除卵巢	摘除卵巢并注射己烯雌酚(剂量同第2组)

注:以上实验组可以根据学校实际情况选做。

卵巢摘除术方法是:用乙醚麻醉小鼠,俯卧固定在手术台上,剪去背部正中的毛,用碘酒或者75%乙醇消毒后,沿背部正中距最后肋骨1 cm处切开约1 cm的切口。从切口向左向右做钝性分离,距脊柱约1 cm处用手指将腹部内脏上托,剥离脂肪略加翻转可看到左右两侧呈红点状如半个米粒大小的卵巢。卵巢与子宫角以盘曲的输卵管相连。用消毒丝线在卵巢和输卵管之间结扎,并将卵巢连同部分脂肪摘除。缝合肌肉和皮肤,在伤口上再用碘酒和医用乙醇消毒后,涂上医用凡士林将伤口与外界隔离。

2. 实验项目

(1) 每天仔细观察比较并记录各组大、小鼠阴门开张情况,待阴门开张、外阴部出现发情状况后每天的早上、中午、晚上做三次阴道黏膜涂片,直至完成一个发情周期(一般大鼠的发情周期为4 d,小鼠的为6 d),注意观察记录各组大、小鼠发情周期的时间和各阶段分布规律。

(2) 阴道黏膜图片检查 将棉签用生理盐水湿润后插入阴道中,蘸取阴道内容物均匀地涂在载玻片上,自然干燥后用瑞氏染色法染色,在显微镜下观察阴道涂片的组织学变化,根据上皮细胞状况确定该鼠处于发情期的哪一期(图10-2)。

发情前期 可见大量脱落的有核上皮细胞(多数呈卵圆形)。

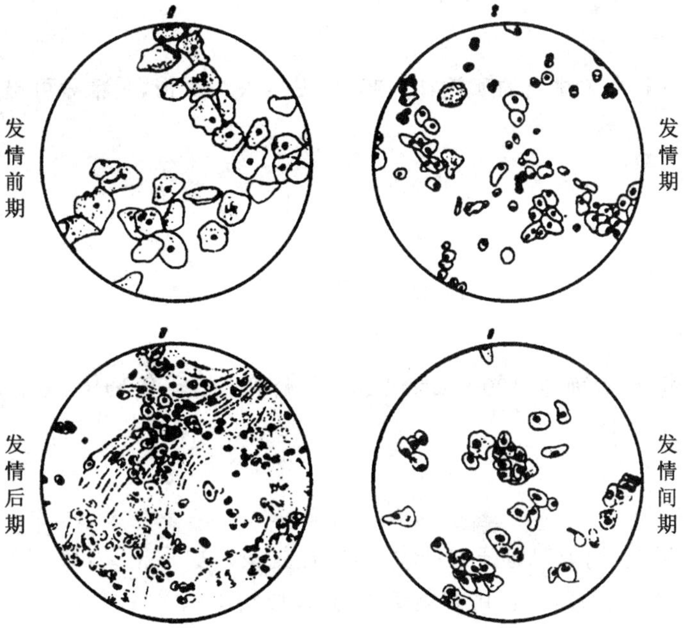

图 10-2 鼠的阴道图片观察(解景田,2002)

发情期 可见大量大而扁平、边缘不整齐的无核角质化鳞状细胞,无白细胞及上皮细胞。

发情间期 有白细胞和黏液及少量有核上皮细胞。

发情后期 角质化上皮细胞减少,并出现有核上皮细胞和白细胞。

(3) 解剖并观察卵巢、子宫和输卵管及生殖道各部位发育情况。仔细剥离两侧子宫,去净周围组织,取出后称重,计算子宫质量占体重的百分率。

(4) 仔细观察实验组大、小鼠阴道涂片,并与对照组比较,确定处于发情期的哪个期。

(5) 称重实验组大、小鼠的卵巢、子宫、输卵管及生殖道,并与对照组比较,总结雌激素对雌性动物性周期及生殖器官的作用。

[注意事项]

1. 选择实验动物时必须是未达性成熟的雌性大、小鼠。
2. 实验组注射己烯雌酚必须是皮下注射。

[思考题]

1. 雌性激素的主要生理功能是什么?
2. 雌性激素的分泌是如何调节的?

实验 10-7 蛙的受精及卵裂观察

[目的要求]

掌握蛙精子和卵子的采集和人工受精的方法,并观察受精卵的发育。

[实验原理]

将成熟的蛙精子和人工排出的卵放在一起，可发生人工受精，受精卵可出现卵裂并继续发育成胚胎。

[实验动物]

成年雄蛙和雌蛙。

[器材及药品]

剪刀、玻璃棒、吸管、表面皿、100 mL 和 500 mL 烧杯、滤纸、解剖镜、恒温水浴箱、任氏液、人绒毛膜促性腺激素(HCG)。

[方法及步骤]

1. 配制精子悬浮液：用剪刀剪开雄蛙腹部，露出精巢。剪下精巢，放入 100 mL 烧杯中。再将精巢剪成碎块，加入适量任氏液，用玻璃棒搅匀，即成精子悬浮液，备用。

2. 制备垂体悬浮液：取蛙垂体与少量任氏液混合、磨碎，即成垂体悬浮液。

3. 卵子采集：给雌蛙注射垂体悬浮液或激素(20～30 U 人绒毛膜促性腺激素，HCG)，促使其排卵。经 1～2 d 后雌蛙开始排卵。从前向后轻轻挤压即将产卵的雌蛙腹部，并用 500 mL 烧杯收集从泄殖孔流出的卵子。观察蛙卵的形态，卵子根据色素分布不同，分为呈深褐色的动物半球和乳白色的植物半球。

4. 在收集卵子的烧杯内加入精子悬浮液，并用玻璃棒轻搅、摇匀，使精子、卵子能充分接触，每间隔 15 min 换净水，共三次。然后放置在 20 ℃恒温水浴箱内。

5. 用吸管取出受精卵，将其放在滤纸上轻轻滚动，除去卵外胶膜后，放入盛有清水的表面皿清洗。

6. 用吸管吸取待观察的卵子，移入干净表面皿内，在解剖镜下观察受精卵的形态。卵子受精以后，形成了受精膜和卵间隙。可见受精卵在卵膜内转动，一般动物半球在上方，植物半球在下(表 10－7)。

7. 每隔半小时，观察受精卵卵裂的不同阶段。

表 10－7 不同发育时期蛙受精卵的形态变化(形态见图 10－3)

发育阶段	所需时间/h	卵裂方式	形态	图示号
受精卵	0		有受精膜、卵周隙	a
2 细胞期	2～2.5	纵裂	分裂沟垂直方向，动物半球在上，植物半球在下	b
4 细胞期	2.5～3	纵裂	分裂面与第 1 次分裂面相垂直	c
8 细胞期	3～4	纬裂	分裂面位于赤道面上方，与前 2 次分裂面相垂直。分上下 2 层 8 个分裂球，上层较小，下层较大	d
16 细胞期	4～4.5	纵裂	由 2 个纵裂面将 8 个分裂球分为 16 个分裂球	e
32 细胞期	4.5～5.4	纬裂	由 2 个分裂面将上下 2 层 8 个分裂球分为 4 层，每层为 8 个分裂球，共 32 个分裂球	f

续表

发育阶段	所需时间/h	卵裂方式	形态	图示号
囊胚期	5.4～16		早期,动物半球细胞小,颜色深,植物半球颜色浅而细胞大	g
			晚期,分裂球变小,数量增加,纵切面可见偏动物半球处有囊胚腔	h

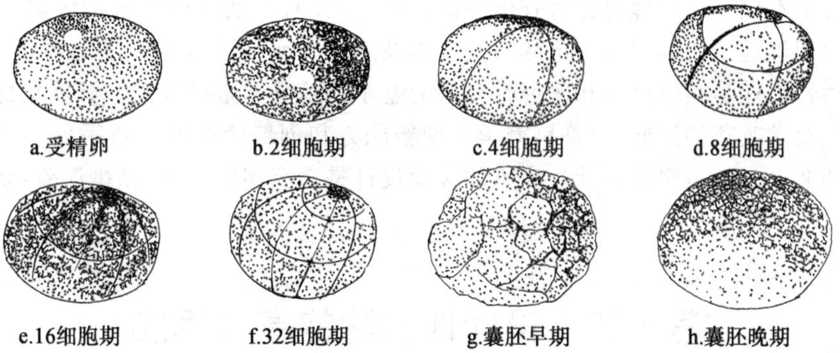

图 10－3　蛙胚胎发育图

[注意事项]

蟾蜍也能代替蛙,但是蟾蜍卵色素分布均匀,不容易区分动物半球和植物半球。

[思考题]

1. 置入干净表面皿内,在解剖镜下观察受精卵的形态。卵子受精以后,用显微镜仔细观察蛙未受精卵子并描述未受精卵子的形态。

2. 仔细观察蛙受精后不同时期卵子的发育情况,并描述所观察到的不同时期卵子发育情况。

第十一章

设计性实验

动物生理学不仅是一门理论性很强的基础性学科，而且是实验性很强的学科。经过了一段时间的动物生理学理论的学习和一定的实验基本技术操作训练及经典性实验实践之后，进一步进行有关的动物生理学实验设计和研究性实验的基本训练是非常必要的。开展动物生理学设计性实验不仅是教学改革的需要，更是培养学生创新能力和创新素质的有效手段。设计性实验的开设中关键环节之一就是实验设计。完善的实验设计是提高实验效率，减少误差，获取可靠资料的基本保证。

第一节　设计性实验的基本程序

动物生理学设计性实验的基本程序包括立题、实验设计、实验及观察、实验结果的处理分析及研究结论几个基本要素。

一、立题

立题就是确定所要研究的课题，是实验设计的前提，并决定着研究的方向和总体内容。它包括选题和建立假说。选题正确与否直接关系到实验结果的准确性和结论的可靠性及实验的成败，因此学生在选题时一定要注意选题的基本原则和要求。

1. 选题的原则

一个好的选题应该具备以下特点，即：目的性、创新性、前瞻性、科学性和可行性。

（1）目的性　明确、具体地提出通过实验需要解决的科学问题。选题必须具有明确的理论或实践意义。题目要求简练，内容不宜繁杂、过大。一个实验只需解决 1～2 个主要问题即可。

（2）创新性、前瞻性　科学研究是创新性工作，所研究的问题必须是别人没有研究过的，或虽有人研究过但还不能做出结论的问题。因此必须检索国内外有关文献和科研资料，以便在选题时就要考虑到通过实验研究能否（或拟）提出新规律、新见解、新技术、新方法；或是对原有的规律、技术或方法的修改、补充。要使研究具有前瞻性，还必须紧密结合专业实践进行选题。

（3）科学性　所研究的问题必须先有一个设想，即建立假说，再设计实验进一步去证明设想是否正确。因此选题应有充分的科学依据，要基于已证实的科学理论、科学规律，而不是毫无根据的凭空猜想。

（4）可行性　选题应切合实验者的知识水平、技术水平和进行该课题研究所需要的实验条件；所观察的指标应明确可靠，利于观察、便于客观记录；得出的结果重复性好，结论能说明问题，实验可顺利实施。在动物生理学实验设计中，通常实验对象的选择为易得到的常规小实验动物（兔、大鼠、小鼠、蛙或蟾蜍等）；实验器材、药品试剂等需简易价廉；进行一次实验一般在 4～5 h

内即能完成。

2. 假说的建立

科学研究中离不开科学假说，事实上在选题时就已经开始了。假说就是对拟研究的问题预先提出实验的基本原理、步骤和假定性答案或试探性解释，也是实验研究的预期结果。在研究前提出的假说能够引导研究展开；在研究有了结果后，还可根据研究中的发现对假说进行修正，才能提出对某一问题的观点。要建立科学的假说，查阅文献资料是必不可少的工作。对于已掌握的知识和资料需要运用对立统一的观点进行类比、归纳和演绎等一系列逻辑推理过程，明确研究（实验）目的和途径，才能进入实验设计。

二、实验设计

实验设计是实验研究的计划、方案的制订，必须根据实验研究的目的、预期结果、结合专业和统计学要求，对所从事的实验的具体内容和方法做出周密完整的计划安排，使之在实验过程中有所依据，并能够提高实验研究的质量。

1. 实验设计的内容

（1）实验的方案计划及技术路线　主要根据实验的目的，利用已知的科学规律和已有的研究成果，制订可操作的（研究）实验的技术路线、实验方案以达到预定的实验目的。对于研究性设计可以是多层次、多学科、多方法的综合性研究路径和方案。

（2）实验方法与实验步骤　进行设计（研究）实验时的具体实验方法和操作步骤。

（3）所需要的动物、仪器、器材及药品　为了获得可靠而准确的实验结果，选择实验动物时需根据实验目的、动物特点、实验方法和指标的要求选择合适的（观察对象）实验用动物；依据实验的种类，准备相应的器材种类和数量；按照实验的操作步骤，列出并备足所需药品的品种和数量。

2. 实验设计的要素

（1）处理因素　实验中根据研究目的，由实验者人为地施加给受试对象的因素称为处理因素。例如药物施加、某种手术操作、电刺激实施、某种护理等。在设置处理因素时注意以下几个问题：

① 把握实验的主要因素　由于因素不同和同一因素不同水平造成因素的多样性，因此在实验设计时有单因素和多因素之分。一次实验只观察 1 个因素的效应称为单因素。一次实验中同时观察多种因素的效应称为多因素。一次实验的处理因素不宜过多，否则会使分组过多，方法繁杂，受试对象增多，实验时难以控制。而处理因素过少又难以提高实验的广度、深度及效率，同时所需时间较长，费用也很高。因此需根据研究目的确定几个主要的、带有关键性的因素。

② 控制处理因素的强度　处理因素的强度就是因素量的大小，如电刺激的强度和时间、药物的浓度及剂量等。处理的强度应适当。同一因素有时可以设置几个不同的强度，如以施加药物为处理因素时，可设置几个不同的给药剂量（高、中、低），即有几个水平，但处理因素的水平也不宜过多。

③ 注重处理因素的标准化　处理因素在整个实验过程中应保持不变，即应标准化，否则会影响实验结果的评价。例如，电刺激的强度（电压、持续时间、频率等）、药物质量（来源、成分、纯度、生产厂、批号、配制方法等）、仪器的参数等应做出统一的规定，并在试验的过程中严格按照这一规定实施，研究结果才有可比性，最终得出结论。实行处理因素标准化的有效方法是建立和实

施每一类实验的标准操作规程，这将保证每个实验都能够按照统一的标准进行，减少因标准不一造成的失败或误差。

④ 重视非处理因素的控制　非处理因素（干扰因素）会影响实验结果，甚至其效应会严重干扰处理因素所产生的效应，应加以严格控制。例如离体实验时的恒温、恒压、供氧等，尽量减少非处理因素对于实验的影响，必要时可以设置对照组对非处理因素加以排除。

（2）受试对象　每类科学实验都有其最适宜的受试对象，应该根据对处理因素敏感程度和反应的稳定性等方面来选择最合适的实验对象。同时，还要考虑动物饲养和繁殖的难易、价格、生长周期等因素。

选择实验动物的基本条件如下：

必须选用无病、无残、能正常摄食和活动的健康动物。

动物的种属及其生理、生化特点是否符合复制某一实验模型。

动物的品系和等级是否符合要求，不同的实验研究有不同的要求。

动物的年龄、体重、性别最好一致，以减少个体间的生物差异。急性实验选用成年动物，雌雄应搭配适当；对性别要求不高的实验，慢性实验最好选用年轻健壮的雄性动物；与性别有关的实验研究，要严格按实验要求选择性别。

动物的年龄可按体重大小来估计，通常成年小鼠为 20～30 g；大鼠为 180～250 g；豚鼠为 450～700 g；狗为 9～15 kg。

通常采用廉价易得的动物。一般常选择的实验动物为家兔、大鼠、小鼠等，如需用大动物来完成的实验，可选用狗、羊、猪等；只在某些关键性的实验中，才考虑使用昂贵的动物。

（3）实验效应　实验效应主要指选用什么样的标志或指标来表达处理因素对受试对象所产生的有、无、大、小的影响。这些指标包括计数指标（定性指标）和计量指标（定量指标），主观指标和客观指标等。指标的选择应符合以下原则：

① 特异性　观察指标应能特异性地反映某一特定的现象，而不至于与其他现象相混淆。如研究高血压时，应以动脉压（尤其是舒张压）作特异性指标。

② 客观性　所观察的指标应避免受主观因素干扰而造成较大误差。由于主观指标如疼痛、饥饿、疲劳、全身不适、咳嗽等感觉性指标易受个体差异的影响，其客观性、准确性则较差，即难定性，更不易定量，因此，最好选用易于量化的、经过仪器测量和检验而获得的指标，如心电图、脑电图、血压、心率、呼吸、血气分析、血液生化指标以及细菌学培养结果等。

③ 重复性　即在相同条件下，指标可以重复出现。为提高重现性，须注意仪器的稳定性，减少操作的误差，控制动物的机能状态和实验环境条件。如果在上述条件的基础上，重现性仍然很小，说明这个指标不稳定，不宜采用。

④ 精确度　精确度包括精密度与准确度。精密度指重复观察时各观察值与其平均值的接近程度，其差值属于随机误差。准确度指观察值与其真值的接近程度，主要受系统误差的影响。实验指标要求既具有精密度又具有准确度。

⑤ 灵敏度　灵敏度高的指标能使处理因素引起的微小效应显示出来。灵敏度低的指标会使本应出现的变化不易出现，造成“假阴性”的结果。指标的灵敏度受测试技术、测量方法、仪器精密度的影响，因此在实验设计中应综合考虑。

⑥ 可行性和认可性　可行性是指研究者的技术水平和实验室设备的实际条件能够完成本实验指标的测定。认可性是指经典的（公认的）实验测定方法，必须有文献依据。自己创立的指

标测定方法必须经过与经典方法作系统比较并有优越性，方可获得学术界的认可。

此外，在选择指标时，还应注意以下关系：客观指标优于主观指标；计量指标优于计数指标；变异小的指标优于变异大的指标；动态指标优于静态指标，如体温、体内激素水平变化等，可按时、日、年龄等作动态观察；所选的指标要便于统计分析。

第二节 实验设计原则和注意事项

一、实验设计的原则

为了确保实验设计的科学性，除对实验对象、处理因素、实验效应3个重要因素要做出合理的安排以外，还必须遵循实验设计的3个原则，即对照原则、随机原则及重复原则。这些原则是为了避免和减少实验误差，取得实验可靠结论所必需的要求，是实验过程应始终遵循的。

1. 对照原则

即设立参照物，使处理因素和非处理因素的差异有一个科学的对比。通常将实验分组分为处理组和对照组。在比较的各组之间，除处理因素不同外，其他非处理因素尽量保持相同，从而消除非处理因素造成的影响，根据处理与不处理之间的差异，显示处理因素带来的特殊效应。为此要求受试对象的基本特点、实验动物品系、性别、年龄相同，体重相近；采用的仪器设备、各种试剂和材料、实验的季节、时间、实验环境（温度、湿度、光照、噪声等）、实验方法、操作过程、采用的观察指标等也要一致；研究全过程都要按照统一的标准进行，或者由同一个人做试验的一部分或观察一种指标，使得掌握条件或标准能够相同，只有这样，才能消除非处理因素带来的误差，实验结果才能说明问题。

根据实验研究目的和要求的不同，可选用不同的对照形式：

① 空白对照（又称正常对照） 在不加任何处理的空白条件下进行观察对照。例如，观察生长激素对动物生长作用的实验，就要设立与实验组动物同属，年龄、性别、体重相近的空白对照组，以排除动物本身自然生长的可能影响。

② 实验对照组（或假处理对照） 是指在某种有关的实验条件下进行观察对照。动物经过相同的麻醉、注射、甚至进行假手术、做切开、分离……但不用药或不进行关键处理，以此作为手术对照，以排除手术本身的影响。假处理所用的液体pH、渗透压、溶媒等理化性质均与处理组相同，因而可比性好。如要研究切断迷走神经对胃酸分泌的影响，除设空白对照外，假手术组就是实验对照。

③ 标准对照 指用标准值或正常值作为对照，以及在所谓的标准条件下进行对照。例如，要判断某一个体血细胞的数量是否在正常范围内，则需要通过计数红细胞、白细胞、血小板的数量，将测得的结果与正常值进行对照比较，根据其是否偏离正常值的范围做出判断。此时所用的正常值就是标准对照。

④ 自身对照 是指将同一受试对象实验后的结果与实验前的资料进行比较。例如，用药前后的对比、手术前后对比。

⑤ 相互对照（又称组间对照） 指不专门设立对照组，而是几个实验组、几种处理方法之间互为对照。例如几种药物治疗某种疾病时，可观察几种药物的疗效，各给药组间互为对照。

2. 随机原则

随机原则是指在实验研究中，使每一个个体都有均等机会被分配到任何一个组中，分组结果不受人为因素的干扰和影响。并按照机遇的次序来安排操作的顺序。通过随机化的处理，可使抽取的样本能够代表总体，减少抽样误差；还可使各组样本的条件尽量一致，消除或减小组间人为的误差，从而使处理因素产生的效应更加客观，便于得出正确的实验结果。这是对资料分析时进行统计推断的前提。

通常在随机分组前对可能明显影响实验的一些因素，如性别、年龄、病情等，先加以控制，这就是分层随机（均衡随机）。例如将 30 只动物（雌雄各半）分为 3 组，可先把动物分为雌 15 只、雄 15 只，再分别把不同性别中各随机分为 3 组，这样比把 30 只动物不管性别随机分在 3 组为好。如果在动物分组时，先抓到的是不活泼者，后抓到的是活泼者。而后几组动物会比前几组动物的耐受力强些，这样实验得出的结论是不可靠的。为了避免各种因素引起实验结果的偏性，随机化是一个重要手段。随机化的方法很多，具体可以参考有关生物统计学。

3. 重复原则

重复是指可靠的实验效应能够在相同条件下重复出来（重现性好），这就要求各处理组及对照组的例数（或实验次数）要有一定的数量。假如样本量过少，仅在一次实验或一个样本上获得的结果往往由于个体差异的存在，以及实验误差的影响而不准确，其结论的可靠性也差。如样本过多，不仅增加工作难度，而且造成不必要的人力、财力和物力的浪费。因此，应在保证实验结果具有一定可靠性的条件下，确定最少的样本例数，以节省人力和经费。

在生理学实验中，正确的决定实验动物的数量或样本的大小，一是根据生物统计学原理，二是根据文献资料、实验结果，结合以往的经验来确定。例如，要研究侧脑室注射组胺对胃酸分泌的影响，设对照组（脑室注射人工脑脊液）、实验组又分为组胺组、H1 和 H2 受体阻断剂组及 H1 受体阻断剂＋组胺组和 H2 受体阻断剂＋组胺组等共 6 组，每组 10 只动物，那么，完成这项实验就要 60 只动物。

重复的第二个含意是指重复实验或平行实验。由于实验动物的个体差异等原因，一次实验结果往往不够确实可靠，需要多次重复实验才能获得可靠的结果。通过重复实验，一是可以估计抽样误差的大小，因为抽样误差（即标准误差）大小与重复次数成反比；二是可以保证实验的可重现性（即再现性）。实验需重复的次数（即实验样本的大小），对于动物实验而言（指实验动物的数量）取决于实验的性质、内容及实验资料的离散度。一般而言，计量资料的样本数每组不少于 5 例，以 2～10 例为好。计数资料的样本数则需每组不少于 30 例。

除上述三个原则外，实验设计还应尽可能地从多方面进行同样的实验加以论证。如检查某一神经因素的作用，可用刺激、切断、药物拮抗（模拟）、受体阻断等方法，如果得到相同的结论，则结论可信且具有普遍意义。又如对鱼类等水产动物的生理活动影响的因子较多，因此在设计时还需要按照统计学要求分因子和机体整体、器官、组织、细胞等不同水平进行设计。

二、筛选与预备性实验

1. 初步筛选

初步筛选是进行正式实验研究以前的初步试探性工作。定向筛选是用同样的实验指标同时对多种药物进行筛选。

普筛是对某药物或方剂进行多种实验，目的在于初步发现被测试对象可能具有的药理作用。

如麻醉动物血液实验、血流动力学实验、离体器官试验等。普筛要求有一定的覆盖面，以便用较短的时间、较少的人力、物力，发现样品可能具有的药理活性。

2. 预备实验

预备实验是在上述设计基本完成以后对实验的预演（初步实验）。其目的在于检查各项准备工作是否完善，实验方法和步骤是否切实可行，测试指标是否稳定可靠，而且初步了解试验结果与预期结果的距离，为选题和实验设计提供依据，从而为正式实验提供补充、修正的意见和宝贵的经验，是完备实验设计和保证实验成功的必不可少的重要环节。

一般通过预备实验要着重解决以下几个问题：

(1) 确定正式实验样本的种类和例数；

(2) 检查实验的观察指标是否客观、灵敏和可靠；

(3) 改进实验方法和熟悉实验技术；

(4) 调整处理因素的强度，探索药物剂量大小和反应的关系，确定最适合的用药剂量；

(5) 发现值得进一步研究的线索。

三、实验结果的观察、记录及其处理

1. 实验及其结果的观察和记录

(1) 实验过程的观察

实验观察应注意对实验的整个过程的观察，从引进欲检验因素之前一直观察到引进欲检验因素之后产生变化的终结，或从撤销欲检验因素后直到其功能恢复到正常为止的全过程的观察。注意实验中的变化过程及引入欲检验因素的时间、出现变化的时间和恢复到正常水平的时间进行准确的记录。要等前一项实验结果恢复正常后再进行下一项实验。观察要特别注意有无出现非预期结果或“反常”现象。在排除了错误的不合理的结果之后，应对其进行分析，进一步实验是否有新的发现和新理论的得出。

(2) 实验结果的记录

结果的记录也应做到系统、客观和准确。要重视原始记录，预先拟定好原始记录的方式和内容。记录的方式可是文字、数字、表格、图形、照片、录像及影片等。切不能用整理后的记录替代原始记录，要保持记录的原始性和真实性。

一般实验记录的项目和内容包括：

① 实验名称、实验日期和实验者；

② 受试对象　实验对象的分组，动物种类、品系、编号、体重、性别、来源、合格证号、健康状况，离体器官名称等；

③ 刺激种类、刺激参数。若是药物刺激，则应记录药物名称、来源（生产厂）、剂型、批号、规格（含量或浓度）、剂量、给药方法等；

④ 实验仪器　主要仪器名称、生产厂、型号、规格等；

⑤ 实验条件　实验时间、室（水）温，动物饲养、饲料、光照、恒温条件等；

⑥ 实验方法及步骤　测定内容和方法等；

⑦ 实验指标　实验指标的名称、单位、数值及变化等，如有实验曲线，应注明实验项目、刺激（或药物）施加与撤销标记。

2. 实验结果的处理

实验结果必须进行整理和分析，才能从中发现问题，揭示其变化的规律性及其影响因素。

(1) 原始资料的类型　实验中得到的结果数据称原始资料，分为两大类：计量资料、计数资料。计量资料以数值大小来表示某种变化的程度，如血压值、呼吸频率、尿量、血流量等，这类资料可从测量仪器中读出，也可通过测量所描记的曲线得到。计数资料是清点数目所得到的结果，如动物存活或死亡的数目、有效或无效等。

(2) 对原始资料的分析和处理　在取得一定数量标本的原始资料后，即可进行生物统计学处理，得到可用来对实验结果某些规律性进行评价的数值。有些数值如率、比、平均值、标准差、标准误、相关系数等，被称为统计指标。经统计学处理的结果数据可制成一定的统计表或统计图，以便研讨所获得的各种变化规律。其次，还可作相应的统计学显著性检验或计算某些特征参数等。

在分析和判断实验结果时，决不能带有研究者的偏见或主观意见，或者在计算均数或率时任意取舍资料。必须实事求是，不能人为地强求实验结果符合自己的假说，而应该根据实验结果去修正假说，使假说上升为理论。

(3) 实验结果的表示方法　在实验所得的结果中，凡属于可定量检查的资料，如：高低、长短、快慢，轻重、多少等等，均应以法定计量单位和数值予以表达，并制成表格。在可以记录到曲线的实验项目中，应尽量采用曲线来表示实验结果。要求在所记录到的曲线上仔细标写清楚各项图注，使他人易于观察和辨识曲线的内在含义。如应在曲线的适当部位标注度量标尺及度量单位、刺激开始和终止的标志、实验日期和实验名称等等。

3. 研究(实验)结论

科学研究经过实验设计、实验与观察、数据处理，对实验结果进行由表及里的分析，就可做出研究总结、得出结论，并写出论文。这个结论要回答原先建立的假说是否正确，并对实验中发现的现象用所搜集到的资料做出理论解释。研究结论是从实验观察结果概括或归纳出来的判断。结论内容要严谨、精炼、准确。

第三节　实验设计中实验动物的选择

在生理学实验中，实验动物是指根据实验的需要，有目的、有计划地进行人工饲养、繁殖及科学培育而成的动物；供生理学科学研究、教学、检测等方面使用的实验对象和材料。实验动物必须具有明确的生物学特性和清楚的遗传背景，并且是在对其身上携带的微生物、寄生虫严格控制下培育和驯化出来的。

实验动物按遗传学分类有：①近交系实验动物，即纯系动物；②封闭群动物；③杂交一代动物(F1 代)。按微生物控制程度分级有：①一级，普通动物；②二级，清洁级动物；③三级，无特定病原体动物，即 SPF 动物；④四级，无菌动物，即 GF 动物。

有时也用一些野生动物、家畜、家禽和鱼类进行实验。但由于它们遗传背景不清楚，或健康状况有差异，对刺激的敏感性不同、机体反应也不一致，造成实验结果重复性较差，实验结果可靠性也相对较差，因此不能得到国际的认可，它们只能被称为实验用动物。实验用动物不能与实验动物等同，实验动物可包括在实验用动物中，但在不十分严格的情况下，有时二者又互相通用。

关于实验动物的种类及特性见第一章。

第四节　动物生理学实验设计示例

实验 11－1　设计实验检测神经纤维的绝对不应期

[立题依据]

可兴奋细胞和可兴奋组织在接受刺激而发生兴奋的一个短暂时期内，不管再次接受到多强的刺激，都不能做出新的反应而产生新的兴奋，此时期称为绝对不应期。兴奋的基本标志是动作电位的爆发，通常对于动作电位的引导，可以评价组织是否兴奋。连续给予可兴奋组织两次刺激时，如果刺激时间间隔小于绝对不应期，则第二次刺激不能引起组织兴奋，无法引导出动作电位，据此原理，可以观察可兴奋组织的绝对不应期。

[设计思路]

通过制备蛙坐骨神经干标本，以神经标本盒和生物信号采集处理系统引导记录神经干复合动作电位，施加不同时间间隔的两个刺激。观察不能记录到第二次刺激引起的动作电位的最小时间间隔。

[实验设计]

1. 需用的仪器和试剂

蛙（或蟾蜍）、解剖器械、铁支架、烧杯、生物信号采集处理系统、神经标本盒、刺激电极、引导电极。

2. 实验步骤及解析

(1) 取蛙（或蟾蜍）1 只，制备坐骨神经干标本，置于神经标本盒中，并连接刺激电极与引导电极。

解析：利用坐骨神经干标本，引导复合动作电位。

(2) 利用生物信号采集处理系统输出双刺激，刺激强度均为 3 V，时间间隔自 5 ms 起，间隔减量设计为 0.1 ms，记录动作电位波形图。

解析：观察刺激时间间隔减小到何种程度时，进入该条神经干的不应期，记录神经干的不应期。但此时记录的不应期应为相对不应期。

(3) 利用生物信号采集处理系统输出双刺激，第一个刺激强度设为 3 V，第二个刺激强度设为6 V，时间间隔自 5 ms 起，间隔减量设计为 0.1 ms，记录动作电位波形图。

解析：增大第二次刺激的强度，如在一定时间间隔内，第二次刺激强度虽然很强，但仍不能引起神经干产生新的兴奋，则此时期为绝对不应期。

实验 11－2 设计实验观察不同环境温度对神经干传导速度的影响

[立题依据]

神经细胞的兴奋过程会伴随着动作电位的爆发，而动作电位爆发的过程，是细胞膜发生去极化、复极化及离子主动转运的综合结果。其中，去极化的过程是由于钠离子跨膜内流而最终形成的平衡电位，钠离子内流的速度取决于细胞膜两侧钠离子的初始浓度差，其又取决于钠钾 ATP 酶(即钠泵)的活动状态。如果改变钠泵活动状态，会引起神经细胞膜两侧钠离子分布的改变，就会对去极化的过程产生影响，从而影响神经细胞兴奋的过程。

[设计思路]

神经纤维静息时，处于细胞内负外正的极化状态，即静息电位。将两个刺激电极与神经干接触，当刺激器发出脉冲刺激时，负电极处发生去极化，去极化达阈电位时爆发动作电位，使负电极处发生内正外负的反极化，使已兴奋的电极处电位低于邻近未兴奋处，出现电位差而产生局部电流。此局部电流依次扩布引起整个神经纤维兴奋，随着兴奋在神经干的扩布，放置在膜外的两电极可记录出电位差的动态变化。本实验方法为细胞外记录法。若把微电极插入细胞内记录单细胞动作电位，为细胞内记录法。两种方法记录的动作电位波形有所不同。

蟾蜍坐骨神经干由众多的神经纤维组成。不同的纤维其兴奋性不尽相同，当给予神经干一个电刺激时，刺激强度不同会引起一个至多个纤维兴奋，记录电极会把多个动作电位同时记录下来，形成的动作电位图形，称为复合动作电位。利用已知距离的两对记录电极记录，可分别记录到两个复合动作电位，并依据时间距离相比的原理计算出神经干的传导速度。通过改变环境温度，观察低温对神经干传导速度的影响。

[实验设计]

1. 需用的仪器和试剂

蟾蜍(身长约 15 cm)、生物信号采集处理系统、刺激电极、引导电极、神经标本盒、蛙板、毁髓针、玻璃分针、铜锌弓、眼科剪、眼科镊(直、弯)、手术剪、中式剪刀、中型镊子、滴管、培养皿、丝线、室温及低温任氏液。

2. 实验步骤及解析

(1) 制备蟾蜍坐骨神经干标本，放置于神经标本盒，连接刺激电极与两对引导电极，施加电刺激，记录正常状态下坐骨神经干复合动作电位，并计算该神经干传导速度。

解析：利用已知距离的两对记录电极记录，可分别记录到两个复合动作电位，并依据时间距离相比的原理计算出神经干的传导速度，以此传导速度作为对照。

(2) 向神经干表面滴加低温任氏液，重复步骤(1)，记录复合动作电位波形并计算低温状态下神经干的传导速度。

解析：通过用低温任氏液降温的方法，改变神经干的温度，间接影响神经干内代谢的程度，使钠钾泵活性发生改变，间接改变神经细胞膜两侧钠离子的分布，从而使动作电位幅度及动作电位时长均发生改变，并进而影响神经干兴奋的传导速度。

实验 11-3 设计实验说明反射弧结构与功能的完整性是实现反射活动的前提

[立题依据]

反射是指在中枢神经系统参与下的机体对内外环境刺激的规律应答。反射弧包括感受器、传入神经、神经中枢、传出神经、效应器;反射活动一般需要经过完整的反射弧才能实现,如果反射弧中任何一个环节中断(结构或功能受到破坏),则反射不能发生。

[设计思路]

根据反射弧的活动机理,选择合适的实验材料和实验用具(如由于脊髓的机能比较简单,所以常使用只损毁脑的动物,脊蛙和脊蟾蜍)。这个实验可以通过打断反射弧的各个步骤来说明只有在反射弧完整的条件下才能完成反射。具体设计只要是符合实验目的都是可以的。

[实验设计]

1. 需用的仪器和试剂

1%普鲁卡因、0.5%及1%硫酸、蛙、解剖器械、铁支架、烧杯、滤纸片、纱布。

2. 实验步骤及解析

取蛙(或蟾蜍)1只,用毁髓针毁掉全部脑髓,使成脊蛙(或脊蟾蜍),用蛙嘴夹夹住脊蛙(或脊蟾蜍)下颌,悬于铁支架上进行下列实验。

(1) 正常反射活动的观察　将蛙的一侧后腿浸入0.5 %的硫酸中2～3 mm,浸入时间最长不超过10 s,可见有屈肌反射出现,当反射出现后,迅速以清水将后腿皮肤上的硫酸洗净。

解析:设立正常对照,观察在基本反射弧完整的情况下,反射活动的基本形式,反射时长等指标。

(2) 用剪刀在同一侧的后肢趾端基部环切皮肤,然后再用手术摄剥净长趾上的皮肤。再以上述方法刺激,观察结果。

解析:观察破坏甚至去除反射弧中皮肤感受器后,反射活动是否能够正常进行。

(3) 在另一侧后肢股部的内侧,沿坐骨神经的方向将皮肤作一切口,将坐骨神经(此神经包括传出神经和传入神经纤维)分出,并在下面穿1根线,以便将神经提起。然后将蘸有1%普鲁卡因的小棉球置于神经干下,约经半分钟后,再以同样的方法刺激,观察结果。如仍有反射出现,则以后每隔1 min刺激1次,直到不引起反应为止。

解析:观察破坏反射弧中传入神经纤维与传出神经纤维的功能后,反射活动是否能够正常进行。

(4) 待普鲁卡因作用消除后,即另一侧后肢又可出现屈肌反射后,用毁髓针完全捣毁蛙(或蟾蜍)脊髓,再以硫酸刺激后肢皮肤,观察结果。

解析:观察破坏反射弧中最基本中枢——脊髓后,反射活动是否能够正常进行。

实验 11－4 设计实验证明红细胞对低渗溶液具有一定的抵抗能力

[立题依据]

正常情况下，哺乳动物红细胞渗透压与血浆渗透压相等，大约为 0.9%NaCl 溶液的渗透压。因此，当红细胞悬浮于等渗的 NaCl 溶液时，其形态和容积可保持不变。若将红细胞置于低渗溶液中，则水分进入红细胞使之膨胀变形，甚至破裂溶血。但红细胞对于低渗溶液具有一定的抵抗力，这取决于红细胞的渗透脆性，脆性大容易溶血，脆性小，则不容易溶血。

[设计思路]

利用配制不同浓度的 NaCl 溶液，将哺乳动物红细胞分别置于其中，观察开始出现溶血的最小 NaCl 溶液浓度。

[实验设计]

1. 需用的仪器和试剂

家兔、兔固定箱、手术刀、试管架、小试管若干、2 mL 刻度吸管、注射器、NaCl 溶液、蒸馏水。

2. 实验步骤及解析

(1) 制备不同浓度梯度的 NaCl 溶液，取小试管 15 支，作好编号，依次排列于试管架上。NaCl 溶液浓度从低至高依次为 0.25%、0.30%、0.32%、0.34%、0.36%、0.38%、0.40%、0.42%、0.44%、0.46%、0.48%、0.50%、0.60%、0.70%、0.80%。

解析：设置等渗浓度以下的各浓度梯度 NaCl 溶液。

(2) 将兔装入兔固定箱，用手术刀将耳缘静脉划一小横切口，血液自行流出后，分别滴入各试管内，使血细胞和 NaCl 溶液充分混匀。在室温下静置 2 h，使细胞下沉(或进行离心沉淀)，按如下标准观察有无溶血、不完全溶血现象。

上层上清液无色，管底为混浊红色，表示没有溶血；

上层上清液呈淡红色，管底为混浊红色，表示只有部分红细胞破裂溶解，为不完全溶血；

管内液体完全变为透明的红色，管底无细胞沉积，为完全溶血。

解析：红细胞对低渗溶液具有一定的抵抗力，新生红细胞抵抗力强，渗透脆性小，衰老红细胞抵抗力弱，渗透脆性大。依据不同浓度试管内出现的现象，判断红细胞的最小渗透脆性。

实验 11－5 设计实验证明植物性神经系统在心脏活动的调控中存在着神经紧张的现象

[立题依据]

植物性神经系统包括交感神经和副交感神经，它们在调节内脏活动时，存在着神经紧张的现象，即它们有经常性冲动发放到所支配的效应器官。交感神经对于心脏活动的调节主要表现为正性的变时变力变传导作用，而副交感神经主要表现为负性的变时变力变传导作用。正常动物机体内心脏活动稳定，是通过交感和副交感神经活动的相互拮抗平衡而实现的。

[设计思路]

通过人为施加不同因素，破坏交感神经和副交感神经拮抗的平衡性，观察对于动脉血压的影响，从而探索神经紧张现象及交感与副交感神经的拮抗作用。

[实验设计]

1. 需用的仪器和试剂

健康成年家兔、20%氨基甲酸乙酯溶液、0.5%肝素生理盐水、38 ℃生理盐水、手术器械1套，小动物手术台、动脉夹、注射器(1 mL、5 mL、50 mL)、生物信号采集处理系统、刺激电极、压力换能器、动脉插管。

2. 实验步骤及解析

(1) 麻醉家兔，进行颈部右侧颈总动脉插管术，并连接压力换能器，记录正常状态下血压，同时分离颈部交感神经、副交感神经、减压神经。

解析：选用动脉血压为观测指标，间接反映心脏活动情况，设立空白对照。

(2) 电刺激一侧交感神经，选择刺激强度为6 V，刺激频率为40～50次，刺激时间为15～20 s，观察血压的变化。

解析：通过人为刺激使交感神经活动增强，观察对于心脏活动的影响。

(3) 电刺激迷走神经观察血压的变化。

解析：通过人为刺激使迷走神经活动增强，观察对于心脏活动的影响。

(4) 剪断双侧迷走神经，观察剪断后短时间内血压的变化。

解析：人为破坏交感神经与迷走神经的拮抗平衡，使副交感神经不再能够对心脏发挥调节作用，观察血压的变化，如果血压在剪断时升高，说明交感神经存在着神经紧张的现象。

(5) 待血压稳定后，电刺激减压神经，观察血压的变化。

解析：在已经去除副交感神经对心脏的支配后，通过刺激减压神经，使减压反射程度增强，观察血压是否还会下降，如果下降，证明这并非通过迷走神经对心脏的负性作用来实现，而是通过对交感神经的抑制来实现的，也就证实交感神经平时是有冲动发放到心脏的。

实验11-6 设计实验检测家兔动脉血压与尿生成的关系

[立题依据]

动物机体总是以整体的形式存在，不仅以整体的形式与环境保持密切的联系，而且通过神经及体液调节机制改变和协调各器官系统(如循环和泌尿等)的活动，以适应内环境的变化，维持新陈代谢正常进行。尿生成的过程包括滤过、重吸收及分泌三个基本过程。影响滤过的因素包括两肾血流量、滤过膜的通透性与面积、有效滤过压等主要因素，其中，血压是有效滤过压的重要组成部分。通过观察动物在整体情况下，血压改变对尿量的影响，加深对机体血压与泌尿关系的相互作用的理解。

［设计思路］

通过人为施加不同因素，分别改变家兔动脉血压，间接影响滤过过程中的有效滤过压，观察对尿液生成量的影响，从而探索家兔动脉血压与尿生成的关系。

［实验设计］

1. 需用的仪器和试剂

健康成年家兔、20％氨基甲酸乙酯溶液、0.5％肝素生理盐水、38 ℃生理盐水、0.01％去甲肾上腺素、0.01％乙酰胆碱、手术器械 1 套、兔手术台、动脉夹、注射器（1 mL、5 mL、50 mL）、生物信号采集处理系统（刺激器、计滴器）、刺激电极、压力换能器、动脉插管、输尿管插管（或膀胱套管）。

2. 实验步骤及解析

（1）麻醉家兔，进行颈部右侧颈总动脉插管术，并连接压力换能器，同时实施膀胱套管（也可作输尿管插管术），记录正常状态下家兔血压及尿液滴数。

解析：选用动脉血压及尿液滴数为观测指标，设立空白对照。

（2）夹闭左侧颈总动脉　等血压稳定后，用动脉夹夹住左侧颈总动脉，观察血压及尿量的变化。出现明显变化后去除夹闭。

解析：通过夹闭左侧颈总动脉，使流经左侧颈动脉窦血液减少，窦神经发放冲动频率减弱，减压反射程度降低，从而使动脉血压上升，观察对于尿生成量的影响。

（3）电刺激迷走神经、交感神经和减压神经　将保护电极与刺激输出线相连，等血压恢复后，分别将右侧迷走神经、减压神经轻轻搭在保护电极上，选择刺激强度为 6 V，刺激频率为 40～50 次，刺激时间为 15～20 s，观察血压和尿量的变化。

解析：通过分别刺激迷走神经、交感神经和减压神经来改变家兔动脉血压，观察对于尿生成量的影响。

（4）耳缘静脉注射 0.01％去甲肾上腺素 0.3 mL，观察血压及尿量的变化。

解析：去甲肾上腺素可以通过和受体结合而使阻力血管收缩从而升高血压，观察其对尿量的影响。

（5）待血压恢复后，由耳缘静脉注射 0.01％乙酰胆碱 0.3 mL，观察其对尿量的影响。

解析：乙酰胆碱和受体结合后，可以通过抑制心脏和舒张血管使血压降低，观察其对尿量的影响。

实验 11－7　设计实验观察切除卵巢及注射雌激素对大白鼠动情周期的影响

［立题依据］

在性周期排卵的动物，性周期的出现受机体内性激素水平的影响，伴随着性周期可见到生殖器官和附属生殖器官的变化。大白鼠的性周期中，各个时期阴道分泌物涂片呈现不同的特点。根据涂片观察所得结果，判断大白鼠进入性周期的哪一动情期阶段。

［设计思路］

通过对大白鼠阴道涂片的观察，了解性周期中阴道上皮细胞的变化；进而了解在性周期各个时期中卵巢的活动与性激素的变动。

［实验设计］

1. 需用的仪器和试剂

性成熟雌性大白鼠（或小白鼠）6 只、玻片、常用手术器械、显微镜、吸管、盖玻片、生理盐水、乙醚、己烯雌酚、瑞特氏染料。

2. 实验步骤及解析

(1) 取雌性未成年未孕大白鼠 6 只，分成三组：第一组为对照组；第二组为去卵巢组；第三组为去卵巢注射己烯雌酚组。取清洁玻片 3 块，按上述分组作好记号，然后各滴入 1 滴生理盐水。用吸有生理盐水的吸管吸取阴道分泌物，然后涂到玻片上，盖上盖玻片，不染色即可进行观察。如待涂片干后，用瑞特氏染料染色 3～5 min，细胞核被染色，细胞的形态更容易辨认。

解析：设立不同的实验组，分别为正常组，雌激素缺乏组和雌激素组。

(2) 约 7～10 d 后检查各组大白鼠的阴道涂片。如去卵巢后大白鼠已进入动情间期，即给第三组大白鼠都皮下注射己烯雌酚 25 μg。3 d 后再涂处再检查各组大白鼠阴道分泌物，观察它们进入动情周期中的哪一期。

解析：通过切除卵巢，减少内源性雌激素的量，使大鼠进入动情间期，观察雌激素不足对于性周期的影响。再通过注射外源性雌激素，观察对大白鼠动情周期的影响。

实验 11－8　设计实验检测血浆胶体渗透压与尿生成的关系

［立题依据］

尿生成的过程包括滤过、重吸收及分泌 3 个基本过程，其中影响滤过的因素中，包括两肾血流量、滤过膜的通透性与面积、有效滤过压等主要因素，其中有效滤过压又由动脉血压、血浆胶体渗透压和肾小囊内压共同组成，血压为滤过的动力，血浆渗透压及肾小囊内压为滤过的阻力。在其他因素不变的情况下，通过人为改变血浆胶体渗透压，观察其对尿量的影响，从而加深对于尿生成过程中滤过环节的理解。

［设计思路］

通过人为施加不同因素，分别提高和降低家兔血液胶体渗透压，间接影响滤过过程中的有效滤过压，观察对尿液生成量的影响，从而探索血浆胶体渗透压与尿生成的关系。

［实验设计］

1. 需用的仪器和试剂

健康成年家兔、20％氨基甲酸乙酯溶液、0.5％肝素生理盐水、38 ℃生理盐水、明胶水溶液、手术器械 1 套、小动物手术台、注射器（1 mL、5 mL、50 mL）、生物信号采集处理系统、输尿管插管(或膀胱套管)、丝线。

2. 实验步骤及解析

(1) 麻醉家兔,实施膀胱套管术(也可作输尿管插管术),记录正常状态下家兔尿液滴数。

解析:选用尿液滴数为观测指标,设立空白对照。

(2) 耳缘静脉注射 38 ℃生理盐水 20 mL,观察尿量的变化。

解析:通过注射大量生理盐水稀释血浆胶体渗透压,观察对于尿生成量的影响。

(3) 待尿液生成稳定后,耳缘静脉注射明胶水溶液,观察尿量的变化。

解析:耳缘静脉注射明胶后,增加血浆中胶体物质的浓度,提高血浆胶体渗透压,观察其对尿生成量的影响。

实验 11-9 设计实验解释酸性物质促进胰液分泌的主要机制

[立题依据]

早在 18 世纪末,人们就发现酸性物质能够促进动物胰液的分泌。胰液的分泌主要受神经及体液因素的调节,其中体液调节在该过程中发挥着主要的作用。酸性物质可以作用于小肠黏膜 S 细胞释放促胰液素,经血液循环作用于胰腺后,可以引起胰液分泌的增加。

[设计思路]

通过人为施加酸性物质,并应用神经阻断技术,探讨酸性物质是否是促进胰液分泌的直接因素;探讨在酸性物质促进胰液分泌的过程中,是神经因素还是体液因素为主导因素。

[实验设计]

1. 需用的仪器和试剂

健康成年犬、20%氨基甲酸乙酯、0.5%肝素生理盐水、38 ℃生理盐水、0.1 mol·L^{-1} HCL 溶液、手术器械 1 套、狗手术台、阿托品、秒表、注射器(1 mL、5 mL、50 mL)、生物信号采集处理系统、胰导管插管、丝线。

2. 实验步骤及解析

(1) 浅麻醉狗,将狗仰卧于手术台上,于剑突下正中线作长约 10 cm 切口,寻找十二指肠及胰腺,在十二指肠及胰腺间主胰导管部位作插管并固定,收集并记录基础状态下胰液的分泌。

解析:选用单位时间内胰液分泌的滴数及总量为观测指标,设立空白对照。

(2) 将 0.1 mol·L^{-1}的盐酸溶液 40 mL 注射入狗的十二指肠内,观察胰液分泌量的变化。

解析:通过酸化十二指肠,观察酸性物质对胰液分泌的影响。

(3) 待胰液分泌恢复至正常水平后,向股静脉内注射 0.1 mol·L^{-1}的盐酸溶液 10 mL,观察胰液分泌量的改变。

解析:设立实验使酸性物质直接进入血液,验证是否是酸性物质本身作为一种体液因素促进胰液的分泌。

(4) 静脉注射阿托品 1 mg,然后再向十二指肠内注射盐酸。观察胰液分泌量的改变。

解析:通过应用迷走神经主要递质乙酰胆碱的阻断剂阿托品,观察阻断迷走神经对于胰腺的支配作用后，酸性物质是否依然引起胰液分泌的改变，若胰液分泌依然变化，证明体液因素在其中的作用。

(5) 向狗静脉内注射粗制胰泌素。粗制胰泌素的制备可提前进行，其为酸性物质注入狗十二指肠后的浸出液。观察胰液分泌的变化。

解析：酸性物质的十二指肠浸出液中包含促胰液素，将其直接注射入血液中，检测其对胰液分泌的影响。证明酸性物质促进胰液分泌的主要中介物为粗制胰泌素中的成分。

第五节 动物实验设计的目的及步骤

一、动物实验设计的目的

学生在全面掌握生理实验的基本内容及正规实验操作技术的基础上，进行本次实验设计，在负责教师的具体指导下，由学生自行设计实验方案，启发和调动学生学习的主动性和积极性，锻炼和培养学生独立思考、提出问题和自己动手解决问题的能力，并以此作为生理学实验课考试评定成绩的主要方式。

二、动物实验设计的步骤

期末，利用两次实验课(8 学时)进行实验设计。全过程分为以下三个步骤：

第一步：负责教师提前一周向学生做布置，要求每个学生利用课余时间，依照实验设计的目的要求，认真对待，共同做好实验。每个学生根据所学过的理论及实验内容，查阅有关资料，每人选题并撰写一份实验设计方案，交负责教师评阅记成绩。教师以每个小组的最佳设计方案，作为小组引导推荐时的准备。

第二步：在负责教师的引导下，利用一次实验课时间(4 学时)，学生以小组为单位，每人向组内同学报告自己的实验设计方案，经组内同学评议、补充后，负责教师引导学生从中挑选一份最佳设计方案，再作进一步讨论和充实后，撰写一份小组的实验设计方案，交负责教师评阅并记成绩。

负责教师根据本教研室的实际条件，作最后修改，确定小组的实验设计方案。

第三步：在负责教师的指导下，利用另一次实验课时间(4 学时)，根据已确定的实验设计内容进行实验。实验完毕后，每小组撰写出一份实验报告交负责教师评阅。在实验全过程，负责教师根据每个学生在实验过程中的具体表现(包括动脑和动手的能力)及小组实验报告的质量等，分别给每个学生评定成绩。

在实验结束后，负责教师针对本次实验设计情况，当堂向学生作简要总结，肯定成绩，指出不足及修改意见，对其中有创见的同学，作为典型实例介绍，促进学生之间的相互交流和学习。课后负责教师给每个学生做综合评定成绩。

第十二章

生理学实验新技术

第一节　膜片钳实验技术介绍

一、膜片钳技术的基本原理和方法

膜片钳技术是用微波管电极(膜片电极或膜片吸管)接触细胞膜,以吉欧姆(GΩ)以上的阻抗使之封接,使与电极尖开口处相接的细胞膜小区域(膜片)与其周围在电学上绝缘,在此基础上固定电位,对此膜片上的离子通道离子流进行监测记录的方法(图 12-1)。

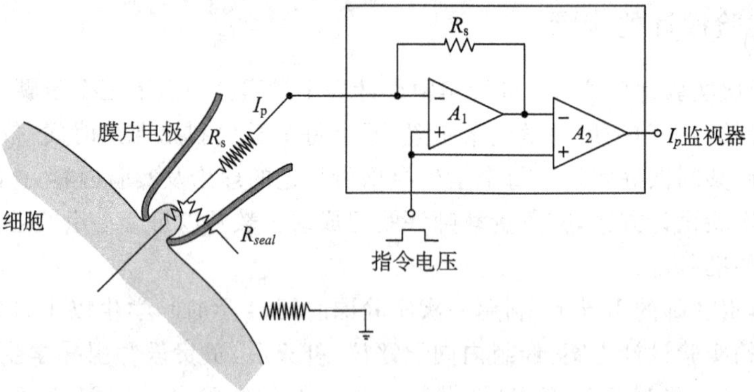

图 12-1　膜片钳技术原理图

R_s 是与膜片阻抗相串联电阻,R_{seal} 是封接阻抗,I_p 是来自膜片电极的记录电流;A_1 是第一级场效应管运算放大器;A_2 是第二级场效应管运算放大器;

膜片钳技术是在电压钳技术基础上发展起来的,电压钳是利用负反馈技术将膜电位在空间和时间上固定于某一测定值,以研究动作电位产生过程中膜的离子通透性与膜电位之间的依从关系。但电压钳只能研究 1 个细胞上众多通道的综合活动规律,而无法反映单个通道的活动特点,且通过细胞内微电极引导记录的离子通道电流背景噪声太大。膜片钳技术的优势是利用负反馈电子线路,将微电极尖端吸附的 1 平方微米至几个平方微米细胞膜的电位固定在一定水平上,对通过通道的微小离子电流做动态或静态的观察。因微电极尖端与细胞膜表面进行了高阻抗封接,阻值可达到 10～100 GΩ,近似电绝缘,从而可大大减少记录时的背景噪音,使矩形的单通道信号得以分辨出来。

用场效应管运算放大器构成的 I-V 转换器,即膜片钳放大器的前级探头是测量回路的核心部分。场效应管运算放大器的正负输入端子为等电位,向正输入端子施加指令电位时,经过短路负端子可以使膜片等电位，达到电位钳制的目的。当膜片微电极尖端与膜片之间形成 10 GΩ 以上封接时，分流电流达到最小，横跨膜片的电流(I)可 100%作为来自膜片电极的记录电流(I_p)而被测量出来。

膜片钳使用的基本方法是：把经过加热抛光的玻璃微电极在液压推进器的操纵下，与清洁处理过的细胞膜形成高阻抗封接，导致电极内膜片与电极外的膜在电学上和化学上隔离起来，由于电性能隔离与微电极的相对低电阻(1～5 MΩ)，只要对微电极施以电压就能对膜片进行钳制，从微电极引出的微小离子电流通过高分辨、低噪声、高保真的电流－电压转换放大器输送至电子计算机进行分析处理。

膜片钳技术实现的关键是建立高阻抗封接，并能通过特定的记录仪器反映这些变化，因而，膜片钳实验室除了一般电生理实验所需的仪器外，还特需防震工作台、屏蔽罩、膜片钳放大器、三维液压操纵器、倒置显微镜、数据采集卡、数据记录和分析系统等。

膜片钳记录的用途如下：①研究通道电流；②研究通道平均开闭时间；③研究离子通道开关的动力学；④研究药物对通道的影响；⑤通过改变膜内外溶液成分，研究各种因素对膜通透性的影响；⑥了解第二信使的作用。

二、膜片钳的多种记录形式

在膜片钳技术的发展过程中，主要形成了以下四种记录模式，即细胞贴附模式、膜内面向外模式、膜外面向外模式、全细胞记录模式。根据研究目的和观察内容的不同，可采取相应的记录方法。此外，还有带核膜片记录、人工脂膜的膜电流记录、自动化膜片记录、平面膜片记录等其他记录方式。

1. 细胞贴附模式

将热抛光的玻璃吸管置于以酶清洁过的细胞膜表面，通过负压吸引与膜形成高阻抗封接而膜的其他部分仍连在一起，这时直接对膜片进行钳制，高分辨测量膜电流，这种方式称为细胞贴附式。其优点在于不需要灌流，细胞质及调控系统完整，可在正常离子环境中研究递质和电压激活的单通道活动。缺点是未直接地控制细胞内环境条件，不能确切测定膜片上的实效电位。

2. 膜内面向外模式

在巨阻抗封接后如向上提起电极，在微电极尖端可逐渐形成一封闭的囊泡，并与细胞脱离，将其短时间地暴露于空气，可使囊泡的外面破裂，与电极相连的膜片与整个细胞相分离，而形成膜内面向外的模式。此种构型下，能较容易改变细胞内的离子或物质浓度，也能把酶等直接加于膜的内侧面，因此适用于研究胞内激素和第二信使物质(如 1,4,5－三磷酸肌醇、cAMP、cGMP、Ca^{2+}等)对离子通道型受体功能的调节。但是应该注意的是，由于细胞质出现渗漏现象，此实验可能丢失某种调控因子。

3. 膜外面向外模式

如果从全细胞模式将膜片微电极向上提起可得到切割分离的膜片，由于它的细胞膜外侧面面对膜片微电极腔内液，膜外面自然封闭而对外，所以这个模式被称为膜外面向外模式。此构型多用于研究细胞膜外侧受体控制的离子通道，研究腺苷酸环化酶、多磷酸磷脂酰肌醇激酶、蛋白激酶 C 等活动性变化，以及细胞膜上信使物质(二酰甘油、花生四烯酸等)对离子通道型受体功能的调节。但是也要注意实验细胞质因子丢失的可能性。

4. 全细胞模式

在细胞吸附模式上将膜片打穿成孔，记录膜片以外部位的全细胞膜的离子电流，这是全细胞模式或孔细胞模式。其优点在于容易控制细胞内液成分，适合于小细胞的电压钳位，但全细胞记录的是许多通道的平均电流，须通过各种通道阻断剂来改变内部介质以分离电流，是当前细胞电生理研究中应用最广泛的一种模式。其不足之处在于胞内可动小分子可从细胞内渗漏到膜片微电极腔内液中。

为克服胞质渗漏的问题，Horn 和 Marty 将与离子亲和的制霉菌素或两性霉素 B 经膜片微电极灌流到含类甾醇的细胞膜上，在已形成细胞贴附模式的膜片上形成只允许一价离子通过的孔，用此法在膜片上形成很多导电性孔道，借此对全细胞膜电流进行记录，这种方法被称为穿孔膜片模式或制霉菌素膜片模式。该模式的胞质渗漏极为缓慢，局部串联阻抗较常规全细胞模式高，钳制速度缓慢，故又称为缓慢全细胞模式。运用穿孔膜片钳技术，可以防止细胞内物质的流失而影响其功能，具有特殊的生理意义和实用价值。

三、膜片钳实验操作

运用膜片钳进行膜离子通道特性的研究，是一项艰辛、细致、繁杂的工作，要求较高的技术水平和实验条件做保证，现在大致介绍一下膜片钳实验的过程，主要包括以下几个方面：

1. 标本制备

根据研究目的的不同，可采用不同的组织细胞，如心肌细胞、平滑肌细胞、肿瘤细胞等，现在几乎可对各种细胞进行膜片钳的研究。对所采用的细胞，必须满足实验要求，一般多采用酶解分离法，也可采用细胞培养法；此外，由于与分子生物学技术的结合，现在也运用分子克隆技术表达不同的离子通道，如利用非洲爪蟾卵母细胞表达外源性基因等。

2. 电极制备

(1) 拉制　合格的膜片微电极是成功封接细胞膜的基本条件。要成功的封接细胞膜需要两方面的因素保证，一是设法造成干净的细胞膜表面，二是制成合格的电极。首先要选择适当的玻璃毛细管，其材料可使用软质玻璃（苏打玻璃、电石玻璃）或硬质玻璃（硼硅玻璃、铝硅玻璃、石英玻璃）。软玻璃电极常用于做全细胞记录，硬质玻璃因导电率低、噪声小而常用于离子单通道记录。膜片微电极是将玻璃毛细管用电极拉制仪拉制而成的。由于膜片微电极不是刺入的，其尖端形状以不锐利为宜，肩颈部尽可能阻断一些。通常使用两次拉制。两步拉制的目的主要是使电极前端的锥度变大，狭窄部长度缩短，因此可降低电极的串联电阻，也可减少全细胞记录时的电极液透析时间。由于膜片微电极最忌沾染灰尘和脏物，更忌触碰尖端附近部位，所以一般要求在使用前制作。

(2) 涂硅酮树脂　在微电极最尖端以外的部分涂以硅酮树脂，其目的是为了降低电极与灌流液之间的电容，并形成一个亲水界面。硅酮树脂可减少本底噪音，对单通道记录很重要。在进行全细胞记录时，不用硅酮树脂也可以得到满意的效果，通常微电极在涂抹硅酮树脂后再进行抛光，但最好是在涂抹后 1 h 内抛光，否则很难改变电极尖端的形状。

(3) 热抛光　将电极固定于显微镜工作台上，在镜下将尖端靠近热源（通电加热的白金丝等），当通电加热时，可见电极尖端微微回缩，此时电极变得光滑，且尖端的杂质烧去，得到较干净的表面。热抛光有利于和细胞膜紧密封接，并在封接后更易保持稳定。

(4) 充灌微电极液　电极在实验前要灌注电极液，由于电极尖端较细，因此在充灌前，电极内液要用0.2 μm的滤膜进行过滤。灌注的方法多种多样，在微电极尖端较粗的情况下，用注射针或聚乙烯的塑料管直接从电极尾部灌充即可，这种方法叫反向灌充。在尖端较细的情况下，首先将电极尖端浸浴灌注液中，利用毛细管现象使尖端部分充满液体，然后从其尾部灌注，如有气泡，用手指轻轻弹除尖端残留的气泡即可。灌注后的电极电阻一般为2～5 MΩ，而全细胞记录则最好在2～3 MΩ。

3. 膜片钳实验系统

根据不同的电生理实验要求，可以组建不同的实验系统，但都有一些共同的基本部件，包括机械部分（防震工作台、屏蔽罩、仪器设备架）和光学部分（显微镜、视频监视器、单色光系统）等。

大多数膜片钳实验都要求所有实验仪器及设备均具有良好的机械稳定性，以使微电极与细胞膜之间的相对运动尽可能小。防震工作台放置倒置显微镜和与之固定连接的微操纵器，其他设备置于台外。屏蔽罩由铜丝网制成，接地以防止周围环境的杂散电场对膜片钳放大器的探头电路的干扰。仪器设备架要靠近工作台，便于测量仪器与光学仪器配接。

倒置显微镜是膜片钳实验系统的主要光学部件，它不仅具有较好的视觉效果，便于将玻璃电极与细胞的顶部接触，而且借助移动物镜来实现聚焦，具有较好的机械稳定性。视频监视器主要用来监视实验过程中的操作，特别是能将封接参数（如封接阻抗）与细胞的形态对应，以实现良好的封接。

膜片钳放大器是整个实验系统中的核心，它可用来作单通道或全细胞记录，其工作模式可以是电压钳，也可以是电流钳。从原理来说，膜片钳放大器的探头电路即 $I-V$ 变换器有两种基本结构形式，即电阻反馈式和电容反馈式，前者是一种典型的结构，后者因用反馈电容取代了反馈电阻，降低了噪声，所以特别适合超低噪声的单通道记录。由于供膜片钳实验的专用计算机硬件及相应的软件程序的相继出现，使得膜片钳实验操作简便、效率提高。如与EPC-9型膜片钳放大器（内含ITC-16数据采集/接口卡）配套使用的软件PULSE/PULSEFIT，它既可产生刺激波形，控制数据采集，又可分析数据，同时具有用于膜电容监测的锁相放大器，多种软件功能集成于一体。

4. 进行实验、记录和分析数据

准备工作就绪后即可进行实验操作、数据记录和分析。这里主要介绍高阻抗封接的形成（图12-2）。

对电极持续施加1个1 mV、10～50 ms的阶跃脉冲刺激，电极入水后电阻约4～6 MΩ，此时在计算机屏幕显示框中可看到测试脉冲产生的电流波形。开始时增益不宜设得太高，一般可在1～5 mV·$(PA)^{-1}$，以免放大器饱和。由于细胞外液与电极内液之间离子成分的差异造成了液结电位，故一般电极刚入水时测试波形基线并不在零线上，须首先将保持电压设置为0 mV，并调节“电极失调控制”使电极直流电流接近于零。用微操纵器使电极靠近细胞，当电极尖端与细胞膜接触时封接电阻指示Rm会有所上升，将电极稍向下压，Rm指示会进一步上升。通过细塑料管向电极内稍加负压，细胞膜特性良好时，Rm一般会在1 min内快速上升，直至形成GΩ级的高阻抗封接。一般当Rm达到100 MΩ左右时，电极尖端施加轻微负电压（－30～－10 mV）有助于GΩ封接的形成。此时电流波形再次变得平坦，使电极超极化，由－40 mV～－90 mV，有助于加速形成封接。为证实GΩ封接的形成，可以增加放大器的增益，从而可以观察到除脉冲电压的首尾两端出现电容性脉冲尖端电流之外，电流波形仍呈平坦状。

在形成高阻抗封接后，记录实验结果之前，通常要根据实验的要求进行参数补偿，以期获得

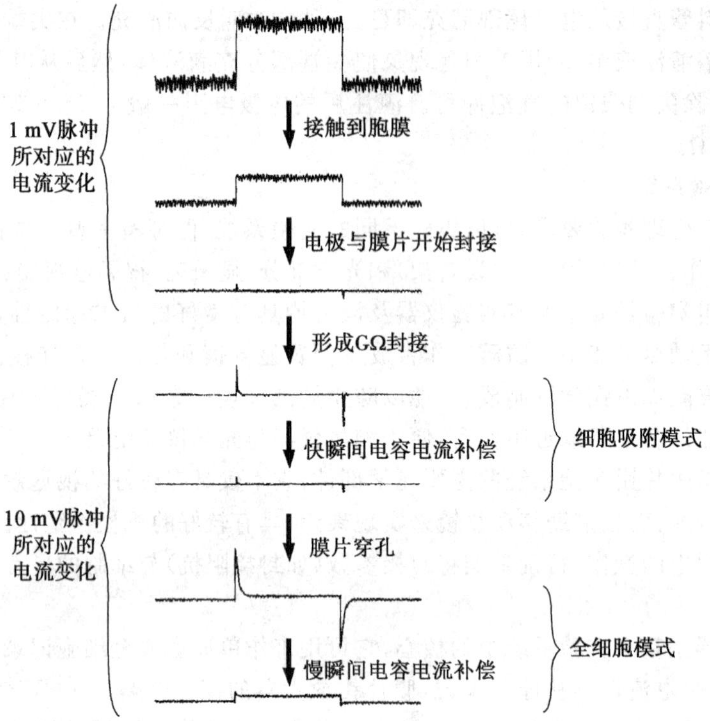

图 12-2 高阻封接的形成

符合实际的结果。需要注意的是:应恰当设置放大器的带宽,例如 10 kHz,这样在电流监测端将观察不到超越此频带以外的无用信息。

膜片钳实验难度较大、技术要求高。掌握有关膜片钳的技术和方法不是很困难的事,但要从一大批的实验数据中,经过处理和分析,得出有意义、有价值的结果和结论,就显得不那么容易。有许多需要注意和考虑的问题,包括减少噪音,避免电极前端的污染,提高封接成功率,具体实验过程中还需要考虑如何选取记录模式,为记录特定离子电流如何选择电极内、外液,如何选择阻断剂、激动剂,如何进行正确的数据采集等许多更为复杂的问题,还需在科研实践中不断地探索和解决。下面就以“大鼠海马神经细胞钠通道电流的记录”为例来具体介绍膜片钳的使用方法。

实验 12-1 大鼠海马神经细胞钠通道电流的记录

[目的要求]

1. 了解膜片钳技术的基本原理及记录方法。
2. 观察记录大鼠海马神经细胞单通道钠电流及全细胞钠通道电流。

[实验原理]

钠通道在多种细胞尤其是在神经、肌肉等可兴奋细胞中广泛存在。钠电流(I_{Na})是快反应细胞上最重要的除极离子流，与细胞的兴奋性密切相关。钠通道在膜电位−70～−65 mV 开始激活，产生一迅速激活并迅速失活的内向电流，最大电流峰值在膜电位−40 ～−30 mV，反转电位为+30 mV 左右。在参数设计上应使膜电位钳制在−80 mV 以下，此时给予不同程度的去极化阶跃电压，则可得到钠电流，由于钠通道激活和失活均很快，属于快通道，因此，刺激脉冲波宽常为 20～50 ms。当静息膜电位升至−50 mV 左右，可使 Na^+ 通道完全失活，不能引起钠通道开放。为证实所测电流为钠电流，常借助于工具药，如细胞外液中河豚毒(TTX)或Ⅰ类抗心律失常药来选择性阻断钠通道。

[实验动物]

成年或胚胎期大鼠。

[器材及药品]

膜片钳放大器、微电极拉制器、倒置显微镜、三维操纵器、电极抛光仪、玻璃微电极、恒温水浴箱、切片机、哺乳类动物手术器械、氧气瓶、胰蛋白酶、河豚毒、人工脑脊液、电极内液、普罗帕酮。

[方法及步骤]

1. 海马神经细胞的分离方法

将大鼠以 3%戊巴比妥钠腹腔麻醉(30～50 mg·kg^{-1})后断头，立即取出脑组织并迅速置入低温人工脑脊液(0～4 ℃)中 10～20 s，然后于大脑半球腹内侧分离出海马，将海马切成 400 μm 的薄片，置于人工脑脊液内孵育 30 min 后，更换为含 1 g·L^{-1} 胰蛋白酶的人工脑脊液酶解 40 min。用人工脑脊液冲洗脑片 3 次后，再将脑片置于人工脑脊液内孵育待用，上述孵育和酶解过程中，溶液需保持在 32 ℃并连续通以混合气(5%CO_2+95%O_2)。最后，将部分脑片移入盛有氧饱和的人工脑脊液的离心管内，先后用尖端经热处理的直径为 400 μm 和 150 μm 的吸管轻轻吹打，直至单个海马神经元分离；取上部细胞悬液，加入培养皿内，约 20 min 后细胞贴壁，即可在倒置显微镜下观察细胞形态，并进行膜片钳记录。

2. 玻璃微电极的制作

用微电极拉制器将玻璃毛细管分两步拉制成尖端直径约为 1 μm 的微电极；为了提高封接的成功率，可将微电极尖端在显微镜下接近抛光仪的热源进行抛光。然后用注射针从电极尾部充灌电极内液到微电极中备用。

3. 仪器的连接(图 12-3)

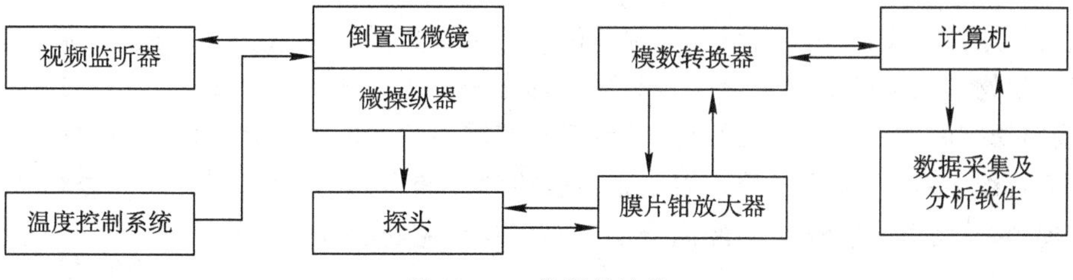

图 12-3　仪器的连接

4. 高阻抗封接的形成

将分离的大鼠海马单个细胞置于倒置显微镜的浴槽中，待细胞贴壁后，在三维液压操纵器推进下，使内充电极内液的微电极尖端进入浴液。由膜片钳放大器向微电极发放一个电压为10 mV、波宽为 40 ms 的方波脉冲信号，观察封接形成过程。当微电极尖端与细胞表面接触后，可见应答电流减小，再向微电极尖端施以负压，使应答电流进一步减小至零，则形成 GΩ 封接。

5. 大鼠海马神经细胞单通道钠电流的记录

在微电极与细胞膜封接电阻达到 GΩ 级后，即形成细胞贴附式记录模式，此时，如给予膜片一个保持电位为－120 mV、指令电位为－50 mV 的刺激，即可以记录到海马神经细胞的单通道电流（见图 9－14）。

6. 大鼠海马神经细胞全细胞钠电流的记录

在记录到单通道电流后，可经微电极给予负压吸引或电脉冲击破电极尖端的膜片，使电极内液与细胞内液相通，则形成了全细胞记录模式，调节快电容补偿，抵消电容性尖峰，调节放大器的慢电容补偿和串联电阻补偿来抵消瞬态电流。在电压钳制模式下，给细胞以如下参数刺激：保持电位为－120 mV，指令电压为－90～－25 mV，脉冲阶跃为 10 mV，刺激频率为 0.5 Hz，持续时间为 40 ms，即可引导出全细胞钠通道电流。如在浴液中给予河豚毒(TTX)50 μmol・L^{-1}或给予Ⅰ类抗心律失常药普罗帕酮 20 μmol・L^{-1}，灌流 10 min 后，再给细胞以上述刺激，可观察到钠电流幅度的变化。

［注意事项］

1. 在分离细胞时，注意调整胰蛋白酶用量和消化时间，防止过度消化造成细胞损害。
2. 选择贴壁良好、立体感强、折光性好、表面光滑的细胞进行实验。
3. 微电极尖端抛光，将有利于高阻抗封接的形成并提高实验成功率。
4. 剥离海马时要尽量去除盘绕在海马表面的血丝，以利于随后的切片过程。
5. 剥离时切勿挤压海马，否则对制备出的海马脑片神经元活性影响极大。

［思考题］

1. 何谓膜片钳技术？其基本原理如何？
2. 全细胞记录钠电流的参数是如何设置的？
3. 简述膜片钳技术的几种记录形式及其在不同研究中的应用。

第二节 组织切片原位杂交技术介绍

组织切片原位杂交是一种在组织细胞原位进行的核酸分子杂交技术，敏感度高，特异性强，是当前分子生物学研究的重要手段。其基本原理是将含有互补顺序标记的 DNA 或 RNA 片段（探针），按照碱基配对的原则，在适宜的条件下与细胞内待测的 DNA 或 RNA 片段（探针）杂交，在原位检测组织、细胞内存在的特定并且正在表达的核酸序列（基因）。目前，原位杂交已经广泛应用于生理学、遗传学、病毒学、神经内分泌学、病理学、免疫学等各个领域。

一、核酸探针的应用

1. 探针的分类

（1）按所带标记物　探针可分为同位素标记探针和非同位素标记探针两大类。目前，大多数放射性标记法是通过酶促反应将标记的基因掺入 DNA 中，常用的同位素标记物有^{3}H、^{35}S和^{32}P。同位素标记物虽然有灵敏性高、背景较为清晰等优点，但是由于放射性同位素对人和环境均会造成伤害，近来有被非同位素取代的趋势。非同位素标记物中目前最常用的有生物素、地高辛和荧光素三种。

(2) 按核酸性质的不同　探针又可分为 DNA 探针、cDNA 探针、cRNA 探针和合成寡核苷酸探针。cDNA 探针又可分为双链 cDNA 探针和单链 cDNA 探针。

2. 探针的选择

根据不同的杂交实验要求，应选择不同的核酸探针。在大多数情况下，可以选择克隆的 DNA 或 cDNA 双链探针。但是在有些情况下，必须选用其他类型的探针，如寡核苷酸探针和 RNA 探针。例如，在检测靶序列上的单个碱基改变时应选用寡核苷酸探针，在检测单链靶序列时应选用与其互补的 DNA 单链探针、RNA 探针或寡核苷酸探针。

长的双链 DNA 探针特异性较强，适宜检测复杂的靶核苷酸序列和病原体，但不适宜于组织原位杂交，因为它不易透过细胞膜进入胞内或核内。

3. 探针的标记

在选择探针类型的同时，还需要选择标记方法。探针的标记方法很多，选择标记方法主要视个人的习惯和可利用条件而定。但在选择标记方法时，还应考虑实验的要求，如灵敏度和显示方法等。一般认为放射性探针比非放射性探针的灵敏度高。

二、原位杂交技术的基本方法

原位杂交技术基本程序包括：①组织取材与固定，②组织切片处理，③杂交体的检测。

(一) 组织取材和处理

1. 取材

为保证组织尽可能新鲜，要求取材迅速并及时进行后续处理。由于靶组织中的 RNA 极易降解，所用的器材、容器等洗净后都要经过 DEPC 处理过的灭菌双蒸水清洗。此外，注意操作戴手套，以避免 RNA 酶污染。

2. 组织固定

由于细胞内核酶的释放，极易造成 DNA 或 RNA 的降解，因此在固定剂的应用和选择上应兼顾到三个方面：保持细胞原有结构；最大限度地保持细胞内 DNA 或 RNA 的水平；使探针易于进入细胞或组织。DNA 是比较稳定的，mRNA 是相对稳定的但易为酶合成和降解。RNA 却决然不同，非常容易被降解。因此，对于 DNA 的定位来说，固定剂的种类和浓度并不十分重要。相反，在 RNA 的定位上，如果要使 RNA 的降解减少到最低限度，那么，不仅固定剂的种类浓度和固定的时间十分重要，而且取材后应尽快予以冷冻或固定。

(1) 固定剂　在解释杂交的结果时应考虑到取材至进入固定剂或冰冻这段时间对 RNA 保存所带来的影响，因为组织中 mRNA 的降解是很快的。在固定剂中，最常用的是多聚甲醛。和其他的固定剂(如戊二醛)不同，多聚甲醛不会与蛋白质产生广泛的交叉连接，因而不会影响探针穿透入细胞或组织。其他固定剂，如醋酸-酒精的混合液和 Bouin's 固定剂也能获得较满意的效果。对于 mRNA 的定位，常采用的方法是将组织固定于 4%多聚甲醛磷酸缓冲液中 1～2 h，在冷冻前浸入 15%蔗糖溶液中。

(2) 固定方法 固定方法可分为浸渍法和灌注法。取材方便的组织，在迅速取材后将组织剪成小块(1 cm×1 cm×0.5 cm)，立即入固定液中浸渍固定 1～2 h；对难取材的组织，需先行灌注固定，取材后将组织浸入固定液中再行浸渍固定。固定后的组织再入 15～20%的蔗糖磷酸缓冲液中，置 4 ℃冰箱过夜，次日切片或保存在液氮中待恒冷箱切片机或振荡切片机切片。经固定后和漂洗后的组织可在 15%的蔗糖磷酸缓冲液中于 4 ℃保存 1～2 个月。组织也可在取材后直接置入液氮冷冻，切片后才将其浸入 4%多聚甲醛约 10 min，空气干燥后保存在－70 ℃数月之久不会影响杂交结果。至今，多聚甲醛仍被公认为杂交较为理想的固定剂。

3. 玻片的处理和组织切片的制作

(1) 玻片的处理 玻片包括盖玻片和载玻片，应用热肥皂刷洗，自来水清洗干净后，置于清洁液中浸泡 24 h，清水洗净烘干，95%酒精中浸泡 24 h 后，蒸馏水冲洗、烘干，烘箱温度最好在 150 ℃或以上，过夜以去除任何 RNA 酶。由于组织原位杂交的实验周期长，实验程序繁杂，因此，要应用黏附剂预先涂抹在玻片上，干燥后待切片时应用，以保证在整个实验过程中切片不致脱落。常用的黏附剂有铬矾-明胶液、多聚赖氨酸液。但在长周期的实验过程中，黏附效果不够理想。多聚赖氨酸液具有较好的黏附效果，但价格昂贵，需进口。近年 Vector Lab(U. S. A.)推出一种新的黏附剂叫 Vectorband Reagent，每一单位包装可制备 500～700 张载玻片，黏附效果极佳，价格较多聚赖氨酸便宜，制片后可长期保存应用。

(2) 组织切片的制作 切片操作时要戴手套，用 70%的酒精或者 10%SDS 擦洗工作台、切片机、摇柄和载物台及其他器械等手常接触部位，以尽量避免 RNA 的污染。切片切成后，冰冻切片至少要在 37 ℃下干燥 4 h 或过夜后，才能进行原位杂交。若切片长期不用，石蜡切片可在 4 ℃干燥环境下保存，冰冻切片在－20 ℃条件下，可保存 2～3 周，在－70 ℃干燥密封条件下，可保存数月至 1 年。从冰箱中取出开封后，应在室温下恢复温度 1 h 或用吹风机吹干后使用。切片厚度视具体情况而定，一般厚度 4～6 μm，当组织中待测 mRNA 和 DNA 含量较低、所采用的杂交方法敏感性又低时，切片可增加到 10～15 μm 厚。石蜡切片要在 0.04%的 DEPC 水中展开和裱片，制成的石蜡切片至于 37～42 ℃烤箱过夜后方可进行实验。

(二) 杂交前处理

1. 增强组织的通透性和核酸探针的穿透性

杂交前处理的目的是提高组织的通透性，增加靶核苷酸的反应性，以防止 RNA 或 DNA 探针与细胞、组织或载玻片之间的非特异结合，从而增强信号、降低背景。此步骤根据应用固定剂的种类、组织的种类、切片的厚度和核酸探针的长度而定。

增强组织通透性常用的方法，如应用稀释的酸洗涤、去垢剂或称清洗剂 Triton X－100、酒精等处理某些消化酶，如胃蛋白酶、胰蛋白酶、胶原蛋白酶和淀粉酶。这种广泛的去蛋白作用无疑可增强组织的通透性和核酸探针的穿透性，提高杂交信号，但同时也会减低 RNA 的保存量和影响组织结构的形态，因此，在用量及孵育时间上应慎重掌握。

蛋白酶 K(proteinase K)的消化作用在 ISHH 中是应用于蛋白消化的关键步骤，其浓度及孵育时间视组织种类、应用固定剂种类、切片的厚薄而定。一般应用蛋白酶 K 1 μg・mL^{-1}(于 0.1 mol・L^{-1} Tris/50 mmol・L^{-1} EDTA，pH 8.0 缓冲液中)，37 ℃孵育 20～30 min，以达到充分的蛋白消化作用而不致影响组织的形态为目的。蛋白酶 K 还具有消化包围着靶 DNA 的蛋白质的作用，从而提高杂交信号。在蛋白酶 K 消化后，应用 0.1 mol・L^{-1}的甘氨酸溶液(在 PBS

中)清洗以终止蛋白酶K的消化作用,甘氨酸是蛋白酶K的抑制剂。为保持组织结构,通常用4%多聚甲醛再固定。Burns等(1987)报告应用胃蛋白酶(pepsin)20～100 μg·mL^{-1}(用0.1 mol·L^{-1} HCl配)37 ℃、30 min进行消化,所获实验结果优于蛋白酶K。

2. 减低背景染色

在原位杂交实验程序中,如何减低背景染色是一个重要的问题。ISHH中背景染色的形成是诸多因素造成的,常见的方法为:

(1) 乙酸酐或稀酸处理 乙酸酐可使组织蛋白中的碱性基团乙酰化,从而防止探针与组织中碱性蛋白之间的非特性静电结合。所以杂交前,标本经0.25%乙酸酐处理10 min,可减低背景颜色;也可用0.2 mol·L^{-1}的HCl处理10 min,可使碱性蛋白变性,再经酶消化后易被消除,达到降低背景的目的。

此外,预杂交是减低背景染色的一种有效手段。预杂交液和杂交液的区别在于前者不含探针和硫酸葡聚糖。将组织切片浸入预杂交液中可达到封闭非特异性杂交点的目的,从而减低背景染色。

(2) 内源性生物素和酶活性的抑制 在进行非放射原位杂交时,若用生物素、过氧化酶等做标记物,组织中的生物素、过氧化酶等酶应该被阻断。用5%脱脂奶粉缓冲液稀释标记的亲和素孵育标本,可封闭内源性生物素,减少非特异性染色。适宜的杂交前蛋白酶消化有利于消除内源性生物素的干扰,内源性的过氧化物的活性可通过将标本浸于1% H_2O_2的双蒸水或甲醇溶液中,室内孵育30 min而加以抑制。

此外,由于在手指皮肤及实验用玻璃器皿上均可能含有RNA酶,为防止其污染影响实验结果,在整个杂交前处理过程都需戴消毒手套。所有实验用玻璃器皿及镊子都应于实验前置高温(240 ℃)烘烤以达到消除RNA酶的目的。要破坏RNA酶,其最低温度必须在150 ℃左右。杂交前及杂交时所应用的溶液均需经高压消毒处理。

(三) 杂交

组织原位杂交的整个实验周期是比较长的,实验程序也比较繁杂,而杂交在整个实验中可被认为是“短兵相接”的一步。杂交前的一切准备工作如增加组织通透性都是为了在杂交这一步骤中核酸探针能进入细胞或组织与其内的靶核苷酸相结合。因此,杂交是组织原位杂交实验中关键的而且是最重要的一个环节。

杂交是将杂交液滴于切片组织上,加盖硅化的盖玻片。有学者采用无菌的蜡膜代替硅化的盖玻片也可获得满意的实验结果。加盖玻片的目的是防止孵育过程中的高温(50 ℃左右)导致杂交液的蒸发。硅化的盖玻片的优点是清洁、无杂质、光滑、不会产生气泡和影响组织切片与杂交液的接触,盖玻片自身有一定重量能与有限的杂交液吸附达到覆盖和防止蒸发的作用。在孵育时间较长时,为保证杂交所需的湿润环境,可将覆有硅化盖玻片进行杂交的载玻片放在盛有少量5×SSC或2×SSC溶液的硬塑料盒(要能防止高温破坏)中进行孵育。杂交液的成分和预杂交液基本相同,所不同的是加入了标记的核酸探针和硫酸葡聚糖。

如前所述,杂交前的准备只是为杂交的成功奠定基础,要获得满意的实验结果,在杂交这一实验过程中还须注意以下环节:

(1) 双链DNA探针和靶DNA的变性 杂交反应时,探针和靶核苷酸必须是单链。一般通过加热进行变性。探针和(或)靶核苷酸一旦变性,就要马上进行杂交反应,否则解链的核酸又会重新复性变成双链。如果探针和(或)靶核苷酸已是单链，一般不需要变性。

(2) 探针的浓度 很难事先确定每一种实验探针的浓度，但要掌握一个原则，即探针浓度必须给予该实验最大的信/噪比值。背景染色的高低也与探针浓度有关。根据国内外实验工作者的经验，认为最佳原则应是应用最低探针浓度以达到与靶核苷酸的最大饱和结合度为目的。

探针浓度依其种类和实验需要略有不同。最佳的探针浓度要通过试验确定，一般探针浓度为 0.5～5.0 μg・mL^{-1}(即 0.5～5.0 ng・μL^{-1})。根据 Heinz、Hofelt 实验室经验，对放射性标记的 dsDNA 或 cRNA 探针，其浓度在 2～5 ng・μL^{-1}。Conlton 认为生物素标记探针，其最佳浓度在 0.5～5 ng・μL^{-1}。英皇家研究生院 Polak 教授实验室应用于放射性标记 cRNA 探针的浓度为0.5 ng・μL^{-1}，而在非放射性标记(生物素或地高辛)cRNA 探针浓度为 2.5 ng・μL^{-1}，放射性标记 DNA 探针浓度为 1.0 ng・μL^{-1}。向正华等应用地高辛标记生长抑素 cRNA 探针获得满意结果，其探针浓度为 0.5 ng・μL^{-1}。

必须强调的是，国内外实验室都证明加杂交液的量要适当，以 10～20 μL/每张切片为宜。杂交液过多不仅造成浪费，而且液量过多常易致盖玻片滑动脱落，影响杂交效果，过量的杂交液含核酸探针浓度过高，反易导致高背景染色等不良后果。

(3) 探针的长度 一般应用于组织切片原位探针的最佳长度应在 100～200 个碱基之间，但 200～500 个碱基的探针仍然可以使用。探针短，易进入细胞，杂交率高，杂交时间短。据报告，长 500 个碱基的探针，其杂交时间约需 20 h。如超过 500 个碱基的探针则在杂交前最好用碱或水解酶进行水解，使其变成短的片段，达到实验所需求的碱基数。

(4) 杂交的温度和时间 杂交的温度也是杂交成功与否的一个重要环节。最佳杂交温度是获取最高杂交率的温度。杂交温度比杂交体的溶解或者解链温度低 20～30 ℃，是30～60 ℃，一般常用的杂交温度为 42 ℃左右。根据探针的种类不同，温度略有差异，RNA 和 cRNA 探针一般在 37～42 ℃，而 DNA 探针或细胞内靶核苷酸为 DNA 的，则必须在 80～95 ℃加热使其变性，时间 5～15 min，然后在冰上搁置 1 min，使之迅速冷却，以防复性，再置入盛有 2×SSC 的温盒内，在 37～42 ℃孵育杂交过夜。

杂交的时间如过短会造成杂交不完全，而过长则会增加非特异性染色。从理论上讲，核苷酸杂交的有效反应时间在 3 h 左右。但为稳妥起见，一般将杂交反应时间定为 16～20 h，或为简便起见可杂交孵育过夜，从现有文献报告看无不良结果。当然，杂交反应的时间与核酸探针长度与组织通透性有关，在确定杂交反应时间时应予考虑，并经反复实验确定。

(5) 杂交严格度 杂交条件的严格度表示通过杂交及冲洗条件的选择对完全配对杂交体及不完全配对杂交体的鉴别程度。错配对杂交的稳定性较完全配对杂交体差，因此，通过控制杂交温度、盐浓度等，可减弱非特异性杂交体的形成，提高杂交的特异性。所以，杂交的条件愈高，特异性愈强，但敏感性降低，反应亦然。

一般来说，低严格度杂交即冲洗条件在 T_m-35 ℃至 T_m-40 ℃之间，高盐或低甲酰胺浓度。在这种条件下，有 70%～90%的同源性核苷酸序列被结合，其结果是导致非特异性杂交信号的产生。中严格度为 T_m-20 ℃至 T_m-30 ℃的范围；高严格度为 T_m-10 ℃至 T_m-15 ℃，低盐和高甲酰胺浓度。在这种条件下，只有具有高同源性的核苷酸序列才能形成稳定的结合。由于原位杂交技术多数是在 T_m-25 ℃进行的，不属于高严格范围，无疑会产生非特异性结合导致信/噪比减低。在这种情况下，可用加强杂交后处理洗涤的严格度使非特异性的杂交体减少。由于

RNA 杂交的稳定性，应用 cRNA 探针进行细胞或组织的原位杂交时的杂交温度比其他核酸探针要高 10～15 ℃。实验证明，cRNA 产生的信号比双链 cDNA 要强。单链的 RNA 探针其杂交信号大于双链的 cDNA 探针约 8 倍。

(6) 硫酸葡聚糖和甲酰胺　硫酸葡聚糖是核酸杂交液中仅次于甲酰胺的一种组成成分。在杂交液中，甲酰胺占 50%左右，而硫酸葡聚糖占 10%左右。它是一种大分子的多聚胺化合物，具有极强的水合(hydrate)作用，因而能大大增加杂交液的黏稠度。硫酸葡聚糖的主要作用是促进杂交率，特别是对双链核酸探针。这是应用硫酸葡聚糖于杂交液中的主要目的。

(四) 杂交后处理

杂交处理的目的是除去未参与杂交而残留的探针及探针与组织标本之间的非特异性结合，从而降低背景。杂交后处理包括系列不同浓度、不同温度的盐溶液的漂洗。在原位杂交组织化学的实验程序中，这也是一个重要的环节。特别因为大多数的原位杂交实验是在低严格度条件下进行的，非特异性的探针片段黏附在组织切片上，从而增强了背景染色。

RNA 探针杂交时产生的背景染色特别高，但能通过杂交后的洗涤有效地减低背景染色，获得较好的反差效果。在杂交后漂洗中的 RNA 酶液洗涤能将组织切片中非碱基配对 RNA 除去。洗涤的条件如盐溶液的浓度、温度、洗涤次数和时间因核酸探针的类型和标记的种类不同而略有差异。一般遵循的共同原则是：盐溶液浓度由高到低，而温度由低到高。必须注意的是：在漂洗的过程中，切勿使切片干燥。干燥的切片，即使大量的溶液漂洗也很难减少非特异性结合，从而增强了背景染色。放射性标记探针杂交后漂洗过程中，可用底片曝光的方法检测背景染色(非特异性标记的多少)作为改善漂洗程序的指针。^{35}S 标记的核酸探针在漂洗液中须加入 14 mmol・L^{-1} 的 β-巯基乙醇或硫代硫酸盐，以防止 ^{35}S 标记的核酸探针被氧化。总之，如何控制漂洗的严格度，从而达到理想的信/噪比无既定方案可循，必须从反复的实践中取得经验。

(五) 杂交体的检测

杂交体的检测，是通过一定方法使杂交反应形成的杂交体变成可在显微镜下观察的反应物。检测的方法因探针的标记物不同而异。细胞或组织的原位杂交切片在显示后均可进行半定量的测定，如放射自显影可利用人工或计算机辅助的图象分析检测仪检测银粒的数量和分布的差异。非放射性核酸探针杂交的细胞或组织可利用酶检测系统显色，然后利用显微分光光度计或图像分析仪对不同类型和数量的核酸的显色强度进行检测。但利用 ISHH 做半定量测定必须注意严格控制实验的同一条件，切片的厚度和核酸的保存量(如取材固定的间隔时间等)。如为放射自显影，核乳胶膜的厚度与稀释度等必须保持一致。

(六) 对照实验和结果的判断

为了检查原位杂交方法的有效性和核酸探针的特异性，应根据核酸探针和靶探针的种类以及实验条件甚至对照试验而定。从理论上讲，对照试验设置愈多，其靶核苷酸特异性的确定愈可靠，但现实是不可能的。最常见的有以下几种：

(1) 用已知阳性组织和已知阴性组织对照　按照拟用原位杂交程序，用相应探针在已知含靶核酸序列的阳性组织和已知不含靶核酸的阴性组织标本上进行原位杂交反应，应分别得到阳性结果和阴性结果。如果已知阳性出现阴性结果，则应检查探针的种类、质量以及杂交程序的各个步骤是否有误。如已知阴性组织出现阳性结果，则提示存在非特异性的杂交信号，即假阳性。

(2) 用有意义的RNA探针做原位杂交 在检测组织细胞中的mRNA时，由于无意义链RNA的碱基序列与相应靶mRNA的碱基序列互补，故常用无意义链RNA探针进行原位杂交；而有意义链RNA探针的碱基顺序则与靶mRNA的相同。因此，有意义链的RNA探针进行杂交得到阴性结果，这是证明探针特异性可靠的阴性对照。

(3) 空白试验 在进行原位杂交时，将杂交液省去标记探针，即仅用杂交缓冲液与标本进行杂交反应，结果应为阴性。

(4) 显色系统的对照 放射同位素自显影对照包括空白片的阳性和阴性对照。阳性对照是将浸渍乳胶的空白片在光线下曝光后显影，若呈阳性，提示乳胶及显影过程正常；阴性对照是将浸渍乳胶的空白片不经曝光并与杂交标本一起进行显影，结果应为阴性。如阴性对照片上有较多银粒，则说明乳胶有放射性污染，应丢弃换用新的乳胶。绝大多数的非放射原位杂交反应是以免疫组织化学的方法显示的，所以，可参照免疫组织化学中的一系列阳性和阴性对照，如吸附试验、替代实验等。

组织切片原位杂交的最大优点是它的高度特异性，它可测定组织、培养的单个细胞或细胞提取物中的核苷酸含量。应用高敏感度的放射性标记cRNA探针在理想的组织切片原位杂交实验条件下检测mRNA，其敏感度可达到20个mRNA拷贝/每个细胞。由于双链DNA的稳定性，在用该方法定位DNA时很少发生丢失和降解。在靶核苷酸序列比较伸展的情况下，如染色体铺片，长于2 kb的探针可以应用。因此，其敏感性高到能够出在染色体铺片上，有时甚至在组织切片上的单个基因拷贝中。正因为如此，对实验结果的解释应持慎重态度，特别是前人未报告过的新发现。因为如前所述，影响该实验结果的因素太多，比如在外科或实验取材后未及时的固定或冷冻可由于组织中mRNA的降解而导致假阴性结果。另外，各种类型核酸探针进入细胞、组织和各种器官的能力（又叫可接近性）各异。这些诸多因素都将影响杂交的实验结果。

实验12-2 组织切片原位杂交

[目的要求]

1. 掌握石蜡切片和冰冻切片的制备方法。
2. 掌握组织切片原位杂交的基本方法。

[实验原理]

将含有互补顺序标记DNA或RNA片段（探针），按照碱基配对的原则，在适宜的条件下与细胞内待测的DNA或RNA片段（探针）杂交，在原位检测组织、细胞内存在的特定并且正在表达的核酸序列（基因）。详见本节概述部分。

[实验动物]

组织石蜡切片或冰冻组织。

[器材及药品]

(1) 石蜡切片 PBS溶液、二甲苯、无水乙醇、焦碳酸二乙酯、胃蛋白酶、HCl、0.25%无水乙酸、0.1 mol·L^{-1}三乙醇胺、预杂交缓冲液、核酸探针、SSC、RNA酶A溶液、缓冲液A、抗地高辛抗体、缓冲液B等。

(2) 冰冻切片 多聚赖氨酸、多聚甲醛-PBS(pH 7.4)溶液、未高压的0.1%DEPC-1×PBS溶液、0.2 mol·L^{-1}的盐酸、蛋白酶K、预杂交液、SSC、湿盒液、核酸探针、Parafilm膜、RNA酶A溶液、抗地高辛抗体、缓冲液A、缓冲液B、EDTA、无水乙醇等。

[方法及步骤]

一、溶液配制

(一) 固定剂

1. 4%多聚甲醛(paraformaldehyde,PFA)

配方 PFA 40 g;DEPC水500 mL;2×PBS 1 000 mL(约500 mL)。

配法 称取40 g PFA溶于装有500 mL DEPC水的玻璃容器(烧杯或烧瓶)中,持续加热磁力搅拌至60 ℃~65 ℃,使成乳白色悬液。用1.0 mol·L^{-1}的NaOH调pH至7.0,使呈清亮状(滴加),再加入约500 mL 2×PBS(见附),充分混匀(在冰浴或冷水浴中),可再检测一下pH,过滤后定容至1 000 mL,室温或4 ℃保存备用。

注意 ①配制时应在通风条件下操作,并避免接触皮肤和吸入(戴手套及口罩),因PFA有较强的固定作用及毒性,对黏膜及皮肤有固定及毒性,刺激作用;②加热时,温度不宜过高,常为60~65 ℃,否则,PFA降解失效;③配制好的PFA虽可存放一定时间,但过久的液体,固定效果下降,建议尽早使用。

附:固定液用PBS的配制

配方 NaCl 7.605 g,终浓度0.13 mol·L^{-1};Na_2HPO_4终浓度7.0 mmol·L^{-1};NaH_2PO_4终浓度3.0 mmol·L^{-1};DEPC水1 000 mL。

配法 按上述比例称取试剂,溶于DEPC水(也可用蒸馏水加DEPC)500~800 mL中,过滤后,加水定容至1 000 mL,高压灭菌。通常配制成10×PBS的储备液,2×PBS和1×PBS可用DEPC水稀释获得。

除用DEPC水配制PFA外,也有用灭菌蒸馏水或经DEPC处理的0.01~0.1 mol·L^{-1}的PBS配制的,方法及注意事项同上。

4%PFA是目前原位杂交组织化学技术中最常用的固定液,它能较好地保持组织及细胞内的RNA,同时对形态保持也较好。通常组织块固定4~12 h,载玻片固定时间在10~15 min以内,RNA含量较为恒定。过度延长固定时间会引起细胞内生物大分子的过度交联,影响探针的穿透力,降低杂交效率。

2. 甲醛

(1) 10%甲醛(formaldehyde,FA)

配方 市售甲醛(约40%)10 mL;DEPC水90 mL。

量取二者充分混合即可。较适于检测 RNA 的组织及细胞固定，也可用于新鲜冰片切片后固定。

(2) 10%福尔马林试剂

配方 市售甲醛 5 mL，NaCl 9.0 g，DEPC 水 90 mL(定容至 100 mL)。

较适于固定细胞。

(3) 10%中性福尔马林

配方 市售甲醛(约 40%)100 mL；Na_2HPO_4 4 g；NaH_2PO_4 6.5 g；加 DEPC 水至 1 000 mL。

常用于石蜡样品切片的固定。

10%的甲醛由于有促进 DNA 双链分子交联的作用，干扰 DNA 变性，故不适于 DNA 杂交。在组织或细胞原位杂交中，可通过使用含 50%甲酰胺的杂交液使 DNA 变性解链而解决。这类固定液在 DNA/RNA 杂交中有较好的效果。

3. 4%戊二醛效果较 40%差。

4. 0.1%戊二醛常用于固定组织，适于新鲜组织冰冻切片及石蜡切片的后固定，常用于检测 DNA 的原位组织杂交方法。

5. 乙醇/醋酸(或冰醋酸)将乙醇与醋酸按 3∶1 的体积比充分混合即可。该液较适于固定细胞的原位杂交，尤其检测 DNA 时。

乙醇/醋酸虽广泛应用于原位杂交中，但 RNA 保留较差，故本底很低，即背景染色淡。

6. 甲醇/醋酸(3∶1)用前按体积比 3∶1 比例充分混合即可。

7. 甲醇/丙酮(1∶1)适于培养细胞的原位杂交技术。

(二) 杂交前处理

1. 蛋白酶 K(Pro. K)具体应用时，应根据组织种类、温度确定反应时间及酶的浓度。过度消化可使组织形态结构遭到明显破坏，核酸分子也会受到影响。通常是将其配成储备液($1\ mg \cdot mL^{-1}$)，临用前，再配成工作液(约 $0.025\ mg \cdot mL^{-1}$)。

(1) 配制方法

配方 Pro. K 1 mL(或 10 mg)；灭菌 ddH_2O(或 DEPC)水 1 mL(或 10 mL)。

精心称药，将二者充分混合后，分装成小份，−20 ℃存放，用时再取出冻融，余者弃去。

(2) 工作液(临用前配)

配方 Pro. K 储备液($1\ mg \cdot mL^{-1}$)100 μL，灭菌 ddH_2O 或 DEPC 水 4 mL。

取储备液($1\ mg \cdot mL^{-1}$)按 1∶40 稀释，充分混合，即得约含 Pro. K 为 $25\ mg \cdot mL^{-1}$ 的工作液。

配方 Pro. K 储备液($1\ mg \cdot mL^{-1}$)100 μl；Pro. K 缓冲液 100 mL。

(3) 关于 P－K 缓冲液的配制

① P－K 缓冲液($0.1\ mol \cdot L^{-1}$ Tris－HCl；$0.05\ mol \cdot L^{-1}$ EDTA)

配方 $1\ mol \cdot L^{-1}$ Tris－HCl(pH8.0)10 mL；$0.5\ mol \cdot L^{-1}$ EDTA 10 mL，ddH_2O 80 mL。

称取上述试剂，充分混合即可。

② $1\ mol \cdot L^{-1}$的 Tris－HCl(pH8.0)：

配方 Tris 121.1 g；ddH_2O 1 000 mL。

先将 Tris 于 800 mL ddH_2O 中溶解，用 HCl 将 pH 调至 8.0，ddH_2O 定溶于 1 000 mL，高压灭菌，室温备用即可。

③ $0.5\ mol \cdot L^{-1}$的 EDTA：

配方 EDTA 186.1 g;ddH_2O 1 000 mL。

称取EDTA溶于约600 mL ddH_2O中,常需60 ℃持续搅拌以助溶,滴加NaOH至pH接近8.0时,EDTA才开始溶解。待完全溶解后,冷却至室温,滴加NaOH调pH至8.0,ddH_2O定溶至1 000 mL,高压灭菌,室温备用。

2. 甘氨酸

(1) 1 mol·L^{-1}甘氨酸

配方 甘氨酸75 g;ddH_2O(或DEPC水)1 000 mL。

称取甘氨酸75 g溶于ddH_2O或DEPC水中,最后补足ddH_2O定容至1 000 mL,高压灭菌备用。该液为储备液,-20 ℃储存。

(2) 甘氨酸工作液(0.1 mol·L^{-1})

配方 1 mol·L^{-1}甘氨酸100 mL;PBS 900 mL。

将二者按1∶10比例稀释,即得甘氨酸工作液。一般要求临用前新鲜配制。

甘氨酸有终止蛋白酶K作用的效果,以防过度消化。

3. 0.25%醋酸-0.25%醋酸酐

配方 三乙醇胺13.2 mL;NaCl 5.0 g;浓HCl 4.0 mL;DEPC水 定容至1 000 mL(约980 mL)。

配制 按上述配方,先以少许DEPC水溶解NaCl,然后加入三乙醇胺及浓HCl。DEPC水定容至约1 000 mL(997.5 mL),临用前,一边摇动溶液一边加入醋酸酐,充分混合。注意操作时避免浓HCl溅出,最好在通风条件下进行。

4. RNA酶溶液

配方 RNA酶A 1 g;DEPC水100 mL。

取RNA酶A溶解于100 mL DEPC水中,分装成小份(1 mL,10 mg·mL^{-1}),-20 ℃储存。

配方 RNA酶A储备液(10 mg·mL^{-1})μL;2×SSC 100 mL。

临用前,取RNA酶A储备液,用2×SSC溶解配成工作液(0.01 mg·mL^{-1}).

5. 0.2%Triton X-100溶液

配方 Triton X-100 2 mL;PBS 998 mL。

取2 mL Triton X-100加入998 mL PBS中,充分振荡使其充分混合。

(三) 杂交用液

1. SSC(standard saline citrate,SSC)

通常配成10×,20×,50×的储备液,如下:

配方 10×:NaCl 87.65 g,柠檬酸钠44.1 g,DEPC水1 000 mL;

20×:NaCl 175.3 g,柠檬酸钠88.2 g,DEPC水1 000 mL;

50×:NaCl 438.25 g,柠檬酸钠220.5 g,DEPC水1 000 mL。

配制:先称取上述两种试剂,溶于约800 mL ddH_2O中,滴加10 mol·L^{-1}的NaOH,将pH调至7.0,补足ddH_2O至1 000 mL,加入终浓度为0.1%~0.2%的DEPC,分装后高压灭菌,可室温保存。

该液主要用于配制预杂交液及杂交后的各种洗脱液,以保持一定的离子强度。此外,在用于杂交的湿盒内也常用5×SSC以保持一定湿度。

2. Denhardt′s液

通常配成10×,50×或100×储备液

配方 10×：聚蔗糖(Ficoll400)2 g，聚乙烯吡咯烷酮(PVP)2 g，牛血清蛋白(BSA)2 g，灭菌 ddH_2O(或 DEPC 水)1 000 mL；

50×：聚蔗糖(Ficoll400)10 g，聚乙烯吡咯烷酮(PVP)10 g，牛血清蛋白(BSA)10 g，灭菌 ddH_2O(或 DEPC 水)1 000 mL；

100×：聚蔗糖(Ficoll400)20 g，聚乙烯吡咯烷酮(PVP)20 g，牛血清蛋白(BSA)20 g，灭菌 ddH_2O(或 DEPC 水)1 000 mL。

配制：称取上述试剂，溶于 800 mL 左右灭菌 ddH_2O 中，定容至 1 000 mL 后，过滤后于-20 ℃保存备用。

该液用于配制杂交液及预杂交液等。

3. 杂交液及预杂交液

配方 去离子甲酰胺 500 mL 终浓度 50%，50×SSC(或 SSCP)100 mL 终浓度 5×(或 6×)，50×Denhardt′s 液 250 mL 终浓度 5×，10%SDS 50 mL 终浓度 0.5%，变性鲑精 DNA※终浓度 100 $\mu g \cdot mL^{-1}$，硫酸葡聚糖△100 g 终浓度 10%，DEPC 水至 1 000 mL。

(※：临用前加；△：预杂交液不加)

配制 先以去离子甲酰胺与 SSC 于室温混合，加入硫酸葡聚糖于 50 ℃促溶，依次加入其他成分。硫酸葡聚糖在室温常需数小时才能完全溶解。有时需旋涡振荡。定容后充分混合。根据使用方便可分装(最好用铝箔将瓶子包好)存于 4 ℃，可达数月。注意，杂交缓冲液在使用前切忌污染。

变性被打断的无关 DNA(常为鲑精 DNA 或鲱精 DNA)可在预杂交及杂交前加入。此外，有许多物质如肝素、多聚腺苷酸、醋酸钠等多种成分，可根据需要加入杂交液中，上述配方所列只是不可缺少的基本成分。

配制好的杂交液不宜反复冻融，否则易产生硫酸葡聚糖沉淀现象。使用前最好加热至 50 ℃，使其充分溶解后再加入探针分子。至于探针的浓度视实验目的、探针类型及标记方法而异。通常 RNA 探针分子浓度为 0.5～2 $\mu g \cdot mL^{-1}$，DNA 探针浓度为 1 $\mu g \cdot mL^{-1}$，此外，如使用 ^{35}S 标记的探针，还需加入终浓度为 100 $mmol \cdot L^{-1}$ 的二硫苏糖醇(dithiothreitol，DTT)至杂交液及杂交后的洗脱液中。

(四) 杂交后漂洗溶液

无论用何种标记方法及何种信号显示方法，在杂交后洗脱则是大同小异。在此，归纳几种带有共同性及常用的洗脱液。

1. 2×SSC，0.1%Trion X-100(或 0.01%SDS)

配方 20×SSC 100 mL，10%Triton X-100(或 10%SDS)10 mL，灭菌 ddH_2O 1 000 mL(定容)。

该液常用于杂交后的初次洗脱，故离子强度(张力)较高。

2. 0.1×SSC，0.1%Triton X-100(或 10%SDS)

配方 20×SSC 5 mL，10%Triton X-100(或 10%SDS)10 mL，灭菌 ddH_2O 1 000 mL(定容)。

该液常用于杂交后的第二次洗脱，离子强度较低，经过上述两套洗脱液洗脱后，有的还可用 2×SSC，10%(0.1%)SDS 洗脱。

配方 RNA 酶 A(10 $mg \cdot mL^{-1}$)100 μL，2×SSC 100 mL。

主要是洗去残留的 RNA，降低背景。用于以 RNA 为探针的原位杂交方法中。

3. Dig 标记探针杂交后处理液

缓冲液 1(TSM1)配方 1 $mol \cdot L^{-1}$ Tris(pH7.5)100 mL 终浓度 0.1 $mol \cdot L^{-1}$，5 $mol \cdot L^{-1}$

NaCl 20 mL终浓度 0.1 mol・L^{-1}，1 mol・L^{-1} $MgCl_2$ 2 mL 终浓度 2 mmol・L^{-1}，BSA 30 g 终浓度 3%（价贵，不能负担可省略）。

用 ddH_2O 溶液并定容至 1 000 mL。

缓冲液 2(TSM2)配方　1 mol・L^{-1} Tris(pH7.5)100 mL 终浓度 0.1 mol・L^{-1}，5 mol・L^{-1} NaCl 20 mL 终浓度 0.1 mol・L^{-1}，1 mol・L^{-1} $MgCl_2$ 50 mL 终浓度 50 mmol・L^{-1}。

用 ddH_2O 溶解并定容至 1 000 mL。

缓冲液 3(终止液)配方　1 mol・L^{-1} Tris(pH7.5)20 mL 终浓度 20 mmol・L^{-1}，1 mol・L^{-1} EDTA 5 mL终浓度 5 mmol・L^{-1}。

配制同上。

AP 显色液配方　缓冲液 2 100 mL，左旋咪唑(levamisol)25 mg，NBT/70%DMF 35 mg/277 μL，BCIP/DMF 17 mg/223 μL。

左旋咪唑有消除内源性磷酸酶的作用。

(五) 原位杂交信号显示

目前应用原位杂交方法中，信号的显示主要有放射自显影、酶底物及免疫金银等方法，在此归纳有关的主要试剂。

1. A－B 显影液

A 液配方　对苯二酚 0.85 g，柠檬酸钠 2.35 g，柠檬酸 2.55 g，去离子水(或 ddH_2O)50 mL。

B 液配方　硝酸银 93 mg，去离子水(或 ddH_2O)50 mL。

称取上述试剂，按配方分别溶于 50 mL ddH_2O 中，于显影前，在室温将二者(A 液及 B 液)按 1∶1 混合，稍加摇动促进混合，即可将贴有切片标本的切片放入显影液，于室温避光(可暗室)反应 5～15 min。显影时间和温度相关，需自己根据情况摸索。终止反应只需将显影液倒出，自来水冲洗即可。倒出的 AB 显影液可暂时不扔，光镜下观察，若明显显影不够，还可重新或继续显影。A、B 显影液要求临用前配制，在显影时才将 A、B 两者混合。否则，A 液过久会产生黄色沉淀，增加背景。

A、B 液用于免疫金银法中，使金标记颗粒信号放大，形成棕黑色沉淀。

2. DAB－H_2O 显色液

配方　DAB(二氨基联苯胺)5 mg，TBS10 mL，30%H_2O_2 10 μL。

该液用于标本被标记上辣根过氧化物酶(HRP)的实验，产物为棕黄色。

3. NBT－BCIP 显色液

配方　NBP/DMF(75 mg・mL^{-1} 70%DMF)20 μl，BCIP/DMF(50 mg・mL^{-1}/DMF) 20 μL，AP 显色缓冲液 5 mL。

该液用于有碱性磷酸酶标记物的方法中，产物为紫蓝色。

4. Kodak D－19 显影液

配方　米吐尔 2 g，无水亚硫酸钠 72 g，对苯二酚 8.8 g，无水碳酸钠 4.8 g，溴化钾 4 g，水 1 000 mL。

配制　先将 500 mL 水加温至 50 ℃，按上述配方顺序加药，同时充分搅拌，每加一种药完全溶解后，再加另一种药品，否则，所配的显影液易产生混浊而效果差，最后补足水至 1 000 mL 充分混合，室温或 4 ℃避光保存。最好包上纸。

该液用于放射自显影时的显影。

5. Kodak F-5 定影液(酸性坚膜定影液)

配方 海波(硫代硫酸钠)240 g,无水亚硫酸钠 15 g,28%醋酸※48 mL,硼酸(结晶)75 g,钾矾 15 g,水 1 000 mL

※:28%醋酸为 3 份冰醋酸和 8 份水的混合液。

配制 同 Kodak D-19 显影液。

二、实验项目

1. 石蜡切片原位杂交(以地高辛标记的核酸探针为例)

(1) 取出石蜡切片,于二甲苯中 37 ℃脱蜡 2 次,每次 15 min;

(2) 无水乙醇浸泡两次,每次 3 min;

(3) 95%乙醇浸泡两次,每次 3 min;

(4) PBS 清洗 3 min;

(5) 2%焦碳酸二乙酯室温下浸泡 10 min;

(6) PBS 清洗 10 min;

(7) 加入胃蛋白酶 25 $\mu L \cdot mL^{-1}$,37 ℃孵育 15 min;

(8) PBS 清洗两次,每次 3 min;

(9) 0.2 $mL \cdot L^{-1}$的 HCl 孵育 30 min;

(10) PBS 清洗两次,每次 3 min;

(11) 0.25%无水乙酸和 0.1 $mol \cdot L^{-1}$三乙醇胺孵育 10 min;

(12) PBS 清洗两次,每次 5 min;

(13) 预杂交缓冲液孵育 30 min;

(14) 准备核酸探针混合物 使用预杂交缓冲液稀释探针,85 ℃加热 5 min,置于冰块中 10 min;

(15) 杂交;

(16) 将玻片置于 2×SSC 中两次,每次 5 min 以去除封片;

(17) PBS 清洗 3 min;

(18) RNA 酶 A 溶液中(或 0.1~1 $ng \cdot mL^{-1}$ PBS 中),37 ℃孵育 30 min;

(19) PBS 清洗 5 min;

(20) 室温,2×SSC 清洗 10 min;

(21) 37 ℃,1×SSC 清洗 10 min;

(22) 37 ℃,0.5×SSC 清洗 10 min;

(23) 缓冲液 A(1%正常绵羊血清和 0.03%三重氢核 X-100)孵育 10 min;

(24) 缓冲液 A 孵育 30 min;

(25) 加入抗地高辛抗体(1/200 的上述缓冲液),37 ℃孵育 3 h;

(26) 缓冲液 A 清洗两次,每次 10 min;

(27) 缓冲液 B 清洗两次,每次 5 min;

(28) 制成 NBT/BCIP(生物素/地高辛杂交检测试剂盒)暗处保存 30~60 min,显微镜下进行观察,如果背景尚佳,显色时间可延长到 16 h;

(29) 停止缓冲液 B 的反应,用水进行简单的清洗;

(30) 固红、脱水以及封片进行核的复染。

2. 冰冻切片原位杂交(以地高辛标记的核酸探针为例)

(1) 将组织从−80 ℃取出,用 OCT 包埋,在−23 ℃(切片机腔体温度)平衡至少 30 min。将包埋好的样品固定在样品头上,切 10 μm 厚的连续组织切片,平铺于涂有多聚赖氨酸(1 mg · mL^{-1})的玻片上(玻片预先经 180 ℃干烤 6 h),保存于−70 ℃冰柜备用。

(2) 冰冻切片经室温干燥 10 min 后,在 4%的多聚甲醛—PBS(pH 7.4)固定 10 min。

(3) 活跃的 DEPC-PBS(未高压的 0.1%DEPC-1XPBS 溶液)洗两次,每次 5 min。

(4) 在 0.2 mol · L^{-1}的盐酸作用中作用 10 min 后,重复步骤(4)。

(5) 在切片上滴加蛋白酶 K(0.1 μg · mL^{-1}),37 ℃孵育 15 min,重复步骤(4)。

(6) 经 0.1 mol · L^{-1} TEA(三乙醇胺)作用 5 min 后,再在新配制的 0.25%AA/0.1 mol · L^{-1} TEA(乙酸酐/三乙醇胺,pH 8.0)中乙酰化 10 min。

(在大多数实验中,步骤 4、5、6 省略)

(7) 5×SSC 中平衡 15 min。

(8) 在脱水后的玻片上滴加预杂交液(约 100 μl/玻片),置于放有湿盒液(50%甲酰胺 v/v;0.3 mol · L^{-1} NaCl;1 mmol · L^{-1} EDTA;10 mmol · L^{-1} Tris-HCl,pH 8.0)的湿盒中,55~58 ℃烘箱中预杂交 2 h。

(9) 甩掉预杂交液,地高辛标记的反义或正义 cRNA 探针(浓度 1~2 ng · μL^{-1})经 70 ℃变性10 min,置冰上 1 min,玻片上滴加预杂交液(约 60 μL/玻片),覆盖 parafilm 膜,置于湿盒中 48 ℃~58 ℃杂交 18~30 h。

(10) 取出玻片,小心去掉 parafilm 膜,甩掉杂交液,用 52 ℃预热的 5×SSC 洗 30 min。

(11) 在无 DNA 的 RNA 酶 A(20 μg · mL^{-1})溶液中,37 ℃下孵育 30 min。

(12) 分别依次用 52 ℃预热的 2×SSC,1×SSC 和 0.1×SSC 洗两次,每次 30 min。

(13) 在缓冲液 A(0.1 mol · L^{-1} Tris-HCl pH 7.5,0.15 mol · L^{-1} NaCl)中平衡 5 min。

(14) 在玻片上滴加碱性磷酸酶的抗地高辛抗体(1∶500~1∶2000 稀释于含 0.5%阻断液的缓冲液 A 中),室温反应 2 h。

(15) 用缓冲液 A 洗两次,每次 15 min。

(16) 在缓冲液 B(0.1 mol · L^{-1} Tris-HCl;0.1 mol · L^{-1} NaCl;0.05 mol · L^{-1} $MgCl_2$,pH 9.5)中平衡 5 min。

(17) 硝基四氮唑蓝(NBT)和 5-溴-4-氯-3-吲哚氧磷酸盐(BCIP)溶于缓冲液 B 中,每 mL缓冲液 B 含有 4.5 μL NBT 和 3.5 μL BCIP。在玻片上滴加混合染液在湿盒中显色过夜。

(18) 充分显色后,用 EDTA(1 mmol · L^{-1} EDTA,pH 8.0)洗 15 min 终止反应。

(19) 在 95%乙醇中洗 1 h,以除去非特异的背景。

(20) 用蒸馏水洗 15 min,除去可能存在的结晶体。

(21) 脱水、透明,用中性树胶封片。

(22) 充分干燥后在显微镜下观察、照相。

[注意事项]

1. 取材时尽可能保证组织新鲜。
2. 实验中注意避免 RNA 酶污染。

3. 取材后应尽快予以冷冻或固定。

4. 杂交时探针和(或)靶核苷酸一旦变性,就要马上进行杂交反应,否则解链的核酸又会重新复性变成双链。如果探针和(或)靶核苷酸已是单链,一般不需要变性。

5. 杂交液的量要适当,过量的杂交液含核酸探针浓度过高,反易导致高背景染色等不良后果。

6. 对实验结果的解释应持慎重态度。

[思考题]

1. 进行组织原位杂交实验需要注意哪些问题?
2. 石蜡切片和冰冻切片的原位杂交步骤有哪些不同?

第三节 脑立体定位实验技术介绍

在动物实验以及临床医疗工作中,经常需要将刺激电极、记录电极、损毁电极、给药导管等安置在人或动物脑的特定位置,对其进行刺激、损毁、药物注射及引导出脑的局部结构或者单个细胞的电活动以研究脑的结构和功能,这种定向的技术被称为脑立体定位术。

20 世纪初 Clark 设计制造了第一台脑立体定向器,但是直到 20 世纪 30 年代,立体定向器才受到重视。美国西北大学神经科学院的 Stephen 教授在推广应用这个方法上做了大量工作,他和他的学生应用脑立体定位的方法开展了对丘脑和网状结构的研究,这些研究结果使得当时的一些神经生理学概念得到了更新。随着脑立体定向器的广泛使用后,各国研究者对仪器不断进行改良,迄今为止已经有了很多适应不同研究类型和临床使用的定向器。目前,脑立体定位技术已经被广泛地应用于神经外科学、精神病学、神经生理学、神经解剖学和神经药理学等神经科学各学科的研究当中。

一、脑立体定向器的分类

脑立体定向器的种类很多,根据其结构原理,目前常用的立体定向仪主要分为赤道式和直线式(三平面)两个类型。赤道式是由互为直角的半圆弧梁构成,电极可沿两弧的方向移动,通过坐标来确定某一深部结构的位置。该仪器多用于人脑定向器,适用神经外科手术操作。直线式以三个假想的互相垂直的平面作为一组立体坐标,电极可按照这三个平面方向移动。通过立体坐标的读数来确定脑的深部某一结构的空间位置。动物实验研究多数情况使用直线式立体定向器,因此这里主要介绍直线式立体定向器的使用方法。

二、脑立体定向器的基本结构

脑立体定向器的主要结构有主框、电极移动架和头部固定器等部件以及各部件相应的零件和附件等。这里以常见的江湾-Ⅰ型 C 通脑立体定向器为例,介绍脑立体定向器的基本结构(图 12-4)。

主框为较厚的方棱条杆构成的 U 形框架。衡量中点有记号,两臂有完全对称的毫米刻度。主框四角有主框脚做支柱,一边放置于桌上,主框脚的高度可以调节。主框为全仪器的基架,其

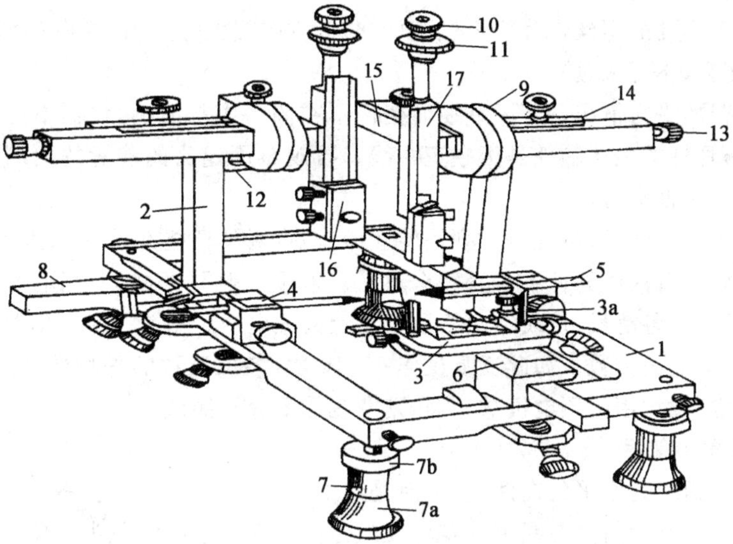

图 12－4 江湾－Ⅰ型 C 通脑立体定向器(胡还忠,2002)

1. 主框 2. 电极移动架立柱 3. 上颌固定器 3a. 眼眶括 4. 耳杆固定柱 5. 耳杆 6. 上颌固定器固定柱,固定在主框横梁的中点 7. 主框脚(四角各一,可调节高度) 7a. 主框脚座 7b. 主框脚调节钮 8. 可移动固定横柱 9. 前后移动滑尺的角度盘,可前、后各转 90 度角 10. 上下移动滑尺调节旋钮 11. 上下移动滑尺调节旋钮的刻度盘 12. 角度盘的调节螺丝 13. 角度盘的固定螺丝 14. 左右移动滑尺 15. 前后移动滑尺 16. 电极固定夹 17. 上下移动滑尺

他部件都附着于主框上。

电极移动架借立柱"龙门式"地支于主框的两臂,每臂 1 个(或 2 个),均可装卸自如。电极固定夹夹定电极,以 3 个移动滑尺按需要而分别向前、后、左、右、上、下移动电极,支撑电极移动架的立柱,可沿主框前后移动,这就可使前后移动的滑尺移动范围较小(30 mm),不易发生误差。左右移动的滑尺移动范围为 50 mm。上下移动的滑尺移动范围为 50 mm。这样的范围已足以适用于 3.5 kg 以下的猫,3.0 kg 以下的兔,150 g 以上的鼠。

头部固定器包括:①耳杆及固定柱,对称地装于主框的两臂;②上颌固定器,固定在主横框的两臂,猫,兔,鼠的头颅形态悬殊,大小各异,故头部固定器以不同的构造分别适应各种动物。

用于猫的头部固定器,耳杆、胃杆为四方而尖头细圆的直杆,两杆管身上有相同的刻度。上颌固定器为一有柄的小框,附以直角形结构的牙齿固定杆和眼眶括。用于兔的头部固定器,耳杆尖端弯转。上颌固定器由门齿固定槽和一端有勾的弯形眼眶固定杆组成。用于鼠的头部固定器,与用于兔者相似,惟耳杆为尖端更细的直形杆。若将兔用门齿固定槽和鼠用眼眶固定杆并用,则亦适用于一般的豚鼠。

三、江湾－Ⅰ型 C 通用立体定向器的使用

现在以国内较常见的江湾－Ⅰ型 C 通用立体定向器为例,介绍一下脑立体定位器的使用。

1. 仪器校验

立体定向器长途搬运后或使用一定时期后应加以校验,重点在检验电极移动架各滑尺是否保持直角。用一大型透明三角板的直角,放在三个滑动尺之间,仔细观察,各滑尺应彼此垂直。

上下移动滑尺，应与电极移动架的支柱完全平行，检查各衔接部各螺丝是否松动，若太松可用螺丝锥将上端有两个小孔的螺丝帽旋松，然后以顺时针方向旋大螺丝帽，再将有两个小孔的螺丝帽旋紧，滑尺可以变紧(不可太紧)。

检查主框两臂的平行情况。若因跌撞而变得不在同一水平面上，仪器不可使用。装上猫用的一对耳杆，看两耳杆的尖接触处是否在正中线。再观察固定头的装置的两侧对称度如何。小框(或横板)是否与主框平行。

在检查仪器有无故障后，可进行下列校验性操作：将两耳杆柱旋松，在主框前后移动，然后再按原规定刻度装好。看两侧耳杆尖是否完全对正。取下一侧耳杆，将一侧电极移动架装好，前、后，左、右及上、下移动各滑尺，使装在电极固定夹上的假电极(空针头)尖正对耳杆尖(另一侧)的中心，记下三个滑动尺的读数。如此反复操作 5～10 次，各取读数的平均数，并计算出标准差和全距。若在实验中间时，用两侧电极移动架，则两侧均要分别测试。

2. 用于兔装置的使用

由于兔的外耳道不是水平的向两侧面，而是向上、向后的方向，因此，不能像固定猫头一样用直形耳杆，可采用带钩的耳杆，与眼眶固定杆及门齿固定槽一起固定兔头。兔头固定的位置一般采用 Sawyer 图谱：以前囟中心及人字缝尖为标志点，通过人字缝尖以上 1.5 mm 处(假想点)与前囟中心连一线，经过该线并与两耳杆平行的假想平面，作为标准面(H_{12})；由前囟中心向下(腹侧方向)12 mm 再作一平行的假想平面，为水平零平面，即 H_0平面，在此平面以上为 H_+，以下为 H_-；通过前囟中心及人字缝线尖的、垂直于 H_0平面的平面即为矢状平面(L_0平面)，在它的左侧 1 mm为 L_1，右侧 1 mm 为 R_1；通过前囟中心的、垂直于 H 平面和矢状面的假想面为冠状平面(AP_0平面)，在此之前 1 mm 为 A_1，在此之后 1 mm 为 P_1。

将兔麻醉后，把带钩的耳杆分别插入兔的两外耳道内，两人各用左手分执兔两耳，向上并微向外拉，用右手拇指将耳杆塞入外耳道，耳杆刻度面向兔头侧，这时耳杆的钩端向外向下，将耳杆沿外耳道下插，然后向外侧斜到水平方向，感觉到耳尖穿破骨膜时，两人各将耳杆杆身由耳杆固定柱上方开口处套入，并加以固定，这时耳杆有刻度的一面朝向仪器的后上方，数字向上。若方向装的不正确，则耳杆钩部不能进入外耳道。用左手紧拉耳廓，将两侧的耳杆固定柱放在主框的 13.5 cm 处加以固定，旋松耳杆固定柱上的螺旋及门齿槽下部的螺旋，将兔的上门齿套入门齿固定槽内，使门齿根部紧靠槽的上缘，装上一侧的眼眶固定杆，前后拉动上颌固定器，直到眼眶固定杆尖端的钩恰好钩在眼眶下缘的前部。然后装好对侧的眼眶固定杆，将两侧的眼眶固定杆装妥后，用右手拇指及食指向内紧捏两固定杆，将兔头从两侧方向夹紧并固定。前后推动门齿槽，使其紧钩门齿，并旋紧下部的螺旋将其固定。

兔头固定后，要确定三个标准平面及电极的方向。首先，沿中线切开颅顶皮肤后，分开附于骨膜上的肌肉，露出前囟中心及人字缝的尖部。将左、右侧可以调节角度的电极移动架装在主框臂上，将一尖端已磨平的、直径与电极相同的注射针头夹在电极夹上，移动电极，移动架上滑尺，使针尖移动。细心观察是否与矢状缝一致，旋松电极移动架上调节电极角度部分的螺旋，使电极微向前倾斜，推动前后移动的滑尺，使针尖落在前囟中心部，与骨接触，记录上下移动滑尺上的读数，然后推动前后移动滑尺，使针尖落在人字缝尖部，并使它的位置比前囟中心低 1.5 mm。

这一系列的操作有时需要若干次的移动电极才能达到要求。电极方向校妥后，立即牢固的固定，换上电极，读下电极尖在前囟中心部时的各滑尺读数。

用上述方法确定 H 平面时，耗时繁复。若使用电极导向器即可在短时间内定好平面。使用时先测量前囟中心到人字缝的直线距离，前后移动电极导向器上的活动针，使活动针 b 与不活动针 a 两尖端的距离等于前囟中心到人字缝尖的距离，并使 a 的尖端低于 b 的尖端 1.5 mm。将 a 针接触前囟中心，b 针接触人字缝尖并扶稳。转动电极的角度，先使移动架上电极夹下缘与电极导向器有机玻璃块的上缘平行，将电极固定，再细心观察电极与导向器中的指示直线是否完全平行。如不完全平行，则须在转动电极直至完全平行后固定。移去电极导向器，再移前后方向滑尺，使电极尖端分别与前囟中心和人字缝接触，测定这两点的 H 读数，借此再校正电极方向。

3. 用于鼠的装置使用

用于鼠的头部固定装置与兔近似，在兔用装置上换一鼠用门齿槽、鼠用眼眶固定杆及鼠用耳杆即可，鼠用耳杆为一对尖端较细的直形杆。

固定大白鼠头部方向的位置的标准一般多采用 de Groot 的规定或 Krieg 的规定。

按 de Groot 1959 年发表的图谱规定，使鼠的上门齿根部比耳杆尖高 5 mm。鼠头装置中央电极移动架上装一尖端磨平的注射针头，用它测量耳杆尖的高度后，再向前移到门齿固定槽，调节上颌固定器高度，使门齿固定槽的上面比耳尖高 5 mm，固定上颌固定器后，这一要求即达到。

Krieg 所定的原则与 Sawyer 等固定兔头的方法近似。以前囟中心及人字缝尖为标准点，上下移动鼠上颌固定器，直到人字缝尖的位置比前囟中心低 1 mm，读下前囟中心的坐标数值（H_0，AP_0，L_0）。由于鼠用耳杆为直形杆，能够以外耳道连线为轴转动鼠头，故无需转动电极，Sherwood 式固定器也用类似的方法固定鼠头。

实验 12-3　大鼠中枢呼吸神经元自发放电

［目的要求］

了解脑立体定位技术及基本操作方法。

［实验原理］

利用某些颅外标记（如前囟、后囟、外耳道、眼眶、矢状缝等）与颅内结构相对的固定位置关系，在确定了颅外标记之后，就可按脑立体定位图谱所提供的数据进行定位操作。

［实验动物］

大鼠。

［器材及药品］

江湾-Ⅰ型鼠脑立体定位仪、计算机、生物信号采集处理系统、图像分析软件、金属屏蔽箱、开颅电钻、玻璃微电极、校验电极、纱布、脱脂棉、2%戊巴比妥钠溶液、生理盐水、液体石蜡、骨蜡、2 mL及 5 mL 注射器各 1 个。

［方法及步骤］

1. 麻醉及手术

选体重 270～310 g 大鼠 1 只，以 3%戊巴比妥钠溶液腹腔注射麻醉（30～50 mg/kg 体重）。

待麻醉以后，给大鼠颈部行气术管术。

2. 大鼠头部固定

将大鼠的门齿固定于脑定位仪牙齿固定器上，然后把一侧的耳杆推入动物的外耳道后，使动物的头处于两滑道正中。再将另一耳杆推入另一侧的外耳道。这时观察两个耳杆的刻度一致后，将两耳杆上的固定螺丝扭紧，再将牙齿固定器上压鼻环压下后扭紧(鼻环、耳杆的松紧度调节适宜为好)。

3. 大鼠臂旁内侧核定位(图 12－5)

剪去动物头部毛，沿矢状缝做一 3 cm 长的皮肤切口，分离皮下组织，暴露前囟中心和人字缝及矢状缝。

(1) 确定标准中线　将测试电极向下移动到矢状缝上方后，再前后移动电极，使移动电极平面与矢状缝平行即可。

(2) 调整颅骨顶水平面　在矢状缝两边，定两个与矢状缝等距离的两个点，使推进器上的测试电极分别下降到这两个点时，其下降的刻度值一致即可。

(3) 大鼠臂旁内侧核定位　在前囟后 9 mm，矢状缝旁开 1.97 mm 两点间垂直连线处。用开颅电钻在颅骨上钻一直径 2 mm 的圆孔，然后用眼科镊子小心地撕开硬脑膜，切勿损伤脑组织。如果出血，用骨蜡止血。然后滴加 30 ℃的液体石蜡后，敷以小棉球。

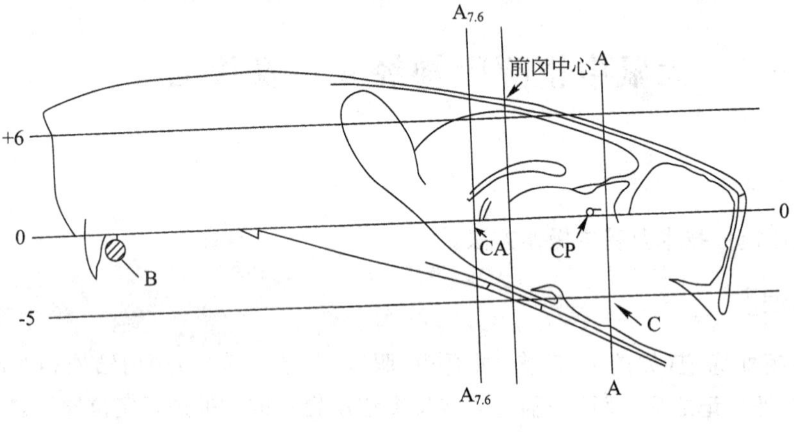

图 12－5　鼠头位置的各标准面

CA 为前联合；CP 为后联合；C 为两耳直连线；B 为上门齿槽的上面；AA 为垂直面 0 点；00 为水平面 0 点

4. 引导大鼠呼吸神经元的自发放电信号

选取一充灌好的玻璃微电极，固定于微推进器的电极杆上，将微放探头输入端正极与微电极相连，接地与动物皮肤相连。打开示波器，微电极放大器，监听电源后，把示波器放大器的灵敏度调节至 0.2 mv·cm^{-1}，扫描速度 1 cm/50 ms，然后把微电极放大器上 off、×1、output、Hum filter 键按下，这时即可听见监听器由于输入端空放造成的噪声。然后，将固定有微电极的推进器上的电极，对准颅骨的开孔口正中上方后，向下推进至电极尖端接触皮层表面时，监听器的噪声消失，这时电极尖端就处于皮层上方的零点部位。然后测试电极阻抗值，如阻抗值在 10 MΩ 左右，即可开始将微推进器向下降至 5.2 cm 深处后，用1 μm·s^{-1}速度向下推进，在 5.2～6.2 mm 深度范围搜寻呼吸神经元放电。如果听到或看到有节律的神经元电活动信号的声音(与呼吸频率一致），而且在示波器荧光屏上有间隔一致的神经元放电，即是大鼠呼吸神经元的自发放电信号活动。用脑定位仪作脑内刺激或记录神经元放电活动，通常最后都要作组织学切片定位，以确定电极所在位置。

[注意事项]

1. 若仪器久未使用或使用时间过久，在实验前应加以校验，校验包括电极移动架各滑尺是否保持直角和主框两臂的平行情况等。

2. 实验时务必认真，仔细阅读仪器使用说明书，准确定位。

[思考题]

1. 做脑立体定位实验时，兔和鼠的头部固定方法有何不同？

2. 脑立体定位技术还有哪些应用？

实验 12-4　脑的立体定位术

[目的要求]

了解脑立体定位技术及基本操作方法。

[实验原理]

利用某些颅外标记（如前囟、后囟、外耳道、眼眶、矢状缝等）与颅内结构相对的固定位置关系，在确定了颅外标记之后，就可按脑立体定位图谱所提供的数据进行定位操作。本实验以确定猫的怒叫中枢为例，了解立体定位术。

[实验动物]

猫。

[器材及药品]

江湾-Ⅰ型立体定位仪、手术刀、开颅钻（或牙科钻）、小骨钳、组织钳、止血钳各两把、眼科剪、眼科有齿镊、粗剪各 1 把、骨蜡、纱布、脱脂棉、电刺激器、同心电极（或单电极）、假电极各两只、透明大三角板、酒精灯、石棉网、铁三脚架、火柴、3%巴比妥钠溶液、生理盐水。

[方法及步骤]

1. 仪器校验

用透明三角板、放在仪器的三个滑动尺之间，观察各滑动尺之间是否互成直角，上下移动滑动尺是否与电极移动架的支柱平行，头部固定器的小框是否与主框平行等。

2. 零点的确定

将两侧耳杆固定柱置于 12 cm 处（由后侧读），将一侧杆固定柱下面的螺旋旋紧，将两侧杆装在固定柱上，使其尖端在仪器中间部位彼此接触（两耳杆的读数相同），取下一侧耳杆，另一侧固定于原处。将电极移动架置于紧靠耳杆固定柱处。将上下移动滑尺旋至最高位置，装上电极，使电极的游离部位约 35 mm，而后将电极固定。移动电极移动架，使电极尖恰在耳杆尖的中心点与耳杆接触，这一接触点就是仪器的零点，其坐标值由以下三个参数确定，即：前后移动滑尺的读数(AP_0)、上下移动滑尺上的读数(H－10)及左右移动滑尺上的读数减去电极半径的数值(即L_0)。H－10 之上 10 mm 为生理实验零点。旋松上颌固定柱上的螺旋，将上颌固定器向后推，直到眼眶托的钩部距耳杆尖约 2 cm 处，然后固定。转动电极移动架上前后方向的滑尺，使电极尖恰在两眼眶之间，左右移动上颌固定器校对中线，使两眼眶托完全对称，然后调节上颌固定器的高度，使眼眶托钩部的中点下缘与电极尖完全在同一水平面上(即 H－10)。然后将上颌固定器推回原位。旋松电极移动架下的螺旋，将电极移动架取下准备使用。

3. 操作步骤

(1) 选择体重 2.0～2.5 kg 猫 1 只，以 3%巴比妥钠 35 mg·(kg 体重)$^{-1}$腹腔注射麻醉。

(2) 猫头固定　取下电极移动架，用镊子扩张外耳道，将耳杆尖端沿镊子插入动物外耳道内，其后端由耳杆固定柱上方套入(使耳杆刻度面向后，并使两侧刻度读数相同)，推动耳杆，使猫头牢固地固定，旋紧固定耳杆的螺旋，而后将眼眶托的钩压在猫眼眶下缘的最低点，加以固定，拉出猫舌头，装上牙齿固定杆，使之钩在两大臼齿之间，用力上抬螺旋，猫头即可牢固地固定。

(3) 开颅　剪去头部之毛，沿矢状缝作一 6 cm 皮肤切口，剥离皮下组织及肌肉，将骨膜推向两侧，暴露前囟中心和人字缝尖连线之后 1/3 处，于矢状缝外侧 0.5 cm 处钻一小孔，并用骨钳向四周扩大，但要保留前囟中心和人字缝尖，注意勿损伤组织，出血时用骨蜡止血。

(4) 猫怒叫中枢定位刺激　将定位仪恢复原位并把电极移动架装于原处，剪开硬脑膜，进行怒叫中枢定位刺激。刺激强度以刚引起肌肉收缩为宜(4～6 V)。频率为 50～80 Hz、波宽 1 ms。

已知猫怒叶中枢部位为 A(即 AP_0 向前 1 mm)，LL 或 LR_4(即 L_0 向左或右旁开 4 mm)，H－3(即生理实验零点以下 3 mm)。

当电极插入预定部位后，持续刺激 10 s，观察猫的怒叫、瞳孔散大、瞬膜收缩、竖毛、翘尾、张抓及脚底垫出汗等反应。尚可改变刺激电极的位置，以确定怒叫中枢的局部位置(注意改变电极前、后、左、右位置时，必须将电极移出脑外进行)。

[注意事项]

同实验 12－3。

[思考题]

做脑立体定位实验时，猫和鼠的头部固定方法有何不同？

附　　录

附录一　实验动物主要生理学数据

附表 1　常用实验动物血液生理学主要参数

动物种类	红细胞/$\times10^{12}\cdot L^{-1}$	白细胞/$\times10^{12}\cdot L^{-1}$	血小板/$\times10^{12}\cdot L^{-1}$	血细胞比容/%	血红蛋白/$g\cdot L^{-1}$	中性粒细胞/%	淋巴细胞/%	血容量/$mg\cdot kg^{-1}$
马	10.1	8.0	241	44.0	150	60.4	29.0	75～100
牛	6.0	8.2	426	39.1	124	28.2	55.6	55～60
猪	7.0	14.8	404	41.2	127	34.5	55.0	60～80
山羊	17.0	9.6	47.9	31.8	113	38.6	57.1	55～80
绵羊	12.0	7.4	337	32.8	120	32.2	63.0	60～70
猫	7.5	13.2	228	36.0	125	57.1	34.0	45～77
狗	6.7	11.5	393	47.0	165	61.7	30.0	75～100
豚鼠	5.4	9.9	477	43.0	134	37.0	55.7	65～80
兔	6.2	8.1	468	39.0	134	45.0	63.0	45～70
大鼠	7.3	9.8	330	45.0	152	25.5	76.0	50～65
小鼠	8.6	9.2	240	45.0	142	17.2	80.0	70～80
猴	5.4	11.3	300～500	40.0	130	50	50.0	55～70
鸡	3.1	23.4	34.3	34.3	101	28.1	59.7	60～90

附表 2　常用实验动物生理正常值表

动物种类	心率/(次/分)	呼吸频率/(次/分)	血压/kPa	体温/℃
猫	120～140	20～30	18.0～22.6	38.0～39.5
狗	70～120	10～30	13.3～19.9	37.7～39.0
豚鼠	297～350	66～120	10～12	38.2～38.9
兔	123～304	38～60	8～16	38.5～39.5

续表

动物种类	心率/(次/分)	呼吸频率/(次/分)	血压/kPa	体温/℃
大鼠	324～341	66～144	12.2～15.7	37.8～38.7
小鼠	422～549	118～139	17.7～21.3	37.2～38.8
猴	227	40	13.34～16.00	39.6～39.8
马	30～45	8～16		37.5～38.5
牛	40～80	10～25		37.5～39.5
猪	60～80	10～30		38.5～39.5
山羊	60～80	12～30		38～39.5
鸡	120～200	15～30		40～42
鸽	600(328～780)	85～230	106/147	/
蛙	170(141～244)	25～30	105/135	/

附录二 常用生理溶液的配制

一、各种生理盐溶液的配制

生理盐溶液为代体液，用于维持离体组织、器官及细胞的正常生命活动。它必须具备下列条件：即渗透压与组织液相等；应含有组织、器官维持正常机能所必须的比例适宜的各种盐类离子；酸碱度应与血浆相同，并具有充分的缓冲能力；应含有氧气和营养物质。

动物的种类不同，体液的组成各异，渗透压也不一样。因此，作为代体液的生理盐溶液，在组成成分上要有相应的区别。如两栖类动物体液的渗透压相当于 0.65％NaCl 溶液；哺乳类动物体液的渗透压则相当于 0.9％NaCl 溶液；海生动物体液的渗透压约相当于 3.0％NaCl 溶液。

对氧和营养物质的需要，不同的动物及组织也有差异，如两栖类动物的组织器官对氧和营养物质的需要程度明显低于哺乳动物。

动物生理实验中最常用的生理盐溶液大体有三种：蛙心灌注多用任氏液；哺乳动物的实验多用乐氏液；而哺乳动物的离体小肠实验多用台氏液(附表 3)。

附表 3 常用生理盐溶液及其成分

药品名称	任氏液	乐氏液	台氏液	生理盐水	
	用于两栖类	用于哺乳类	哺乳类(小肠)	两栖类	哺乳类
氯化钠(NaCl)/g	6.5	9.0	8.0	6.5	9.0
氯化钾(KCl)/g	0.14	0.42	0.2		
氯化钙($CaCl_2$)/g	0.12	0.24	0.2		

续表

药品名称	任氏液	乐氏液	台氏液	生理盐水	
	用于两栖类	用于哺乳类	哺乳类(小肠)	两栖类	哺乳类
碳酸氢钠 $NaHCO_3$/g	0.2	0.1～0.3	1.0		
磷酸二氢钠 NaH_2PO_4/g	0.01	—	0.05		
氯化镁($MgCl_2$)/g	—	—	0.1		
葡萄糖	2.0(可不加)	1.0	1.0		
加蒸馏水至	1 000 mL	1 000 mL	1 000 mL	1 000 mL	1 000 mL

注：配制时，$CaCl_2$需最后逐滴加入，以免形成$CaCO_3$沉淀；葡萄糖应在实验应用时临时加入，不能储存过久。

配制溶液时，可按附表 3 内的数字用天平称取各种物质，然后将其溶解于蒸馏水中。为求配制手续简便起见，可预先配好各种物质的浓溶液(母液)，用量筒或吸量管按比例吸取一定的容积，然后用蒸馏水稀释到所需量即可。配制的方法见附表 4。

附表 4　配制生理代用液的基础溶液及所需量*

母液/%	生理盐水		任氏液	乐氏液	台氏液
	两栖类用	哺乳类用	两栖类用	哺乳类用	哺乳类用
NaCl 20%	35.0	45.0	32.5	45.0	40.0
KCl 10%	—	—	1.4	4.2	2.0
$CaCl_2$ 10%	—	—	1.2	2.4	2.0
$NaHCO_3$ 5%	—	—	4.0	2.0	20.0
NaH_2PO_4 1%	—	—	1.0	—	5.0
$MgCl_2$ 5%	—	—	—	—	2.0
葡萄糖(GS)	—	—	2.0(可不加)	1.0～2.5	1.0
蒸馏水(H_2O)	均加至 1 000 mL				

* 表中各成分除葡萄糖以 g 为单位外，均以 mL 为单位。

二、血细胞稀释液的配制

1. 红细胞稀释液

NaCl(维持渗透压)	0.5 g
Na_2SO_4(使溶液比重增加，红细胞均匀分布不易下沉)	2.5 g
$HgCl_2$(固定红细胞并防腐)	0.25 g
蒸馏水	加至 100 mL

(也可用生理盐水做稀释液)

2. 白细胞稀释液

(1) 哺乳动物

冰醋酸(破坏红细胞)	1.5 mL
1%龙胆紫(染白细胞核,便于计数)	1 mL
蒸馏水	加至 100 mL

(2) 鱼类

NaCl	0.7 g
中性红	3.0 mg
结晶紫	1.5 mg
甲醛	0.4 mL
蒸馏水	加至 100 mL

3. 常用消毒药物的配制及用途

附表 5 常用消毒药物的配制及用途

消毒药名	常配浓度及方法	用途
新洁尔灭	1∶1 000	洗手、浸泡手术器械
来苏尔	3%～5%	器械消毒、实验室场面、喷洒动物笼架、实验台消毒
(煤酚皂溶液)	1%～2%	洗手、皮肤洗涤
石碳酸(酚)	5%	器械消毒、实验室消毒
	1%	洗手、手术部位及皮肤洗涤
漂白粉	10%	消毒动物排泄物、分泌物、严重污染区域
	0.5%	实验室喷雾消毒
生石灰	10%～20%	污染的场面和墙壁的消毒
福尔马林	10%甲醛溶液	器械消毒
(40%甲醛溶液)	40%甲醛溶液	实验室熏蒸消毒
乳酸	100 m^3 4～8 mL	实验室熏蒸消毒
碘酊 *		皮肤消毒,待干后用 75%酒精脱碘
红汞消毒液 2%	红汞 2 g	黏膜消毒
升汞消毒液 1%	升汞 0.1%	洗手、手术部位皮肤洗涤
硼酸消毒液 2%	硼酸 2 g	洗涤直肠、鼻腔、口腔、眼睛等
雷佛奴尔消毒液 1%	雷佛奴尔 1 g	各种黏膜消毒、创伤洗涤

* 碘酊的配制:碘 3～5 g,碘化钾 3～5 g,75%酒精加至 100 mL。

附录三 促胰液素的制备

促胰液素的制备方法简单易行，而且效果比较好。常用预备实验动物(狗或猪)的十二指肠，不需购买。下面介绍两种制备方法。

1. 粗制法

(1) 在急性实验的狗或猪刚死后，马上截取它的十二指肠和上段空肠 1 m 左右即可，用自来水缓慢冲洗，冲净肠内容物。用线结扎肠管的一端，向肠管内注入 0.5%HCl 约 500 mL，再结扎肠管另一端。静候 0.5～1 h 后，将肠管里的盐酸倒入烧杯中，并用手轻轻地挤出残余的盐酸，此液内即含有促胰液素。将其煮沸后加入氢氧化钠溶液，使呈碱性反应(pH 8～9)，然后再慢慢地加入盐酸溶液，使略呈酸性反应(pH 5～6)，此时就有大量沉淀物析出，将此液体过滤，即得含有促胰液素的液体。如果不急用，可将此液放入冰箱保存，或者将从肠管里倒出的盐酸溶液放入冰箱内暂时保存，使用时再照上法制备。

(2) 在急性实验的狗或猪刚死后，马上截取它的十二指肠和上段空肠 1 m 左右，用自来水缓慢冲洗干净。顺肠管纵向剪开平铺在木板上，用解剖刀刮下全部黏膜放入研钵，再加细碎玻璃约5 g和 0.5%HCl 10～15 mL 共同研磨。将研碎的稀浆倒入瓷杯中，再加 0.5%HCl 100～150 mL，煮沸 10～15 min，用 10%～20%NaOH 溶液趁热中和，边加边用玻璃棒搅拌，不时地用 pH 试纸检查，待到中性时过滤即可。急性实验的促胰液素可以调至弱酸性(pH 5～6)。已制好的促胰液素应保存在冰箱中。

2. 精制法

在急性实验的狗或猪刚死后，马上截取它的十二指肠和上段空肠 1 m 左右，用自来水缓慢冲洗干净。轻轻刮取其黏膜，用相当于黏膜体积 4 倍的酒精来抽提，取上清液加入 0.1 $mol \cdot L^{-1}$ $CaCl_2$进行沉淀或皂化其中的脂肪，过滤后，将滤液在低温真空中蒸发，待蒸发到剩原来体液的1/4时，加入 1%醋酸(每 100 mL 加 3 mL 醋酸)混匀。15 min 后用离心机沉淀。取出沉淀下来的胶性物，反复用无水乙醇抽提，弃去不能抽提的沉渣，然后浓缩乙醇提取液，用相当于此液 4 倍的丙酮沉淀，再取沉淀物用丙酮洗干，即可得到较纯净的促胰液素。这样制备的胰液素可以长期保存。

附录四 常用血液抗凝剂的配制及用法

1. 肝素

肝素(heparin)的抗凝作用很强，常用来作为全身抗凝剂，尤其是进行动物循环方面的实验，肝素的应用更有其重要意义。纯的肝素每 10 mg 能抗凝 100 mL 血液(按 1 mg 等于 100 个国际单位，10 个国际单位能抗凝 1 mL 血液计)。用于试管内抗凝时，一般可配成 1%肝素生理盐水溶液。方法是取已配制好的 1%肝素生理盐水溶液 1 mL 加入试管内，加热 100 ℃烘干，每管能抗凝 5～10 mL 血液。用于动物全身抗凝时，一般剂量：大白鼠 2.5～3.0 mg/200～300 g 体重，兔 10 mg/kg 体重，狗5～10 mg/kg 体重。

2. 枸橼酸钠(柠檬酸钠)

常配成 3%～5%的水溶液，也可直接使用粉剂，3～5 mg 可抗凝 1 mL 血液。枸橼酸钠(柠檬酸钠)可使血液中的钙形成难于离解的可溶性复合物,从而使血液不凝固。但抗凝作用较差,且碱性较强,不宜作化学检验用,可用于红细胞沉降速度测定等。生理学实验常用5%～10%的水溶液,这一浓度只能用于体外抗凝。如果倒流入体内,会使动物发生枸橼酸钠(柠檬酸钠)休克。

3. 草酸钾

1～2 mg 草酸钾可抗凝1 mL 血液。如配成10%水溶液,每管加0.1 mL,可使5～10 mL 血液不凝固。

4. 草酸盐合剂

配方　草酸铵1.2 g,草酸钾0.8 g,福尔马林1.0 mL,蒸馏水加至100 mL,配成2%溶液。

每毫升血加草酸盐合剂2 mg(相当于草酸铵1.2 mg,草酸钾0.8 mg)。用前根据取血量将计算好的量加入玻璃容器内烤干备用。如取0.5 mL于试管中,烘干后每管可使5 mL血不凝固。此抗凝剂最适于做红细胞比容测定,能使血凝过程中所必需的钙离子沉淀达到抗凝的目的。

附录五　其他相关表格

附表6　标准状态(STPD)气体容积的换算系数

气压 \ 气温(℃)		10	11	12	13	14	15	16	17	18	19	20
mmHg	kPa											
675	90.0	0.845 10	0.841 33	0.837 53	0.833 70	0.829 85	0.825 98	0.922 08	0.818 13	0.814 14	0.810 13	0.806 07
680	90.7	0.851 45	0.847 66	0.843 83	0.839 98	0.836 11	0.832 11	0.828 29	0.824 32	0.820 32	0.816 28	0.812 20
685	91.3	0.857 80	0.853 98	0.850 13	0.846 26	0.842 37	0.838 45	0.834 51	0.830 51	0.826 49	0.822 43	0.818 33
690	92.0	0.864 14	0.860 31	0.856 43	0.852 54	0.848 63	0.844 69	0.840 72	0.836 71	0.832 66	0.828 58	0.824 46
695	92.7	0.870 49	0.866 63	0.862 73	0.858 82	0.854 89	0.850 92	0.846 93	0.842 90	0.838 83	0.834 73	0.830 59
700	93.3	0.876 84	0.872 95	0.869 04	0.865 10	0.861 14	0.857 16	0.853 15	0.849 10	0.845 01	0.840 88	0.836 72
705	94.0	0.883 18	0.879 28	0.875 34	0.871 38	0.867 40	0.863 39	0.859 36	0.855 29	0.851 18	0.847 04	0.842 85
710	94.7	0.889 53	0.885 60	0.881 64	0.877 66	0.873 66	0.869 63	0.865 58	0.861 48	0.857 35	0.853 19	0.848 98
715	95.3	0.895 88	0.891 93	0.887 94	0.883 94	0.879 92	0.875 87	0.871 79	0.867 68	0.863 52	0.859 34	0.855 11
720	96.0	0.902 22	0.898 25	0.894 24	0.890 22	0.886 18	0.882 10	0.878 01	0.873 87	0.869 70	0.865 49	0.861 24
725	96.7	0.908 57	0.904 58	0.900 55	0.896 50	0.892 44	0.888 34	0.884 22	0.880 06	0.875 87	0.871 64	0.867 37
730	97.3	0.914 92	0.910 90	0.906 85	0.902 78	0.898 69	0.894 58	0.890 44	0.886 26	0.882 04	0.877 79	0.873 50
735	98.0	0.921 26	0.917 22	0.913 15	0.909 06	0.904 95	0.900 81	0.896 65	0.892 45	0.888 21	0.883 49	0.879 63
740	98.7	0.927 61	0.923 55	0.919 45	0.915 34	0.911 21	0.907 05	0.902 87	0.898 64	0.894 38	0.890 09	0.885 76
745	99.3	0.933 96	0.929 87	0.925 76	0.921 62	0.917 47	0.913 29	0.909 08	0.904 34	0.900 56	0.896 24	0.891 89
750	100.0	0.940 30	0.936 20	0.932 06	0.929 16	0.923 73	0.919 52	0.915 30	0.911 03	0.906 73	0.90240	0.898 02
755	100.7	0.946 65	0.942 52	0.938 36	0.934 18	0.929 98	0.925 76	0.921 51	0.917 22	0.912 90	0.908 55	0.904 51
760	101.3	0.953 00	0.948 85	0.944 66	0.940 46	0.936 24	0.932 00	0.927 73	0.923 42	0.919 07	0.914 70	0.910 28
765	102.0	0.959 34	0.955 17	0.950 96	0.946 74	0.942 50	0.938 23	0.933 94	0.929 61	0.925 62	0.920 85	0.916 41
770	102.7	0.965 69	0.961 49	0.968 53	0.953 02	0.923 73	0.944 47	0.940 16	0.935 80	0.931 42	0.927 00	0.922 54

续表

气温(℃) 气压		21	22	23	24	25	26	27	28	29	30
mmHg	kPa										
675	90.0	0.801 97	0.797 82	0.793 62	0.789 33	0.785 05	0.780 68	0.776 25	0.771 75	0.767 19	0.762 55
680	90.7	0.808 08	0.803 90	0.799 68	0.795 41	0.791 08	0.786 70	0.782 24	0.777 72	0.773 14	0.768 48
685	91.3	0.814 19	0.809 99	0.805 75	0.801 46	0.797 11	0.772 70	0.788 23	0.783 69	0.779 08	0.774 40
690	92.0	0.820 30	0.816 08	0.811 82	0.807 50	0.803 13	0.798 71	0.794 21	0.789 66	0.785 03	0.780 33
695	92.7	0.826 41	0.822 17	0.817 89	0.813 55	0.809 16	0.870 47	0.800 20	0.795 62	0.790 98	0.786 26
700	93.3	0.832 52	0.828 26	0.823 96	0.819 60	0.815 79	0.810 72	0.806 19	0.801 59	0.796 93	0.792 19
705	94.0	0.838 26	0.834 35	0.830 03	0.825 65	0.821 22	0.816 73	0.812 18	0.807 56	0.802 87	0.798 12
710	94.7	0.844 73	0.840 40	0.836 09	0.831 70	0.827 24	0.822 73	0.818 16	0.813 52	0.808 82	0.804 04
715	95.3	0.850 84	0.846 52	0.842 16	0.837 74	0.833 27	0.828 74	0.824 15	0.819 49	0.814 77	0.809 97
720	96.0	0.856 95	0.852 61	0.848 23	0.843 80	0.839 30	0.834 75	0.830 14	0.825 46	0.820 72	0.815 90
725	96.7	0.863 06	0.858 70	0.854 30	0.849 84	0.845 32	0.840 76	0.836 12	0.831 43	0.826 66	0.821 83
730	97.3	0.869 17	0.864 79	0.860 37	0.855 89	0.851 35	0.846 76	0.842 11	0.837 39	0.832 61	0.827 76
735	98.0	0.875 28	0.870 88	0.866 43	0.861 93	0.857 38	0.852 77	0.848 10	0.843 36	0.838 56	0.833 68
740	98.7	0.881 39	0.876 79	0.872 50	0.867 89	0.863 41	0.858 78	0.854 09	0.849 33	0.844 51	0.839 61
745	99.3	0.887 50	0.883 06	0.878 57	0.874 03	0.869 43	0.864 78	0.860 07	0.855 30	0.850 45	0.845 54
750	100.0	0.893 61	0.889 14	0.884 64	0.880 08	0.875 46	0.870 79	0.866 06	0.861 26	0.856 40	0.851 47
755	100.7	0.899 72	0.89523	0.890 71	0.886 12	0.881 49	0.876 80	0.872 05	0.867 23	0.862 35	0.857 40
760	101.3	0.905 83	0.901 32	0.896 77	0.892 17	0.881 49	0.882 81	0.878 03	0.873 20	0.868 30	0.863 32
765	102.0	0.911 94	0.907 41	0.902 84	0.898 22	0.893 54	0.888 81	0.884 02	0.879 16	0.874 25	0.869 25
770	102.7	0.918 05	0.913 50	0.908 91	0.904 27	0.899 57	0.894 82	0.890 01	0.885 13	0.880 19	0.875 18

耗氧量(V)校正为标准状态下的气体容量(V_0)

$$V_0 = K \cdot V$$

(K 为标准状态气体换算系数，根据实验时气压和温度从附表中查得)

附表 7 实验动物常用的麻醉药及剂量表

麻醉剂	给药方式	作用特点	常用药液浓度	剂量(mg/kg 体重)	麻醉维持时间及注意事项
乙醚	吸入	麻醉深度易控制,使用安全,但苏醒较快	/	/	实验过程中要一直连续吸入给药;乙醚可刺激呼吸道分泌大量黏液,在麻醉前可先皮下注射阿托品 0.1～0.3 mg/kg 体重
氯仿	吸入	主要作用于中枢神经系统,对心、肝、肾有损害	/	/	实验过程中要一直吸入麻醉维持,毒性大
戊巴比妥钠	狗:静注; 兔、鼠:腹腔注射	麻醉过程平稳,安全范围较小,维持时间较长	2%～4%	静注:30; 腹腔:40～50	2～4 h,中途加 1/5 量,多维持 1 h 以上;静注时先快后慢,并注意动物的反应
异戊巴比妥钠	狗、兔:静注、肌注; 鼠类:腹腔、直肠给药	用量过大或静注过快时易发生呼吸抑制和血压下降等不良反应	静注:5%; 肌注或腹腔、直肠:10%	静注:40～50; 肌注:80～100; 腹腔、直肠:100	4～6 h;如注射给药,宜现配现用,以免变质和产生毒副作用
氨基甲酸乙酯(乌拉坦)	兔、猫:腹腔或静注; 鸽:肌注; 蛙类:皮下淋巴囊	麻醉过程平稳,安全范围大,维持时间较长,不抑制呼吸中枢	静注、腹腔:25%; 肌注、皮下淋巴囊:20%	静注、腹腔:75～1 000; 肌注:1350; 皮下淋巴囊:400～600	2～4 h,安全,毒性小,主要适用于小动物,有时可降低血压
硫喷妥钠	狗、猫、兔、大白鼠:静注	安全范围较大,常用作基础麻醉剂	小动物:2.5%; 大动物:5%～10%	狗、兔:20～30; 猪:15; 羊:20～25	15～30 min 作用最强,缓慢注射
水合氯醛	狗、羊:静注; 猪:耳静脉注射; 禽:内服	主要用作猪的麻醉和其他动物的基础麻醉;羊对该药物反应大,应慎用	静注:10%～20%	猪:静注 150～170; 狗:300; 羊:200～300; 禽:内服 200～300	临用前用等渗葡萄糖液配制,静注时药液不能漏入皮下,速度宜慢,也可直接用水合氯醛酒精注射液或水合氯醛硫酸镁注射液
普鲁卡因	局部麻药	主要用于浸润麻醉,在腹腔慢性手术时,用作传导麻醉	浸润麻醉:0.25%～0.5%; 传导麻醉和硬膜外麻醉:2%～5%	传导麻醉:每点注射量 10～20 mL	本品可煮沸消毒,但不宜高压消毒
氯醛糖	静注或腹腔注射	麻醉过程平稳,维持时间较长,如与镇静剂合用,对心血管的反射抑制作用较弱	1%	80～100	3～4 h;本药溶解度小,用前可水溶加热促溶,但温度不宜过高,以免降低药效

静注:静脉注射;肌注:肌肉注射。

附表 8　各厂家生物信号采集系统有关实验参数的配置

实验名称	显示模式	采样间隔	触发方式	通道号	信号	换能器	交直流	放大倍数	刺激参数及刺激方式
不同刺激强度刺激肌肉	连续记录	1 ms	自动	1	张力	张力	DC	500	单刺激或主周期刺激
				4	刺激标记	刺激电极		5	
不同持续时间刺激肌肉	连续记录	1 ms	自动	1	张力	张力	DC	500	单刺激或主周期刺激
				4	刺激标记	刺激电极		5	
不同刺激频率刺激肌肉	连续记录	1 ms	自动	1	张力	张力	DC	500	单刺激、主周期刺激或自动频率调节
				4	刺激标记	刺激电极		5	
骨骼肌电活动与收缩的关系	连续记录	50 μs	自动	1	张力	张力	DC	500	单刺激或主周期刺激
				4	刺激标记	刺激电极		5	
神经干动作电位及传导速度	记忆示波	25 μs	刺激器	2	动作电位	神经屏蔽盒	AC	500	主周期刺激
				4	动作电位		AC	500	
神经干不应期的测定	记忆示波	25 μs	刺激器	2	动作电位	神经屏蔽盒	AC	500	自动间隔调节
				4	刺激标记	刺激电极		5	
心室期前收缩与代偿间歇	连续记录	1 ms	自动	1	张力	张力	DC	500	单刺激
				3	心电	心电测量线	AC	1 000	
				4	刺激标记	刺激电极		5	
心肌不应期的测定	记忆示波	100 μs	刺激器	3	心电	心电测量线	AC	500	自动间隔调节
				4	刺激标记	刺激电极		5	
离体心脏灌流	连续记录	1 ms	自动	1	张力	张力	DC	500	串刺激
				3	心电	心电测量线	AC	1 000	
心室内压的测定	连续记录	1 ms	自动	1	压力	压力	DC	500	串刺激
				3	心电	心电测量线	AC	1 000	
离体心脏冠脉流量的测定	连续记录	1 ms	自动	1	张力	张力	DC	500	串刺激
				2	记滴	记滴	DC	500	
动物心电向量图	X－Y 记录仪	1 ms	自动	2	心电	心电测量线	AC	1 000	
				4	心电	心电测量线	AC	1 000	
动物心电	连续记录	1 ms	自动	3	心电	心电测量线	AC	1 000	
动物心电容积导体	连续记录	1 ms	自动	3	心电	心电测量线	AC	1 000	
心室肌细胞跨膜电位	记忆示波	100 μs	刺激器	3	胞内电位	玻璃微电极	AC	500	主周期刺激
动物动脉血压的测定	连续记录	1 ms	自动	1	压力	压力	DC	500	串刺激
				3	心电	心电测量线	AC	500	
减压神经放电	连续记录	25 μs	自动	1	神经放电	保护电极	AC	10 000	主周期刺激
				3	心电	心电测量线	AC	500	

续表

实验名称	显示模式	采样间隔	触发方式	通道号	信号	换能器	交直流	放大倍数	刺激参数及刺激方式
动物潮气量的测定	连续记录	5 ms	自动	1	压力	压力	DC	500	串刺激
动物呼吸运动的观察	连续记录	5 ms	自动	2	压力	压力	DC	500	串刺激
跨膈压的测定	连续记录	5 ms	自动	1	压力	压力	DC	500	串刺激
动物膈肌肌张力的测定	连续记录	5 ms	自动	2	张力	张力	DC	500	单刺激或主周期刺激
动物膈肌频率张力曲线的测定	连续记录	1 ms	自动	2	张力	张力	DC	500	自动频率调节
动物膈肌肌电图的观测	连续记录	25 μs	自动	1	肌电	保护电极	AC	10 000	主周期刺激
离体肠肌的运动	连续记录	50 ms	自动	2	张力	张力	DC	500	串刺激
影响尿生成的因素	连续记录	1 ms	自动	1	血压	压力	DC	500	主周期刺激
				2	记滴	记滴	DC	500	

注:① 以上数据仅供参考,遇特殊情况可在提供参数的基础上左右调整。

② 注意在定标后,物理放大倍数要求固定,不可随意调整,同时压力换能器专机专用。

③ 需要显示刺激标记时,将硬件面板上的“R↔S”按钮按下,同时将“正负”极性按钮按下。

④ 心电实验要求动物麻醉适度,防止肌电干扰,心电测量线按照左前黄、右前红、右后黑连接。

⑤ 神经不可损伤,保护电极勾上若有沾血,则用棉球拭干,声音、图像同步出现。

⑥ 制作神经标本时,神经越长越好,神经干动作电位主周期刺激参数设置(依顺序):1,0.1,1,5,5,3,1(25 μs)或 1,0.1,1,1,1,8,1(20 μs)。

参考文献

1. 杨芳炬.机能学实验.2版.成都:四川大学出版社,2006.
2. 白波.医学机能学实验教程.北京:人民卫生出版社,2004.
3. 邓世雄.功能学实验.北京:人民卫生出版社,2002.
4. 李效义.基础医学功能实验指导.北京:中国协和医科大学出版社,2001.
5. 施雪筠.生理学实验指导.上海:上海科学技术出版社,2000.
6. 陈克敏.实验生理科学教程.北京:科学出版社,2001.
7. 姚运纬,李鸿勋,赵荣瑞等.生理学实验指导.郑州:河南医科大学出版社,1998.
8. 解景田,赵静.生理学实验.2版.北京:高等教育出版社,2002.
9. 赵铁千,王雨若.生理学实验指导.北京:人民卫生出版社,1985.
10. J.G.毕晓普,H.L.多尔曼[美].生理学基础实验.北京:科学出版社,1985.
11. 中国农业大学.家畜外科手术学.3版.北京:中国农业出版社,1997.
12. 林德贵.兽医外科手术学.4版.北京:中国农业出版社,2004.
13. 杨秀平.动物生理学实验.北京:高等教育出版社,2004.
14. 王月影,朱河水.动物生理学实验教程.北京:中国农业大学出版社,2010.
15. 孙敬方.动物实验方法学.北京:人民卫生出版社,2001.
16. 沈岳良.现代生理学实验教程.北京:科学出版社,2002.
17. 胡还忠.医学机能学实验教程.北京:科学出版社,2002.
18. 王竹立,林明栋.实验生理科学.广州:中山医科大学实验生理科学教研室,2000.
19. 陈主初,吴端生.实验动物学.长沙:湖南科学技术出版社,2002.
20. 方家选,郝洪.中西医结合机能实验学.北京:北京大学医学出版社,2007.
21. 朱大诚.生理学实验教程.北京:人民军医出版社,2009.
22. 黄敏,李冬冬.医学机能实验学.北京:科学出版社,2002.
23. 柳巨雄,杨焕民.动物生理学.北京:高等教育出版社,2011.
24. 袁孝如.现代生理学实验技术.北京:科学出版社,2004.
25. 陈军.膜片钳实验技术.北京:科学出版社,2001.
26. 刘能保,王西明.现代实用组织学与组织化学技术.武汉:湖北科学出版社,2002.
27. http://jxsyzx.fmmu.edu.cn/jcja/dzja/fybt.jsp? urltype=tree.TreeTempUrl&wbtreeid=1966.第四军医大学基础医学教学实验中心.
28. 王廷华.组织细胞化学理论与技术.2版.北京:科学出版社,2009.
29. http://www.tudou.com/programs/view/eqsnczh8c44/.南方医科大学医学基础实验教学中心.